全国高等学校"十一五"规划教材·土木工程系列

建筑工程概预算与工程量清单计价

徐　琳　主编

哈爾濱工業大學出版社

内 容 简 介

本书内容共7章，主要包括建筑工程概预算概述、建筑工程定额、建筑工程设计概算、建筑工程施工图预算、工程结算与竣工决算、工程量清单编制与投标报价、工程量清单计价方法等内容。本书内容丰富、图文并茂、通俗易懂、操作性及实用性强、简明实用，可供建筑工程造价人员、工程技术人员以及相关专业大中专院校的师生学习参考。

图书在版编目(CIP)数据

建筑工程概预算与工程量清单计价/徐琳主编. —哈尔滨：哈尔滨工业大学出版社，2009.6(2014.3 重印)
全国高等学校"十一五"规划教材
ISBN 987 - 7 - 5603 - 2846 - 1

Ⅰ.建… Ⅱ.徐… Ⅲ.①建筑概算定额-高等学校-教材 ②建筑预算定额-高等学校-教材 ③建筑造价管理-高等学校-教材 Ⅳ.TU723.3

中国版本图书馆 CIP 数据核字(2009)第 090728 号

责任编辑 郝庆多
封面设计 张孝东
出版发行 哈尔滨工业大学出版社
社 址 哈尔滨市南岗区复华四道街 10 号 邮编 150006
传 真 0451 - 86414749
网 址 http://hitpress.hit.edu.cn
印 刷 哈尔滨市工大节能印刷厂
开 本 787mm×1092mm 1/16 印张 14.5 字数 336 千字
版 次 2009 年 6 月第 1 版 2014 年 3 月第 4 次印刷
书 号 ISBN 987 - 7 - 5603 - 2846 - 1
定 价 29.00 元

前　言

随着我国加入 WTO，全球经济一体化的趋势促使国内经济更多地融入世界经济中。在工程建设领域，更多的国际资本进入我国建筑市场，竞争日益激烈，而我国建筑市场也必然会更多地走向世界。因此，我国工程造价价格体系发生巨大的变化以及《建设工程工程量清单计价规范》GB 50500—2008 的颁布实施，正是适应了时代发展的需要。面临新的发展机遇和激烈挑战，培养和造就一批高素质的工程造价人才队伍，是实现我国工程造价事业与国际接轨的根本保证，所以结合最新国家标准编写了这本《建筑工程概预算与工程量清单计价》，即 GB 50500—2008 的辅助教材。

本书共 7 章，主要内容为：建筑工程概预算概述、建筑工程定额、建筑工程设计概算、建筑工程施工图预算、工程结算与竣工决算、工程量清单编制与投标报价、工程量清单计价方法等内容。本书内容丰富、图文并茂、通俗易懂、操作性及实用性强、简明实用，可供建筑工程造价人员、工程技术人员以及相关专业大中专院校的师生学习参考。

在本书编写过程中，张楠、李东、马文影、郭凯、于涛、高菲菲、赵慧、齐丽娜、刘艳君为此书做了大量的工作，在此，表示感谢。由于编者的水平和学识有限，尽管尽心尽力，但难免有疏漏或未尽之处，敬请有关专家和读者提出宝贵意见，以不断充实、提高、完善。

编　者

2009 年 6 月

目　录

第 1 章　概述 …… 1
1.1　基本建设概述 …… 1
1.1.1　基本建设 …… 1
1.1.2　基本建设项目 …… 2
1.1.3　基本建设程序 …… 4
1.2　建筑工程定额概述 …… 7
1.2.1　定额及定额的产生 …… 7
1.2.2　定额的作用及特性 …… 8
1.2.3　工程定额的分类 …… 9
1.3　工程建设概预算概述 …… 12
1.3.1　工程概预算的概念 …… 12
1.3.2　工程概预算的分类及作用 …… 14
1.3.3　建设预算文件的组成 …… 15
第 2 章　建筑工程定额 …… 17
2.1　工时消耗研究 …… 17
2.1.1　工时研究概念 …… 17
2.1.2　工作时间分析 …… 19
2.1.3　工时研究方法 …… 21
2.2　施工定额 …… 26
2.2.1　劳动消耗定额 …… 26
2.2.2　机械消耗定额 …… 28
2.2.3　材料消耗定额 …… 31
2.3　预算定额 …… 32
2.3.1　预算定额的编制 …… 32
2.3.2　预算定额的应用 …… 39
2.4　企业定额 …… 41
2.4.1　企业定额概述 …… 41
2.4.2　企业定额的编制 …… 43
2.5　概算定额与概算指标 …… 44
2.5.1　概算定额 …… 44
2.5.2　概算指标 …… 46

第 3 章 建筑工程设计概算 …… 48
3.1 基本概念 …… 48
3.1.1 设计概算的含义与作用 …… 48
3.1.2 设计概算的分类 …… 48
3.1.3 设计概算的编制依据 …… 50
3.2 单位工程设计概算的编制 …… 51
3.3 单项工程综合概算的编制 …… 53
3.4 建设项目总概算的编制 …… 54
3.5 设计概算的审查 …… 55
第 4 章 建筑工程施工图预算 …… 59
4.1 概述 …… 59
4.2 施工图预算的编制方法及程序 …… 60
4.2.1 施工图预算编制依据 …… 60
4.2.2 施工图预算编制方法 …… 61
4.2.3 施工图预算编制步骤 …… 61
4.3 建筑工程建筑面积的计算 …… 63
4.3.1 计算规则 …… 63
4.3.2 计算实例 …… 70
4.4 建筑工程工程量计算及实例 …… 71
4.4.1 土石方工程 …… 71
4.4.2 桩基础工程 …… 80
4.4.3 脚手架工程 …… 82
4.4.4 砌筑工程 …… 84
4.4.5 混凝土及钢筋混凝土工程 …… 90
4.4.6 构件运输及安装工程 …… 96
4.4.7 门窗及木结构工程 …… 98
4.4.8 楼地面工程 …… 99
4.4.9 屋面及防水工程 …… 102
4.4.10 防腐、保温、隔热工程 …… 106
4.4.11 装饰工程 …… 107
4.4.12 金属结构制作工程 …… 113
第 5 章 工程结算和竣工决算 …… 115
5.1 工程竣工结算 …… 115
5.2 工程竣工决算 …… 120
第 6 章 工程量清单编制与投标报价 …… 127
6.1 工程量清单概述 …… 127
6.2 分部分项工程量清单 …… 131

6.3　措施项目清单 …… 134
6.4　其他项目清单 …… 135
6.5　规费、税金项目清单 …… 136
6.6　工程量清单表格 …… 138
6.6.1　计价表格组成 …… 138
6.6.2　计价表格使用规定 …… 163
6.7　标底价格的编制 …… 164
6.8　投标价格的编制 …… 167
第7章　工程量清单计价方法 …… 172
7.1　工程量清单计价方法 …… 172
7.2　土(石)方工程清单项目及计算方法 …… 178
7.3　桩与地基基础工程清单项目及计算方法 …… 180
7.4　砌筑工程清单项目及计算方法 …… 182
7.5　混凝土及钢筋混凝土工程清单项目及计算方法 …… 192
7.6　厂库房大门、特种门、木结构工程清单项目及计算方法 …… 202
7.7　金属结构工程清单项目及计算方法 …… 204
7.8　屋面及防水工程清单项目及计算方法 …… 208
7.9　防腐、隔热、保温工程清单项目及计算方法 …… 210
7.10　工程量清单计价实例 …… 213
参考文献 …… 222

第1章 概　　述

1.1 基本建设概述

1.1.1 基本建设

1.基本建设概念

建筑工程预算是基本建设预算的重要组成部分。物质资料的再生产是社会发展和人类生存的条件,而社会固定资产的再生产则是物质资料再生产的主要手段。

固定资产的再生产包括简单再生产和扩大再生产。固定资产的简单再生产主要是通过固定资产的大修或更新改造而进行的,固定资产的扩大再生产则是通过固定资产的新建、改建、扩建的形式来实现的。

基本建设就是以新建、改建、扩建的形式来实现固定资产的扩大再生产。基本建设是指国民经济各部门中固定资产的再生产以及相关的其他工作。例如,工厂、矿井、铁路、公路、水利、住宅、商店、医院、学校等工程的建设和各种设备的购置。基本建设是再生产的重要手段,是国民经济发展的重要物质基础。对于某些报废的重建项目的简单再生产,我国也把它划归于基本建设的范畴。

基本建设是一个物质资料生产的动态过程,这个过程概括起来,就是将一定的机器设备、建筑材料等通过购置、建造和安装等活动把它转化为固定资产,形成新的生产能力或具有使用效益的建设工作。与此相关的其他工作,如征用土地、勘察设计、筹建机构和生产职工的培训等,也都属于基本建设工作的组成部分。

2.基本建设内容

基本建设的内容包括建筑工程、设备安装工程、设备购置、勘察与设计及其他基本建设工作。

(1)建筑工程。建筑工程包括永久性和临时性的建筑物、构筑物以及设备基础的建造;水卫、照明、暖通等设备的安装;建筑场地的清理、平整、排水;竣工后的整理、绿化以及水利、铁道、公路、电力线路、桥梁、防空设施等的建设。

(2)设备安装工程。设备安装工程包括生产、电力、电信、运输、起重、传动、医疗、实验等各种机器设备的安装;与设备相连的工作台、梯子等的装设工程;附属于被安装设备的管线敷设和设备的绝缘、保温、油漆等,以及为测定安装质量对单个设备进行各种试运行的工作。

(3)设备购置。设备购置包括各种机械设备、电气设备和工具、器具的购置,即一切需要安装与不需要安装设备的购置。

(4)勘察与设计。勘察与设计包括地质勘探、地形测量及工程设计方面的工作。

(5)其他基本建设工作。指除上述各项工作以外的各项基本建设工作及其他生产准备工作。如土地征用、筹建机构、建设场地原有建筑物的拆迁赔偿、生产职工培训等。

1.1.2　基本建设项目

1.基本建设项目概念

工程建设项目是以实物形态表示的具体项目,它以形成固定资产为目的。在我国,工程建设项目包括基本建设项目(新建、扩建等扩大生产能力的项目)和更新改造项目(以改进技术、增加产品品种、提高质量、劳动安全、治理三废、节约资源为主要目的的项目)。

基本建设项目一般指在一个总体设计或初步设计范围内,由一个或几个单位工程组成,在经济上进行统一核算,行政上有独立组织形式,实行统一管理的建设单位。凡属于一个总体设计范围内分期分批进行建设的主体工程和附属配套工程、综合利用工程、供水供电工程等均应作为一个工程建设项目,不能将其按地区或施工承包单位划分为若干个工程建设项目。此外,也不能将不属于一个总体设计范围内的几个工程,按各种方式归算为一个工程建设项目。

更新改造项目是指对企业、事业单位原有设施进行技术改造或固定资产进行更新的辅助性生产项目和生活福利设施项目。

2.基本建设项目的分解

(1)按照国家《建筑工程施工质量验收统一标准》(GB 50300—2001)规定,建筑工程质量验收应划分为单位工程、分部工程和分项工程

① 单位工程。具备独立施工条件,并能形成独立使用功能的建筑物及构筑物为一个单位工程。单位工程是工程建设项目的组成部分,一个工程建设项目有时可以仅包括一个单位工程,也可以包括许多单位工程。从施工的角度看,单位工程就是一个独立的交工系统,在工程建设项目总体施工部署和管理目标的指导下,形成自身的项目管理方案和目标,按其投资和质量的要求,如期建成交付生产和使用。对于建设规模较大的单位工程,还可将其能形成独立使用功能的部分划分为若干子单位工程。

由于单位工程的施工条件具有相对的独立性,因此,通常要单独组织施工和竣工验收。单位工程体现了工程建设项目的主要建设内容,是新增生产能力或工程效益的基础。

② 分部工程。分部工程是建筑物按单位工程的部位、专业性质划分的,即单位工程的进一步分解。一般工业与民用建筑工程可划分为地基与基础、主体结构、建筑装饰装修、建筑屋面、建筑给水排水及采暖、建筑电气、智能建筑、通风与空调、电梯八部分。

当分部工程较大或较复杂时,可按材料种类、施工程序、施工特点、专业系统及类别等划分为若干子分部工程,如主体结构可划分为混凝土结构、钢管混凝土结构、砌体结构、钢结构、木结构、网架和索膜结构。

③ 分项工程。分项工程是分部工程的组成部分,一般是按主要工种、材料、施工工艺、设备类别等进行划分。如混凝土结构可划分为钢筋工程、模板工程、混凝土工程、预应力工程等。分项工程是建筑工程施工生产活动的基础,也是计量工程用工用料和机械台

班消耗的基本单元，同时，又是工程质量形成的直接过程。分项工程既有其作业活动的独立性，又有其相互联系、相互制约的整体性。

(2)基本建设项目按照合理确定工程造价和基本建设管理工作的需要，划分为建设项目、单项工程、单位工程、分部工程、分项工程5个层次

工程量和造价是由局部到整体的一个分部组合计算的过程。认识建设项目的组成，对研究工程计量与工程造价(计价)确定与控制具有重要作用。

① 建设项目。一般是指在一个总体设计范围内，由一个或几个工程项目组成，经济上实行独立核算，行政上实行独立管理，并且具有法人资格的建设单位。通常一个企业、事业单位就是一个建设项目。

在我国通常把建设一个企业、事业单位或一个独立工程项目作为一个建设项目。凡属于一个总体设计中分期分批建设的主体工程、水电气供应工程、配套或综合利用工程都应合并为一个建设项目。不能把不属于一个总体设计的几个工程归算为一个建设项目，也不能把同一个总体设计内的工程，按施工单位或地区分为几个建设项目。

虽然建设项目具有投资额大、建设周期长的特点，但建设项目的管理者有权统一管理总体设计所规定的各项工程。建设项目的工程量是指建设的全部工程量，其造价一般指投资估算、设计总概算和竣工总决算的造价。

② 单项工程。又称工程项目，它是建设项目的组成部分，是指具有独立的设计文件，竣工后可以独立发挥生产能力或使用效益的工程。如单项工程中一般包括建筑工程和安装工程；工业建设中的一个车间或住宅区建设中的一幢住宅楼都是构成该建设项目的单项工程。有时，一个建设项目只有一个单项工程，则此单项工程也就是建设项目。

单项工程的工程量与工程造价，分别由构成该单项工程的各单位工程的工程量和造价的总和组成。

③ 单位工程。单位工程是单项工程的组成部分。单位工程是指具有独立的设计文件，可以独立组织施工，但建成后不能独立发挥生产能力或使用效益的工程。如一个生产车间的土建工程、给排水工程、电气照明工程、机械设备安装工程、电气设备安装工程等都是生产车间这个单项工程的组成部分，即单位工程。施工图预算往往针对单位工程进行编制。

④ 分部工程。分部工程是单位工程的组成部分。分部工程一般按工种工程来划分，而土建工程的分部工程是按建筑工程的主要部位划分的。例如土石方工程、砖石工程、脚手架工程、钢筋混凝土工程、金属结构工程、木结构工程、装饰工程等。也可按单位工程的构成部分来划分，例如基础工程、墙体工程、梁柱工程、门窗工程、楼地面工程、屋面工程等。一般建筑工程预算定额的分部工程划分综合了上述两种方法。

⑤ 分项工程。分项工程是分部工程的组成部分。一般按照分部工程划分的方法，再将分部工程划分为若干个分项工程，一般是按生产分工，并按某种计量单位计算、便于测定或统计工程基本构造要素和工程量来划分的。例如基础工程还可以划分为基槽开挖、基础砌筑、基础垫层、基础防潮层、基槽回填土、土方运输等分项工程项目。分项工程划分的粗细程度，视具体编制概预算的不同要求而确定。一般情况下，概算定额的项目较粗，预算定额的项目较细。

分项工程是建筑工程的基本构造要素。通常,我们把这一基本构造要素称为“假定建筑产品”。假定建筑产品虽然没有独立存在的意义,但这一概念在预算编制原理、计划统计、建筑施工、工程概预算、工程成本核算等方面都是必不可少的重要概念。

土建工程的分项工程是按建筑工程的主要过程划分的。《全国统一建筑工程基础定额》和《全国统一安装工程预算定额》的定额子目,一般按分项工程划分,其单位是分项工程的计量单位。工程计量就是按照全国统一的《工程量计算规则》计算的分项工程的工程数量。

只有建设项目、单项工程、单位工程的施工才能称为施工项目,而分部、分项工程不能称为施工项目。因为前者是施工企业的完整产品,而后者不是完整的产品。但是它们是构成施工项目产品的组成部分,是工程计量与工程造价计算的基础。

1.1.3 基本建设程序

1.基本建设程序概念

基本建设程序是指建设项目从策划、评估、决策、设计、施工到竣工验收、投入生产或交付使用的整个建设过程中各项工作必须遵循的先后次序。这是人们在认识客观规律的基础上制定出来的,是建设项目科学决策和顺利进行的重要保证。按照建设项目发展的内在联系和发展过程,将建设项目分成若干阶段,这些发展阶段有严格的先后次序,不能任意颠倒。

世界上各个国家和国际组织在工程项目建设程序上可能存在着某些差异,但是按照工程建设项目发展的内在规律,投资建设一个工程项目都要经过投资决策和建设实施两个发展时期。这两个发展时期又可分为若干个阶段,它们之间存在着严格的先后次序,可以进行合理的交叉,但不能任意颠倒次序。

2.基本建设程序内容

(1)基本建设程序的阶段划分

按照我国现行规定,一般大中型及限额以上工程项目的建设程序可以分为以下几个阶段,如图 1.1 所示。

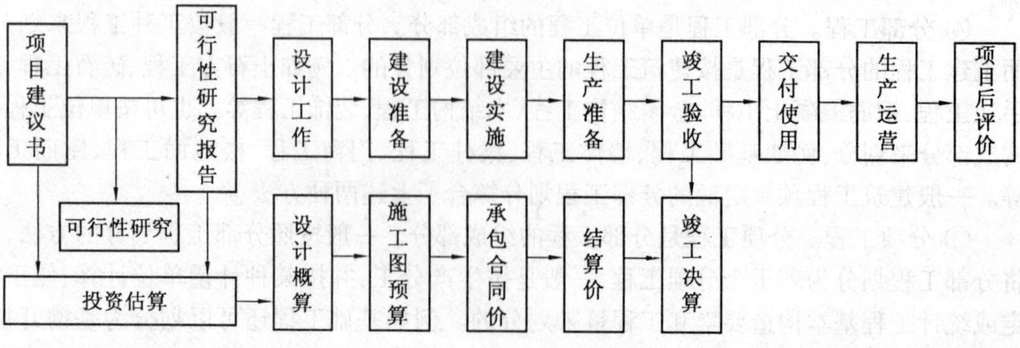

图 1.1 基本建设程序示意图

1)根据国民经济和社会发展长远规划,结合行业和地区发展规划的要求,提出项目建议书。

2)根据项目建议书的要求,在勘察、试验、调查研究及详细技术经济论证的基础上编制可行性研究报告。

3)可行性研究报告被批准以后,选择建设地点。

4)根据可行性研究报告,编制设计文件。

5)初步设计经批准后,进行施工图设计,并做好施工前的各项准备工作。

6)编制年度基本建设投资计划。

7)建设实施。

8)根据施工进度,做好生产或动工前的准备工作。

9)项目按批准的设计内容完成,经投料试车验收合格后正式投产交付使用。

10)生产运营一段时间(一般为一年)后,进行项目后评价。

(2)基本建设程序各阶段的工作内容

1)项目建议书阶段。项目建议书是建设起始阶段,是业主单位向国家提出的要求建设某一项目的建议文件,是对工程项目建设的轮廓设想。项目建议书的主要作用是推荐一个拟建项目,论述其建设的必要性、建设条件的可行性和获利的可能性,作为投资者和建设管理部门选择并确定是否进行下一步工作的依据。

项目建议书经批准后,可以进行详细的可行性研究工作,但并不表明项目非上不可,项目建议书不是项目的最终决策。

2)可行性研究阶段。项目建议书一经批准,即可着手开展项目可行性研究工作。可行性研究是对工程项目在技术上是否可行和经济上是否合理进行科学的分析和论证。凡未经可行性研究确认的项目,不得编制向上报送的可行性研究报告和进行下一步工作。可行性研究报告经批准,建设项目才算正式"立项"。

3)建设地点的选择阶段。建设地点的选择,按照隶属关系,由主管部门组织勘察设计等单位和所在地部门共同进行。凡在城市辖区内选点的,要取得城市规划部门的同意,并且要有协议文件。

选择建设地点主要考虑3个问题:

① 工程、水文地质等自然条件是否可靠。

② 建设时所需水、电、运输等条件是否落实。

③ 项目建成投产后,原材料、燃料等的供应能力是否具备,同时对生产人员生活条件、生产环境等也应全面考虑。

4)设计工作阶段。设计是对拟建工程的实施在技术上和经济上进行全面而详尽的安排,是基本建设计划的具体化,同时是组织施工的依据。工程项目的设计工作一般划分为2个阶段,即初步设计和施工图设计。重大项目和技术复杂项目,可根据需要增加技术设计阶段。

① 初步设计。初步设计是根据可行性研究报告的要求所做的具体实施方案,目的是为了阐明在指定的地点、时间和投资控制数额内,拟建项目在技术上的可能性和经济上的合理性,并根据对工程项目所作出的基本技术经济规定编制项目总概算。

② 技术设计。应根据初步设计和更详细的调查研究资料编制,以进一步解决初步设

计中的重大技术问题，如建筑结构、工艺流程、设备选型及数量确定等，使工程建设项目的设计更具体、更完善，技术指标更合理。

③ 施工图设计。根据初步设计或技术设计的要求，结合现场实际情况，完整地表现建筑物外形、内部空间分隔、结构体系、构造状况以及建筑群的组成和周围环境的配合。它还包括各种运输、通信、管道系统、建筑设备的设计。在工艺方面，应具体确定各种设备的型号、规格以及各种非标准设备的制造加工。

5)建设准备阶段。项目在开工建设之前要切实做好各项准备工作，其主要内容包括征地、拆迁和场地平整；完成施工用水、电、道路准备等工作；组织设备、材料订货；准备必要的施工图纸；组织施工招标，择优选定施工单位。

一般项目在报批开工前，必须由审计机关对项目的有关内容进行审计证明。审计机关主要是对项目的资金来源是否正当及落实情况、项目开工前的各项支出是否符合国家有关规定、资金是否存入规定的专业银行等内容进行审计。新开工的项目还必须具备按施工顺序需要至少三个月以上的工程施工图纸，否则不能开工建设。

6)编制年度基本建设投资计划阶段。按规定进行了建设准备和具备了开工条件以后，便应组织开工。建设单位申请批准开工要经国家计划部门统一审核后，编制年度大、中型和限额以上工程建设项目新开工计划，并报国务院批准。部门和地方政府无权自行审批大、中型和限额以上工程建设项目开工报告。年度大、中型和限额以上新开工项目经国务院批准，由国家计委下达项目计划。

7)建设实施阶段。工程项目经批准开工实施，项目即进入了施工阶段。项目新开工时间，是指工程建设项目设计文件中规定的任何一项永久性工程第一次正式破土开槽开始施工的日期；不需开槽的工程，正式开始打桩的日期就是开工日期；铁路、公路、水库等需要进行大量土、石方工程的，以开始进行土方、石方工程的日期作为正式开工日期。工程地质勘察、平整场地、旧建筑物的拆除、临时建筑、施工用临时道路和水、电等工程开始施工的日期不能算作正式开工日期。分期建设的项目分别按各期工程开工的日期计算，如二期工程应根据工程设计文件规定的永久性工程开工的日期计算。

施工安装活动应按照工程设计、施工合同条款及施工组织设计的要求，在保证工程质量、工期、成本以及安全、环保等目标的前提下进行，达到竣工验收标准后，由施工单位移交给建设单位。

8)生产准备阶段。对于生产性工程建设项目而言，生产准备是项目投产前由建设单位进行的一项重要工作。它是衔接建设和生产的桥梁，是项目由建设转入生产经营的必要条件。建设单位应适时组成专门班子或机构做好生产准备工作，确保项目建成后能及时投产。

9)竣工验收阶段。当工程项目按设计文件的规定内容和施工图纸的要求全部建完后，便可组织验收。竣工验收是工程建设过程的最后一个环节，是投资成果转入生产或使用的标志，也是全面考核基本建设成果、检验设计和工程质量的重要步骤。竣工验收对促进建设项目及时投产、发挥投资效益及总结建设经验都有重要作用。通过竣工验收，可以检查建设项目实际形成的生产能力或效益，也可避免项目建成后继续消耗建设费用。

竣工和投产或交付使用的日期，是指经验收合格、达到竣工验收标准、正式移交生产或使用的时间。在正常情况下,建设项目的投产或投入使用的日期与竣工日期是一致的,但是实际上,有些项目的竣工日期往往晚于投产日期。这是因为生产性建设项目工程全部建成,经试运转、验收鉴定合格、移交生产部门时,便可算作全部投产,而竣工则要求该项目的生产性、非生产性工程全部建成完工。

10)建设项目后评价阶段。项目后评价是工程项目竣工投产、生产运营一段时间后,再对项目的立项决策、设计施工、竣工投产、生产运营等全过程进行系统评价的一种技术经济活动,是固定资产投资管理的一项重要内容,也是固定资产投资管理的最后一个环节。通过建设项目后评价,可以达到肯定成绩、总结经验;研究问题、汲取教训;提出建议、改进工作;不断提高项目决策水平和投资效果的目的。

1.2 建筑工程定额概述

1.2.1 定额及定额的产生

1.定额

(1)定额的概念。所谓定,就是规定;额就是额度或限额。从广义理解,定额就是规定的额度或限额,又称为标准或尺度。

(2)建设工程定额。建设工程定额是由国家授权部门和地区统一组织编制、颁发并实施的工程建设标准。

2.定额的产生

定额是一定时期社会生产力发展的反映。根据我国史书记载,在《大唐六典》中就有各种用工量的计算方法。北宋时期,分行业将工料限量与设计、施工、材料结合在一起的《营造法式》,是由国家所制定的一部建筑工程定额。到了清朝时期,为适应营造业的发展,专门设置了"洋房"和"算房"2个部门,"洋房"负责图样设计,"算房"则专门负责施工预算。可见,定额的使用范围被逐渐扩大,定额的功能也在不断增加。

19世纪末至20世纪初,西方资本主义国家生产日益扩大,生产技术迅速发展,劳动分工和协作也越来越细,对生产消耗进行科学管理的要求更加迫切。当时在美、法、英等国家中都有企业科学管理的活动开展,并逐渐形成了系统的经济管理理论。现在被称为"古典管理理论"的代表人物是法国人法约尔、美国人泰罗和英国人威克等。

实际上企业管理成为科学是从泰罗制开始的。当时美国资本主义正处于上升时期,工业发展迅速,传统的企业管理已不适应生产能力的需要,阻碍着社会经济的发展,因此,改善企业管理成为生产发展的迫切需要。泰罗为适应当时的客观要求,首先开始了关于企业管理的研究,以解决提高工人劳动生产效率问题。泰罗把工作时间分为若干组成部分,并测定每一操作过程的时间消耗,制定出工时定额,作为衡量工人工作效率的尺度。同时还研究工人劳动中的操作和动作,制定出工作时间的标准操作方法,从而制定出较高的工时定额。通过工时定额的制定,实行标准的操作方法,以及采用差别的计件工资,构成了泰罗制的主体。工时定额由此出现。

随着现代科学和技术的不断发展,系统工程、运筹学、电子计算机等科学技术作为管理手段的应用,并从社会学和心理学的角度研究管理,强调重视社会环境、人际关系对人行为的影响,主张采用诱导的方法鼓励工人发挥主动性和积极性,而不是对工人采用管束和强制的方法。20 世纪 70 年代产生了系统论,从而把管理科学和行为科学结合起来,并通过对企业的人、物和环境等生产要素进行全面系统的分析研究,以实现企业管理的最优化。

综上所述,可知定额的产生是随着管理科学而产生的,也将随着管理科学的不断进步而发展,是企业实行科学管理的重要基础。

1.2.2 定额的作用及特性

1.建设工程定额的作用

定额是科学管理的产物,是实行科学管理的基础,它在社会主义市场经济中具有以下的重要地位与作用。

(1)定额是投资决策和价格决策的依据。定额可以对建筑市场行为进行有效的规范,如投资者可以利用定额提供的信息提高项目决策的科学性,优化投资行为,还可以利用定额权衡自己的财务状况、支付能力,预测资金投入和预期回报;并在投标报价时做出正确的价格决策,以获取更多的经济效益。

(2)定额是企业实行科学管理的基础。企业利用定额促使工人节约社会劳动时间和提高劳动生产效率,获取更多利润;计算工程造价,把生产的各类消耗控制在规定的限额内,以降低工程成本。

(3)定额有利于完善建筑市场信息系统。它的可靠性与灵敏性是市场成熟和效率的标志。实行定额管理可对大量建筑市场信息进行加工整理,也可对建筑市场信息进行传递,同时还可对建筑市场信息进行反馈。

2.建设工程定额的特性

在社会主义市场经济的条件下,定额一般具有以下几方面的特性。

(1)定额的科学性。定额的科学性主要表现为定额的编制是自觉遵循客观规律的要求,通过对施工生产过程进行长期的观察、测定、综合、分析,在广泛搜集资料和总结的基础上,实事求是地运用科学的方法制定出来的。定额的编制技术和方法吸取了现代管理的成就,具有一整套既严密又科学的确定定额水平的行之有效的方法。

(2)定额的权威性。定额的权威性主要表现在定额是由国家主管机关或它授权的各地管理部门组织编制的,定额一经批准颁发,任何单位都必须严格遵守和贯彻执行。

(3)定额的群众性。定额的群众性主要表现在定额来源于群众,因此,定额的制定和执行都具有广泛的群众基础,并能为广大群众所接受。

(4)定额的时效性。定额的时效性主要表现在定额所规定的各种工料消耗量是由一定时期的社会生产力水平确定。当生产条件发生较大变化时,定额制定授权部门必须对定额进行修订与补充。因此,定额具有一定的时效性。

(5)定额的相对稳定性。定额的相对稳定性主要表现在定额制定颁发后,有一个相对稳定的执行时期,一般为5~10年左右。

1.2.3 工程定额的分类

工程定额是一个综合概念,是工程建设中各类定额的总称。工程定额的内容和形式是由运用它的需要决定的,因此定额种类的划分也是多样化的。这里介绍几种常用的分类方法。

1.按照生产要素分类

生产要素包括劳动者、劳动手段和劳动对象,反映其消耗的定额就分为劳动消耗定额、机械消耗定额和材料消耗定额3种。

(1)劳动消耗定额,简称劳动定额。在各类定额中,劳动消耗定额都是其中重要的组成部分。劳动消耗定额是完成一定的合格产品(工程实体或劳务)规定活劳动消耗的数量标准。为了便于综合与核算,劳动定额大多采用工作时间消耗量来计算劳动消耗量。因此,劳动定额主要的表现形式是时间定额的形式。但为了便于组织施工,也同时采用产量定额的形式来表示劳动定额。

(2)机械消耗定额,简称机械定额。它和劳动消耗定额一样,在多种定额中,机械消耗定额都是其中的组成部分。机械消耗定额是指为完成一定合格产品(工程实体或劳务)所规定的施工机械消耗的数量标准。机械消耗定额的表现形式有机械时间定额和机械产量定额。

(3)材料消耗定额,简称材料定额。材料消耗定额是指完成一定合格产品所需消耗材料的数量标准。这里所说的材料,是工程建设中使用的各类原材料、成品、半成品、构配件、燃料以及水、电等动力资源的总称。材料作为劳动对象是构成工程实体的物资。生产一定的建筑产品,必须消耗一定数量的材料,因此,材料消耗定额亦是各类定额的重要组成部分。

2.按照编制程序和用途分类

按照编制程序和用途分类可以把工程定额分为工序定额、施工定额、预算定额、概算定额、概算指标和投资估算指标等。

(1)工序定额。工序定额是以个别工序为标定对象而编制的,是组成定额的基础。例如钢筋制作过程可以分别标定出调直、弯曲、剪切等工序定额。工序定额比较细碎,一般只用作编制个别工序的施工任务单,很少直接用于施工。

(2)施工定额。施工定额是以同一性质的施工过程为标定对象,规定某种建筑产品的劳动消耗量、机械工作时间消耗和材料消耗量。施工定额是建筑企业内部使用的生产定额,用以编制施工作业计划,编制施工预算、施工组织设计,签发任务单与限额领料单,考核劳动生产率和进行成本核算。施工定额也是编制预算定额的基础。

(3)预算定额。预算定额是以各分部分项工程为单位编制的,定额中包括所需人工工日数、各种材料的消耗量和机械台班数量,一般列有相应地区的基价,是计价性的定额。预算定额是以施工定额为基础编制的,它是施工定额的综合和扩大,用以编制施工图预算,确定建筑工程的预算造价,是编制施工组织设计、施工技术财务计划和工程竣工决算的依据。同时,预算定额又是编制概算定额和概算指标的基础。

(4)概算定额。概算定额是以扩大结构构件、分部工程或扩大分项工程为单位编制的,它包括人工、材料和机械台班消耗量,并列有工程费用,也是属于计价性的定额。概算定额是以预算定额为基础编制的,它是预算定额的综合和扩大。它用以编制概算,是进行设计方案技术经济比较的依据;也可以用作编制施工组织设计时确定劳动力、材料、机械台班需要量的依据。

(5)概算指标。概算指标是比概算定额更为综合的指标,是以整个房屋或构筑物为单位编制的,包括劳动力、材料和机械台班定额 3 个组成部分,还列出了各结构部分的工程量和以每百平方米建筑面积或每座构筑物体积为计量单位而规定的造价指标。概算指标是初步设计阶段编制概算确定工程造价的依据,是编制年度施工技术财务计划的依据;是进行技术经济分析、衡量设计水平、考核建设成本的标准;是企业编制劳动力、材料计划、确定施工方案、实行经济核算的依据。

(6)投资估算指标。投资估算指标是在项目建议书和可行性研究阶段编制投资估算、计算投资需要量时使用的一种定额。它非常概略,往往以独立的单项工程或完整的工程项目为计算对象。它的概略程度与可行性研究阶段相适应。投资估算指标往往根据历史的预、决算资料和价格变动等资料编制,但其编制基础仍然离不开预算定额、概算定额。

3.按主编单位和管理权限分类

按主编单位和管理权限工程定额可分为全国统一定额、行业统一定额、地区统一定额、企业定额和补充定额五种。

(1)全国统一定额。全国统一定额是由国家建设行政主管部门综合全国工程建设中技术和施工组织管理的情况编制、并在全国范围内执行的定额,如全国统一安装工程定额。

(2)行业统一定额。行业统一定额是考虑到各行业部门专业工程技术特点,以及施工生产和管理水平编制的。一般是只在本行业和相同专业性质的范围内使用的专业定额,如矿井建设工程定额和铁路建设工程定额。

(3)地区统一定额。地区统一定额包括省、自治区、直辖市定额,地区统一定额主要是考虑地区性特点和全国统一定额水平做适当调整补充编制的。

(4)企业定额。企业定额是指由施工企业考虑本企业具体情况,参照国家、部门或地区定额的水平制定的定额。企业定额只在企业内部使用,是企业素质的一个标志。企业定额水平一般应高于国家现行定额,才能满足生产技术发展、企业管理和市场竞争的需要。

(5)补充定额。补充定额是指随着设计、施工技术的发展,在现行定额不能满足需要的情况下,为了补充缺项所编制的定额。补充定额只能在指定的范围内使用,可以作为以后修订定额的基础。

4.按专业性质分类

按专业性质分类工程定额可分为建筑工程定额、设备安装工程定额和其他专业定额等。

(1)建筑工程定额。建筑工程定额是建筑工程的施工定额、预算定额、概算定额和概算指标的统称。

建筑工程一般理解为房屋和构筑物工程,具体包括一般土建工程、电气工程(动力、弱电、照明)、卫生技术(水、暖、通风)工程、工业管道工程、特殊构筑物工程等。广义上它也被理解为除房屋和构筑物外还包含其他各类工程,如道路、铁路、桥梁、隧道、堤坝、运河、港口、电站、机场等工程。

(2)设备安装工程定额。设备安装工程定额是安装工程施工定额、预算定额、概算定额和概算指标的统称。设备安装工程是对需要安装的设备进行定位、组合、校正、调试等工作的工程。在工业项目中,机械设备安装和电气设备安装工程占有重要地位。因为生产设备大多要安装后才能运转,不需要安装的设备很少。在非生产性的建设项目中,由于社会生活和城市设施的日益现代化,设备安装工程量也在不断增加。所以设备安装工程定额也是工程建设定额中的重要部分。

设备安装工程定额和建筑工程定额是两种不同类型的定额。一般都要分别编制,各自独立。但是设备安装工程和建筑工程是单项工程的两个有机组成部分,在施工中有时间连续性,也有作业的搭接和交叉,需要统一安排,互相协调,在这个意义上通常把建筑和安装工程作为一个施工过程来看待,即建筑安装工程。所以在通用定额中有时把建筑工程定额和安装工程定额合二而一,称为建筑安装工程定额。

(3)其他专业定额。例如公路工程定额、铁路工程定额、市政工程定额、园林工程定额等等。

5.按适用范围分类

按适用范围工程定额可分为全国通用定额、行业通用定额和专业专用定额。

(1)全国通用定额是指在部门间和地区间都可以使用的定额。

(2)行业通用定额是指具有专业特点,在行业部门内可以通用的定额。

(3)专业专用定额是指特殊专业的定额,只能在指定的范围内使用。

6.按费用性质分类

按费用性质可分为直接费定额、间接费定额、工器具定额、工程建设其他费用定额等。

(1)直接费定额。直接费定额是指预算定额分项内容以内的,计算与建筑安装生产有直接关系的费用标准。

(2)间接费定额。间接费定额是指与建筑安装施工生产的个别产品无关,而为企业生产全部产品所必需,为维持企业的经营管理活动所必需发生的各项费用开支的标准。由于间接费中许多费用的发生和施工任务的大小没有直接关系,因此,通过间接费定额的管理,有效地控制间接费的发生是十分必要的。

(3)工器具定额。工器具定额是为新建或扩建项目投产运转首次配置的工、器具数量标准。工具和器具,是指按照有关规定不够固定资产标准而起劳动手段作用的工具、器具和生产用家具,如翻砂用模型、工具箱、计量器、容器、仪器等。

(4)工程建设其他费用定额。工程建设其他费用定额是独立于建筑安装工程、设备和工器具购置之外的其他费用开支的标准。工程建设的其他费用的发生和整个项目的建设密切相关,它一般要占项目总投资的10%左右。其他费用定额是按各项独立费用分别制定的,以便合理控制这些费用的开支。

从工程定额的分类中,可以看出各种定额之间的有机联系。它们相互区别,相互交叉,相互联系,相互补充,从而形成一个与建设程序分阶段工作深度相适应、层次分明、分工有序的庞大的工程定额体系,如图1.2所示。

1.3 工程建设概预算概述

1.3.1 工程概预算的概念

基本建设预算(简称建设预算),是基本建设设计文件的重要组成部分。它是根据不同设计阶段的具体内容,国家(或地方主管部门)规定的定额、指标和各项费用取费标准,预先计算和确定每项新建、扩建、改建和重建工程,从筹建至竣工验收全过程所需投资额的经济文件。它是国家对基本建设进行科学管理和监督的重要手段之一。

建筑安装工程概算和预算是建设预算的重要组成部分之一。它是根据不同设计阶段的具体内容,国家规定的定额、指标和各项费用取费标准,预先计算和确定基本建设中建筑安装工程部分所需要的全部投资额的文件。

建设预算所确定的每一个建设项目、单项工程或其中单位工程的投资额,实质上就是相应工程的计划价格。在实际工作中称其为概算造价或预算造价。在基本建设中,用编制基本建设预算的方法来确定基建产品的计划价格,是由建筑工业产品及生产不同于一般工业的技术经济特点和社会主义商品经济规律所决定的。

建筑产品及生产具有如下技术经济特点。

1.建筑产品建造地点在空间上的固定性

必须根据当地自然条件进行建筑、结构、暖通等设计,材料和构件等物资的选用、施工方法和施工机械等的确定,也必须因地制宜。由于某些费用的取费标准因地区而异,从而影响工程造价。同时,产品的固定性还导致建筑生产的地区性和流动性,施工队伍常常在不同的工地、不同的建筑地区之间转移,势必也要使费用增加。

2.建筑产品的多样性和生产的单件性

建筑产品的多样性和固定性,导致生产的单件性。为了适应不同的用途,建筑工程的设计就必须在总体规划、内容、规模、造型、标准、结构、装饰等诸方面各不相同。即使是同一类型的工程,按同一标准设计来建设,其工程的局部构造、结构和施工方法等方面也会因建造时间、地点的不同而发生变化,例如,按照同一标准设计两个厂房,由于甲、乙两地的地耐力不同,其基础断面就要因地制宜地进行修正,工程越复杂,自然和技术经济条件越不同,所引起工程造价的差异就越大。

3.建筑产品的形体庞大和生产的露天性

由于建筑产品的空间固定性和形体庞大,导致其生产露天进行,即使其生产的装配化、工厂化、机械化程度达到很高水平,也需在指定地点露天完成最终的建筑产品。由于

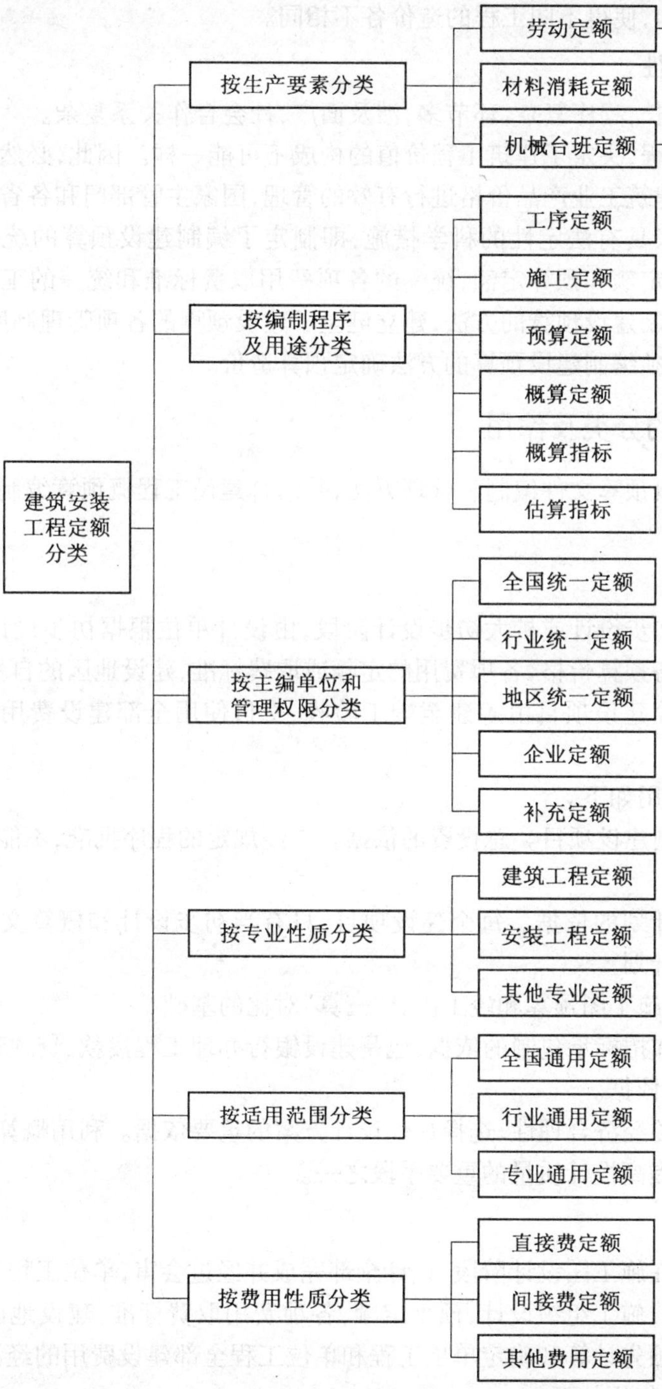

图1.2 建筑安装工程定额分类

气候的变化,要相应采取防寒、防冻、防暑降温、防雨、防风和防汛等措施和不同的施工方法,从而引起费用的增加,使得不同工程的造价各不相同。

4.建筑工程的复杂性

建筑工程生产周期长,程序复杂,环节多,涉及面广,社会合作关系复杂。

这种特殊的生产过程,决定了建筑工程价值的构成不可能一样。因此,必然影响着每个工程的造价,为了对建筑工业产品价格进行有效的管理,国家主管部门和各省、市、自治区采取了一些行之有效、具有法定性的科学措施,即制定了编制建设预算的统一的依据(统一的基础定额、概算定额和预算定额,统一的各项费用取费标准和统一的工程量计算规则),制定了统一的编制建设预算的方法,建立健全了建设预算的各项管理制度,从而实现对建筑工业产品用单独编制建设预算的方法确定预算造价。

1.3.2　工程概预算的分类及作用

根据我国的设计、概预算文件编制和管理方法,并结合建设工程概预算编制的顺序做如下分类。

1.设计概算

设计概算,是指在初步设计或扩大初步设计阶段,由设计单位根据初步设计图纸、概算定额或概算指标,设备预算价格,各项费用的定额或取费标准,建设地区的自然、技术经济条件等资料,预先计算建设项目由筹建至竣工验收、交付使用全部建设费用的经济文件。

设计概算的主要作用如下。

(1)国家确定和控制建设项目。总投资的依据。未经规定的程序批准,不能突破总概算的这一限额。

(2)编制基本建设计划的依据。每个建设项目,只有当初步设计和概算文件被批准后,才能列入基本建设计划。

(3)进行设计概算、施工图预算和竣工决算“三算”对比的基础。

(4)实行投资包干和招标承包制的依据,也是建设银行办理工程拨款、贷款和结算,以及实行财政监督的重要依据。

(5)考核设计方案的经济合理性,选择最优设计方案的重要依据。利用概算对设计方案进行经济性比较,是提高设计质量的重要手段之一。

2.施工图预算

施工图预算,是指在施工图设计阶段,设计全部完成并经过会审,单位工程开工之前,施工单位根据施工图纸,施工组织设计,预算定额,各项费用取费标准,建设地区的自然、技术经济条件等资料,预先计算和确定单项工程和单位工程全部建设费用的经济文件。

施工图预算的主要作用如下。

(1)确定建筑安装工程预算造价的具体文件。

(2)签订建筑安装工程施工合同、实行工程预算包干、进行工程竣工结算的依据。

(3)建设银行拨付工程价款的依据。

(4)施工企业加强经营管理,搞好经济核算,实行对施工预算和施工图预算“两算对比”的基础,也是施工企业编制经营计划、进行施工准备和投标报价的依据。

3.施工预算

施工预算,是指施工阶段,在施工图预算的控制下,施工单位根据施工图计算的分项工程量、施工定额、单位工程施工组织设计等资料,通过工料分析,计算和确定拟建工程所需的人工、材料、机械台班消耗量及其相应费用的技术经济文件。

施工预算的主要作用如下。

(1)施工企业对单位工程实行计划管理,编制施工作业计划的依据。

(2)施工队向班组签发施工任务单,实行班组经济核算,考核单位用工、限额领料的依据。

(3)班组推行全优综合奖励制,实行按劳分配的依据。

(4)施工企业开展经济活动分析,进行“两算”对比的依据。

1.3.3 建设预算文件的组成

建设预算文件主要由下列概预算书组成。

1.单位工程概(预)算书

单位工程概(预)算书是确定某一个单项工程中的一般土建工程、卫生工程、工业管道工程、特殊构筑物工程、机械设备及安装工程、电气照明工程、电气设备及安装工程等各单位工程建设费用的文件。

单位工程概算或预算是根据设计图纸和概算指标、概算定额、预算定额、其他直接费和间接费定额及国家有关规定等资料编制的。

2.其他工程和费用概(预)算书

其他工程和费用概(预)算书是确定建筑工程与设备及其安装工程之外的、与整个建设工程有关的、应在基本建设投资中支付的、并列入建设项目总概算或单项工程综合概预算中的其他工程和费用的文件。它是根据设计文件和国家、省、直辖市、自治区主管部门规定的取费定额或标准,以及相应的计算方法进行编制的。

其他工程和费用,在初步设计阶段编制总概算时,均需编制概算书;在施工图设计阶段,大部分费用项目仍需编制预算书,少部分由建筑安装企业施工的项目,如原有地上、地下障碍物的拆迁等项目,也需要编制预算书。

3.单项工程综合概(预)算书

单项工程综合概(预)算书是确定某一独立建筑物或构筑物全部建设费用的文件。它是由该单项工程内的各单位工程概(预)算书汇编而成。当一个建设项目中,只有一个单项工程时,则与该工程项目有关的其他工程和费用的概(预)算书,也应列入该单项工程综合概(预)算书中。此时,单项工程综合概(预)算书,实际上就是一个建设项目的总概(预)算书。

4.建设项目总概算书

建设项目总概算书是确定一个建设项目从筹建到竣工验收全过程的全部建设费用的

总文件。这是由该建设项目的各生产车间、独立建筑物或构筑物的综合概算书，以及其他工程和费用概算书综合汇总而成的。它包括建成一项建设项目所需要的全部投资。

综上所述，一个建设项目的全部建设费用是由总概算书确定和反映的，它由一个或几个单项工程的综合概算及其他工程和费用概算书组成。一个单项工程的全部建设费用是由综合概(预)算书确定和反映的，它是由该单项工程内的几个单位工程概(预)算书组成。一个单位工程的全部建设费用是由单位工程概(预)算书确定和反映的，它是由每个单位工程内和各分项工程的直接费和其他直接费、现场经费、利润、间接费、税金等组成。

第2章　建筑工程定额

2.1　工时消耗研究

2.1.1　工时研究概念

1.工时研究的含义

工时研究原称动作(工作)时间研究或工时学。最初由泰勒倡导,20世纪第二次世界大战期间受到重视和采用。由工时研究的定义可以看出,它包括2个密不可分的部分:动作研究和时间研究。动作研究是工作方法的研究,包括对多种生产过程的描述、系统的分析和对工作方法的改进;时间研究是在一定的标准测定条件下,确定工人作业活动所需时间总量的一套程序,其直接的成果就是制定时间定额。另一方面,动作研究和时间研究关系十分密切,很难分开,它们往往是互为条件、互相补充。两者的研究目的实质上是一致的。

2.施工过程研究

施工过程是在建筑工地范围内所进行的生产过程,其目的是建造、恢复、改建、移动或拆除工业、民用建筑物的全部或一部分。施工过程是由不同工种、不同技术等级的建筑工人完成的,并且必须有相应的劳动对象——建筑材料、配件、半成品、预制品等;有相应的劳动工具——手动工具、小型机具和施工机械等。施工过程研究属动作研究,是动作研究在施工中的应用。

(1)施工过程的分类

1)按施工过程的完成方法分类

① 手工操作过程(手动过程)。

② 机械化过程(机械化过程)。

③ 机手并动过程(半机械化过程)。

2)按施工过程劳动分工的特点不同分类

① 个人完成的过程。

② 工人班组完成的过程。

③ 施工队完成的过程。

3)按施工过程组织上的复杂程度分类

① 工序。

② 工作过程。

③ 综合工作过程。

4)按施工过程是否循环分类

① 循环的施工过程。

② 非循环的施工过程。

(2)工序、工作过程和综合工作过程

1)工序。工序是组织上分不开和技术上相同的施工过程。其主要特点是:工人班组、工作地点、施工工具和材料均不发生变化。如果其中有一个因素发生变化,就意味着从一个工序转入另一个工序。

从施工技术操作和组织的观点看,工序是工艺方面最简单的施工过程,从劳动过程的观点来看,工序又可分为操作和动作。

施工动作是施工工序中最小的可以测算的部分,施工操作是一个施工动作接一个施工动作的接合。例如:手工弯曲钢筋这个工序,可分解为如下操作:

① 将钢筋放到工作台上。

② 对准位置。

③ 用扳手弯曲钢筋。

④ 扳手回原。

⑤ 将弯好的钢筋取出。

而其中“把钢筋放到工作台上”这一操作,可分解成以下“动作”:

a.走到已调直的钢筋堆放处。

b.弯腰拿起钢筋。

c.拿着钢筋走向工作台。

d.把钢筋放到工作台上。

工序可以一个人来完成,也可以由班组或施工队几名工人协同完成。将一个施工过程分解成工序操作和动作的目的是为了分析研究这些组成部分的必要性和合理性。测定每个组成部分的工时消耗,分析它们之间的关系及其衔接时间。最后,确定工序或施工过程的定额。确定定额只是分解和标定到工序为止。如果进行某项新技术或先进技术的工时研究,就要分解到操作甚至动作为止。

2)工作过程。工作过程是由同一工人班组或同一工人完成的,在技术操作上相互有机联系的工序的总和。其特点是人员编制不变、工作地点不变,而材料和工具可以变换。例如砌墙和勾缝,抹灰和刷浆。

3)综合工作过程。综合工作过程是同时进行的,在组织上有机地联系在一起,最终能获得一种产品的工作过程的总和。例如浇灌钢筋混凝土构件的施工过程,是由调制、运送、浇灌和捣实混凝土工作过程组成。

施工过程按其组织上的复杂程度的分类关系,可用图 2.1 的简图表示。

施工过程
- 工序→操作→动作
- 工作工程→Σ工序
- 综合工作过程→Σ工作过程

图 2.1　施工过程的分类关系

(3)循环的施工过程和非循环的施工过程

循环的施工过程:施工过程的工序或其组成部分如果以同样次序不断重复,并且每一次重复都可以产出同一种产品,则称为循环的施工过程。反之,若施工过程的工序或其组成部分不是以同样的次序重复,或者生产出来的产品各不相同,这种施工过程则称为非循环的施工过程。

2.1.2 工作时间分析

1.工作时间的概念

工作时间就是工作班的延续时间,它是由工作班制度决定的。我国建筑企业均实行8 h工作制度,个别特殊工作,如:潜水,规定一个工作班为6 h;隧道,一个工作班为7 h。工作班时间不包括午饭时的中断时间。工作时间分为工人工作时间和机械工作时间。

2.工人工作时间分析

工人的工作时间可分为定额时间和非定额时间两大类,如图2.2所示。

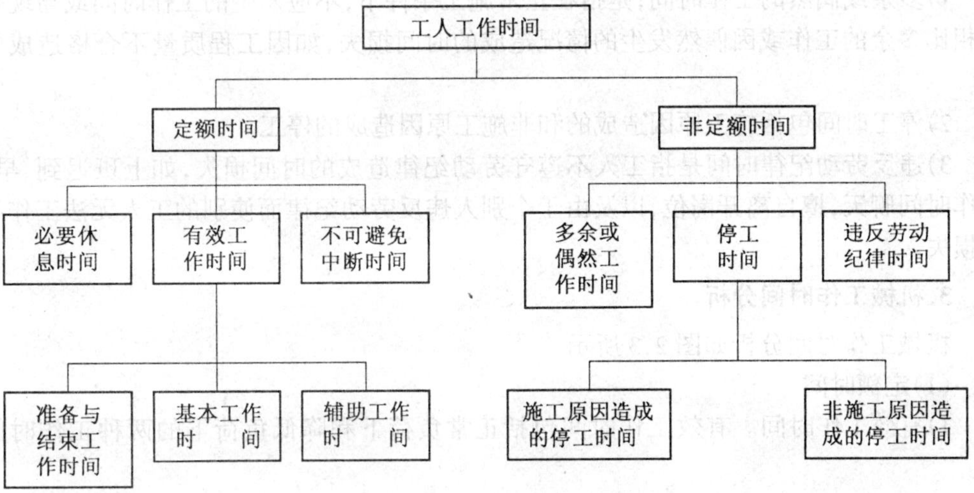

图2.2 工人工作时间分析

(1)定额时间

定额时间是指在正常施工条件下,工人为完成一定合格产品所必须消耗的工作时间,也就是必要劳动时间。定额时间包括有效工作时间、必要休息时间和不可避免的中断时间。

1)有效工作时间是指与完成产品有直接关系的时间消耗。

① 准备与结束工作时间是指工人在执行任务前的准备工作和完成任务后的结束工作所需消耗的时间。它分为班组内的准备与结束工作时间(如领取材料工具、布置作业点、交接班、产品交验)和任务性的准备与结束工作时间(如技术交底、熟悉施工图)。

② 基本工作时间是指工人直接用于施工过程中完成产品的各个工序所消耗的时间,它与完成任务的大小成正比。通过基本工作,如砌筑砖墙、浇筑混凝土构件等可以使劳动对象发生直接变化。

③ 辅助工作时间是指与施工过程的技术作业有直接关系的工序所消耗的时间。这些工序如搭设架板、修整工具、测量放线、自行检查等，是为了保证基本工作的顺利进行而做的辅助性工作，是整个施工过程所必不可少的。

2)必要休息时间是指工人在工作过程中，为了恢复体力所必需的短暂间歇时间及因个人生理上的需要而消耗的时间。休息时间包括工间休息、工人喝水、上厕所等时间，是根据工作的繁重程序、劳动条件和劳动性质作为劳动保护规定列入工作时间之内的。

3)不可避免的中断时间是指由于施工工艺和技术的要求，以及特殊情况下施工而引起的不可避免的工作中断时间，如汽车司机等待装卸货物的时间，铁件加工过程的等待冷却的时间等。

(2)非定额时间

非定额时间即指损失时间，是指工人或机械在工作班内与完成生产任务无关的时间消耗。

非定额时间包括以下内容。

1)多余或偶然的工作时间，是指在正常施工条件下，不应发生的工作时间或与现行工艺相比多余的工作或因偶然发生的情况造成的时间损失，如因工程质量不合格造成的返工。

2)停工时间包括施工原因造成的和非施工原因造成的停工。

3)违反劳动纪律时间是指工人不遵守劳动纪律造成的时间损失，如上班迟到、早退，工作时间聊天，擅自离开岗位，以及由于个别人违反劳动纪律而使别的工人无法工作等时间损失。

3.机械工作时间分析

机械工作时间分析如图 2.3 所示。

(1)定额时间

1)有效工作时间。有效工作时间包括正常负荷下和降低负荷下的两种工作时间消耗。

正常负荷下的工作时间是指机械在机械说明书规定的负荷下进行工作的时间。在个别情况下，由于技术上的原因，机械可能在低于负荷下工作。如汽车载运质量轻而体积大的货物时，不可能充分利用汽车的载重吨位，因而不得不降低负荷工作，此种情况亦视为正常负荷下工作。

降低负荷下的工作时间是指由于工人或施工管理人员的过失，以及机械陈旧或发生故障等原因，使机械在降低负荷情况下进行工作的时间。

2)不可避免的无负荷工作时间。不可避免的无负荷工作时间是指由于施工过程的特性和机械结构的特点所造成的机械无负荷工作时间，一般分为循环的和定时的两类。

循环的不可避免无负荷工作时间是指由于施工过程的特性所引起的空转所消耗的时间，如吊机返回到起吊重物地点所消耗的时间，在机械工作的每一个循环中重复一次。

定时的不可避免无负荷工作时间主要是指发生在施工活动中的无负荷工作时间，如工作班开始和结束时自行式机械来回无负荷的空行或工作地段转移所消耗的时间。

3)不可避免的中断时间。不可避免的中断时间是由于施工过程技术和组织的特性而

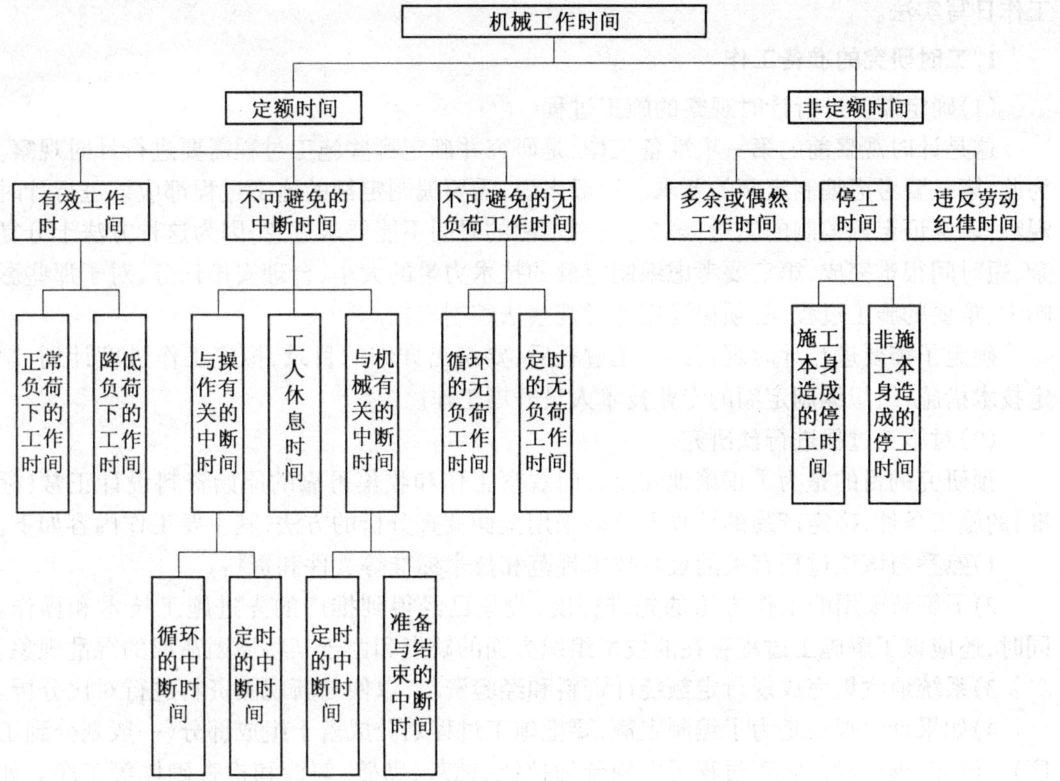

图 2.3　机械工作时间分析

造成的机械工作中断时间，通常分为与操作有关的和与机械有关的两类不可避免中断的时间以及工人休息时间。

与操作有关的不可避免中断时间又分为循环的和定时的两种。循环的是指在机械工作的每一个循环中重复一次，如汽车装载、卸货的停歇时间。定时的指经过一定时间重复一次，如混凝土振动器从一个工作地点转移到另一个工作地点时的工作中断时间。

与机械有关的不可避免中断时间是指用机械进行工作的工人在准备和结束工作时使机械暂停的中断时间，或者在维护保养机械时必须停转所发生的中断时间。前者属于准备与结束工作的不可避免中断时间；后者属于定时的不可避免中断时间。

(2)非定额时间

1)多余或偶然的工作时间。多余或偶然的工作有两种情况：一是可避免的机械无负荷工作，指工人没有及时供给机械用料而引起的空转；二是机械在负荷下所做的多余工作。

2)停工时间。

3)违反劳动纪律时间。

2.1.3　工时研究方法

时间研究的基本方法是计时观察法。计时观察法主要有 3 种：测时法、写实记录法和工作日写实法。

1.工时研究的准备工作

(1)确定需要进行计时观察的施工过程

这是计时观察前的第一项准备工作，是研究并确定哪些施工过程需要进行计时观察。为此，第一要考虑编制定额的要求。一般来说，需要编制定额的施工过程都应该进行计时观察，以保证定额编制的质量；第二，编制定额的时间不能要求过急，因为这种方法十分复杂，短时间很难完成；第三要考虑编制定额的技术力量的大小，合理安排任务，对于那些影响大、重要的施工过程，必须保证用计时观察法编制定额。

确定了需要进行计时观察的施工过程后，要编出详细的目录，拟定工作进度计划，制定技术措施，组织编制定额的专业技术人员开展工作。

(2)对施工过程进行预研究

预研究的目的是为了正确地安排计时观察工作和收集可靠的原始资料设计正常(标准)的施工条件，确定产品的计算单位。采用全面调查分析的方法，其主要工作内容如下。

1)熟悉与该项过程有关的现行技术规范和技术标准等文件和资料。

2)了解新采用的工作方法的先进程度，收集已经得到推广的先进施工技术和操作。同时，还应该了解施工过程存在的技术组织方面的缺点和由于某些原因造成的混乱现象。

3)系统地收集完成现行定额统计资料和经验资料，以便与新观测资料进行对比分析。

4)如果计时观察是为了编制定额，要把施工过程划分成若干组成部分(一般划分到工序)。例如，砌砖墙的施工过程可以划分为拉线、铺灰、砌砖、勾缝和检查砌体等工序。如果计时观察的目的是为了研究现行工作方法，或是分析影响劳动生产率高低的因素，则必须把施工过程划分到操作以至动作。

划分组成部分要特别注意确定定时点和各组成部分以及整个施工过程产品的计量单位。所谓定时点就是上下两个相衔接部分之间的分界点。例如砌砖过程中，取砖和将砖放在墙上这个组成部分，它的开始点是工人手接触砖的那一瞬间，结束点是将砖放在墙上手离开砖的那一瞬间。

(3)选择施工的正常条件

绝大多数施工企业和施工队、班组在合理组织施工的情况下所处的施工条件称之为施工的正常条件。

施工条件一般包括工人的技术等级是否和工作等级相符；工具与设备的种类和质量、工程机械化程度、材料实际需要量、工资报酬形式、劳动的组织形式、现场情况及其准备工作、安全技术措施的执行情况、气候条件、劳动竞赛开展情况等。所有这些条件都有可能影响产品生产中的工时消耗。

施工的正常条件应该符合有关的技术规范，符合正确的施工组织和劳动组织条件，符合已经推广的先进的施工方法、施工技术和操作。

(4)选择观察对象

所谓观察对象就是所需进行计时观察的、完成施工过程的工人和班组。在现实的施工过程中，由于受到不同施工条件的影响，使工时消耗产生波动。因此，为了保证观测精度，要对计时观察对象进行选择。

根据测定的目的来选择观察对象:

1)制定劳动定额应选择有代表性的班组或个人,包括比较先进的或比较后进的班组或个人。

2)总结推广先进经验应选择工作突出的先进班组或个人。

3)帮助后进班组提高工效,应选择长期不能完成定额的班组或个人。

(5)其他准备工作

在计时观察前还应准备的各种用具和表格。测试用具包括秒表、手表、电子计时器、摄像设备等。根据测试方案,准备记录整理用的各种表格。

2.测时法

测时法是一种精确度比较高的测定方法,主要适用于研究以循环形式不断重复进行的作业。它用于观测研究施工过程循环组成部分的工作时间消耗,不研究工人休息、准备与结束及其他非循环的工作时间。采用测时法,可以为制定劳动定额提供单位产品所必需的基本工作时间的技术数据,可以分析研究工人的操作或动作,总结先进经验,帮助工人班组提高劳动生产率。

(1)记录时间的方法

测时法按记录时间的方法的不同,分为选择测时法和连续测时法2种。

1)选择测时法。选择测时法又叫间隔计时法或重点计时法。选择计时法是不连续地测定施工过程的全部循环组成部分,是有选择地进行测定。测定开始时,立即开动秒表,到预定的定时点时,即停止秒表。此时显示的时间,即为所测组成部分的延续时间。当下一组成部分开始时,再开动秒表,如此循环测定。这种方法比较容易掌握,使用比较广泛。它的缺点是测定起始和结束点的时刻时,容易发生读数的偏差。

2)连续测时法。连续测时法又叫接续测时法,它是对施工过程循环的组成部分进行不间断的连续测定,不能遗漏任何一个循环的组成部分。连续测时法所测定的时间包括了施工过程中全部循环时间,是在各组成部分相互联系中求出每一个组成部分的延续时间,这样各组成部分延续时间之间的误差可以互相抵消,所以连续测时法是一种比较准确的方法。而在选择测时中,这种误差却无法抵消。

连续测时法在测定时间时应使用具有辅助秒针的计时表。当测定开始时,立即开动秒表,到预定的定时点时,立即使辅助针停止转动,辅助针停止的位置即所测组成部分的延续时间。然后使辅助针继续转动,至下一个组成部分的定时点时,再停止辅助针(辅助针停止时,计时表仍在继续走动),如此不间断地进行测定。在测定过程中,如遇到非循环组成部分,应暂停测定,待循环组成部分出现后,再继续进行。

(2)测时法的观察次数

对某一施工活动进行测定时,观察次数将直接影响到测时资料的精确度,因此,要认真确定测时的次数,以保证测时资料的可靠性和代表性。尽管选择了工作条件比较正常的测时对象,即使是同一工人操作,但每次所测得的延续时间总是不会完全相等的,更何况在不同工人中测定同一施工活动的延续时间。而且测定人员也可能由于记录时间时的误差或错误,而引起个别延续时间的偏差。因此,测时法需要解决每份测时资料中各组成部分应观测多少次才能得到比较正确的数值。一般来说,观测的次数越多,资料的准确性越高，但要花费较多的时间和人力，这样既不经济又不现实。表 2.1 为测时所得数据的算术平均值精确度与观测次数和稳定系数之间的关系，可供测定时检查所测次数是否满足需要的参考。稳定系数由下式求出：

$$K_p = \frac{x_{max}}{x_{min}} \tag{2.1}$$

式中　x_{max}—— 最大观测值；

x_{min}—— 最小观测值。

算术平均值精确度与观测次数之间的关系可用下式表示：

$$E = \pm \frac{1}{\bar{x}} \sqrt{\frac{\sum_{i=1}^{n} \Delta_i^2}{n(n-1)}} \tag{2.2}$$

式中　$\bar{x}$—— 观测值的算术平均值；

Δ_i——$\Delta = x_i - \bar{x}$；

x_i—— 第 i 个观测值；

n—— 观测次数。

表 2.1　测时法观测次数表

要求的精度 E	要求的算术平均值精确度/%				
观测次数 n / 稳定次数 K_p	5 以内	7 以内	10 以内	15 以内	20 以内
1.5	9	6	5	5	5
2	16	11	7	5	5
2.5	23	15	10	6	5
3	30	18	12	8	6
4	39	25	15	10	7
5	47	31	19	11	8

3. 写实记录法

写实记录法是一种研究各种性质施工过程工作时间消耗的方法。测时观察时用普通表详细记录在一段时间内观察对象的各种活动、时间消耗（起止时间）和完成的产品数量，由此可以获得分析工作时间消耗的全部资料。

对于写实记录的各项观察资料，要在事后加以整理。在整理时，先将施工过程各组成部分按施工工艺顺序从写实记录表上抄录下来，并摘录相应的工时消耗；然后按工时消耗的性质，分为休息和不可避免的中断时间、基本工作与辅助工作时间、违背劳动记录时间等项，按各类时间消耗进行统计，并计算整个观察时间即总工时消耗；再计算各组成部分时间消耗占总工时消耗的百分比。产品数量从写实记录表内抄录。单位产品工时消耗，由总工时消耗除以产品数量得到。

写实记录表中的观察对象可以是一个工人（个人写实），也可以是一个班组（集体写实)。按记录时间的方法不同分为3种:数示法、图示法和混合法。

(1)数示法。数示法的特征是用数字记录工时消耗,精确度达5 s。

(2)图示法。图示法是在包含时间进度线条的规定格式图表上记录工时消耗的一种方法,精确度可达30 s,观察对象一般不超过3人,适用于观测组成部分不多的施工过程。该图表纵向各行表示施工过程,横向用不同的线条(如虚线、实线、点划线等)表示不同工种的工人延续的工时。

(3)混合法。混合法是数示法和图示法2种方法相结合的记录工时消耗的方法。它的图表和图示法相似,其特点是,它吸取了两种方法的优点,以时间进度线条表示工时消耗的延续,在进度线上部加写数字表示各时间区段的工人数目。混合法适用于表达3个以上工人参与的小组工时消耗的测定和分析。

4.工作日写实法

工作日写实法就是对工人在整个工作日中的工时利用情况,按照时间消耗的顺序进行实地观察、记录和分析研究的一种测定方法。它侧重于研究工作日的工时利用情况,总结推广先进生产者或先进班组的工时利用经验,同时还可以为制定劳动定额提供必需的准备与结束时间、休息时间和不可避免的中断时间的资料。采用工作日写实法,在详细调查工时利用情况的基础上,分析哪些时间消耗对生产是有效的,哪些时间消耗是无效的,找出工时损失的原因,拟定改进的技术和组织措施,消除引起工时损失的因素,促进劳动生产效率的提高。采用工作日写实法研究工时利用的情况,是基层管理工作中挖潜力、反浪费、达到增产节约的一项有效措施。

根据写实对象不同,工作日写实法可分为个人工作日写实、小组工作日写实和机械工作日写实等3种。个人工作日写实是测定一个工人在工作日内的工时消耗,这种方法最为常用。小组工作日写实测定一个小组的工人在工作日内的工作消耗,它可以是相同工种的工人,也可以是不同工种的工人。个人工作日写实是为了取得确定小组定员和改善劳动组织的资料。机械工作日写实是测定某一机械在一个台班内机械效能发挥的程度,以及配合工作的劳动组织是否合理,其目的在于最大限度地发挥机械的效能。

工作日写实法的基本要求:

(1)因素登记。由于工作日写实法主要是研究工时利用和损失时间的,不按工序研究基本工作时间和辅助工作时间的消耗,因此,在填写因素登记表时,对施工过程的组织和技术说明可简明扼要,不予详述。

(2)时间记录。个人工作日写实采用图示法,小组工作日写实采用混合法,机械工作日写实采用数示法或混合法。

(3)延续时间。工作日写实法以一个工作日为准,如其完成产品时间消耗大于8 h,则应酌情延长观察时间。

(4)观察次数根据不同的目的要求确定。一般说来,如为了总结先进工人的工时利用经验,应测定1~2次;为了掌握工时利用情况或制定标准工时规范,应测定3~5次;为了分析造成损失时间的原因,改进施工管理,应测定1~3次,以取得所需要的有价值的资料。

2.2 施工定额

施工定额是指在全国统一定额指导下，以同一性质的施工过程为测算对象，规定建筑安装工人或班组，在正常施工条件下完成单位合格产品所需消耗人工、材料、机械台班的数量标准。

施工定额是施工企业内部直接用于组织与管理施工的一种技术定额，是指规定在工作过程或综合工作过程中所生产合格单位产品必须消耗的活劳动与物化劳动的数量标准。

施工定额是地区专业主管部门和企业的有关职能机构根据专业施工的特点规定出来并按照一定程序颁发执行的。它反映了制定和颁发施工定额的机构和企业对工人劳动成果的要求，它也是衡量建筑安装企业劳动生产率水平和管理水平的标准。施工额由劳动消耗定额、机械消耗（台班使用）定额及材料消耗定额所组成。

2.2.1 劳动消耗定额

1.劳动消耗定额及其表达形式

劳动消耗定额简称劳动定额，又称人工定额，是指在正常的施工技术和组织条件下，完成单位合格产品所必需的劳动消耗量标准。劳动定额的表现形式分为时间定额和产量定额 2 种。劳动定额反映了大多数企业和职工经过努力能够达到的平均先进水平。

(1)时间定额

时间定额是指在一定的施工技术和组织条件下，某工种、某种技术等级的工人班组，完成符合质量要求的单位产品所必需的工作时间。

时间定额以工日为单位，每个工日现行规定工作时间为 8 h，计算方法如下：

$$\text{单位产品时间定额(工日)} = 1/\text{每工产量} \tag{2.3}$$

或

$$\text{单位产品时间定额(工日)} = \frac{\text{小组成员工日数总和}}{\text{台班产量(班组完成产品数量)}} \tag{2.4}$$

时间定额的计量单位有工日/m^2、工日/m^3、工日/t、工日/块。

(2)产量定额

产量定额是指在一定的施工技术和组织条件下，某工种、某种技术等级的班组或个人，在单位时间内（工日）完成符合质量要求的产品数量。

产量定额计量单位多种多样，如 m/工日、m^2/工日、m^3/工日、t/工日、块/工日等。

计算方法如下：

$$\text{每工日产量定额} = 1/\text{单位产品时间定额(工日)} \tag{2.5}$$

或

$$\text{台班产量定额} = \text{小组成员工日数总和}/\text{单位产品时间定额(工日)} \tag{2.6}$$

时间定额与产量定额互为倒数，即

$$\text{时间定额} \times \text{产量定额} = 1 \tag{2.7}$$

2.劳动定额编制的方法

(1)技术测定法

技术测定法是应用 2.1.3 节中所述的几种计时观察法获得工时消耗数据，制定劳动消耗定额。这种方法有较充分的科学依据,准确程度较高,但工作量较大,测定的方法和技术复杂。为了保证定额的质量,对那些工料消耗比较大的定额项目应首先选择这种方法。

时间定额是在确定基本工作时间、辅助工作时间、不可避免中断时间、准备与结束工作时间及休息时间的基础上制定的。

1)确定基本工作时间。基本工作时间在必须消耗的工作时间中占的比重最大。基本工作时间消耗根据计算观察资料确定。其做法是,首先确定工作过程每一组成部分的工时消耗,然后再综合该工作过程的工时消耗。

2)确定辅助工作和准备与结束工作时间。辅助工作和准备与结束工作时间的确定方法和基本工作时间相同。

3)拟定、确定不可避免的中断时间。施工中有两种不同的工作中断情况:一种情况是由工艺特点所引起的不可避免的中断,此项工作消耗可以列入工作过程的时间定额;另一种是由于班组工人所担负的任务存在的不均衡引起的中断,这种工作中断应该通过改善班组人员编制、合理进行劳动分工来克服。

不可避免中断时间根据测时资料通过整理分析获得。

4)确定休息时间。休息时间是工人恢复体力所必需的时间,应列入工作过程时间定额。休息时间应通过对工作班作息制度、经验资料、计时观察资料以及对工作的疲劳程度作全面分析来确定考虑,尽可能利用不可避免中断时间作为休息时间。

5)确定时间定额确定了基本工作时间、辅助工作时间、准备与结束工作时间、不可避免中断时间和休息时间之后,可以计算劳动定额的时间定额。

计算公式是:

$$\text{定额时间} = \text{基本工作时间} + \text{辅助工作时间} + \text{准备与结束工作时间} + \text{不可避免的中断时间} + \text{休息时间} \tag{2.8}$$

或

$$\text{定额时间} = \frac{\text{基本工作时间}}{1 - \text{其他各项时间所占百分比}} \tag{2.9}$$

(2)比较类推法

比较类推法是选定一个已精确测定好的典型项目的定额,经过对比分析,计算出同类型其他相邻项目的定额的方法。采用这种方法制定定额简单易行、工作量小,但往往会因对定额的时间构成分析不够,对影响因素估计不足,或所选典型定额不当而影响定额的质量。本法适用于制定同类产品品种多、批量小的劳动定额和材料消耗定额。

比较类推的计算公式为:

$$t = P \cdot t_0 \tag{2.10}$$

式中　t——比较类推同类相邻定额项目的时间定额;

t_0——典型项目的时间定额;

P——各同类相邻项目耗用工时的比例。

(3)统计分析法

统计分析法是将以往施工中所累积的同类型工程项目的工时耗用量加以科学地统计、分析,并考虑施工技术及组织变化的因素,经过分析研究后制定劳动定额的一种方法。

采用统计分析法需有准确的原始记录和统计工作基础,并且选择正常的及一般水平的施工单位与班组,同时还要选择部分先进和落后的施工单位与班组进行分析和比较。

由于统计分析资料是过去已经达到的水平,且包含了某些不合理的因素,水平可能偏于保守。为了使定额保持平均先进水平,应从统计资料中求出平均先进值。

平均先进值的计算步骤如下:

1)删除统计资料中特别偏高、偏低及明显的不合理的数据。

2)计算出算术平均数值。

3)在工时统计数组中,取小于上述算术平均值的数组,再计算其平均值,即为所求的平均先进值。

(4)经验估工法

经验估工法是对生产某一产品或完成某项工作所需消耗的工时,根据定额技术人员、管理人员、工人等以往的经验,结合图纸分析、现场观察,分解施工工艺、组织条件和操作方法来估计。

经验估工法技术简单、工作量小、速度快。缺点是人为因素较多,科学性、准确性较差。

2.2.2 机械消耗定额

1.机械消耗定额的概念

机械消耗定额也称机械台班消耗定额,是指在正常施工条件和合理使用施工机械条件下,完成单位合格产品所必须消耗的某种型号的施工机械台班的数量标准。

建筑施工中,有的施工活动(或工序)是由人工完成的,有的则是由机械完成的,还有的是由人工与机械共同完成的。由机械完成的或由人工和机械共同完成的产品,都需要消耗一定的机械工作时间。一台机械工作一个工作班(即 8 h)称为一个台班。

2.机械消耗定额的表现形式

(1)机械时间定额。规定生产某一合格的单位产品所必须消耗的机械工作时间,叫做机械时间定额。

(2)机械产量定额。规定某种机械在一个工作班内应完成合格产品的数量标准,叫做机械产量定额。

(3)机械时间定额与机械产量定额的关系。从上述概念可以看出,机械时间定额和机械产量定额是互为倒数关系。

$$\text{机械时间定额} = \frac{1}{\text{机械产量定额}} \tag{2.11}$$

或

$$\text{机械产量定额} = \frac{1}{\text{机械时间定额}} \tag{2.12}$$

3.机械工作时间的分类及定额消耗时间(台班)的确定

(1)机械工作时间的分类

机械工作时间的消耗,按其性质进行分类,机械工作时间也分为必需消耗的时间和损失时间 2 大类,如图 2.4 所示。

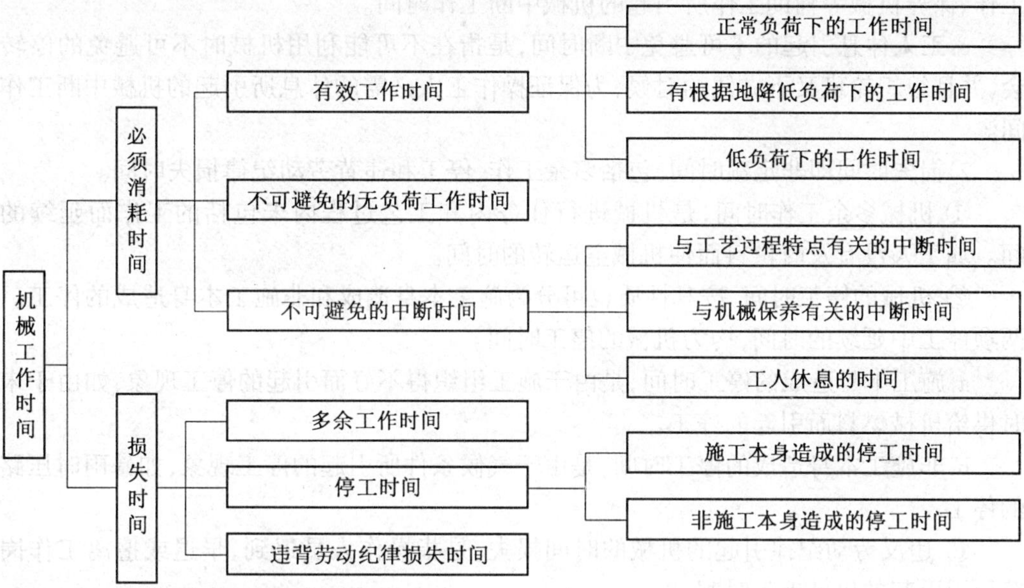

图 2.4　施工机械工作时间的分类

1)必需消耗的时间即定额时间,包括有效工作时间、不可避免的无负荷工作时间及不可避免的中断时间。

① 有效工作的时间消耗中又包括正常负荷下、有根据地降低负荷下和低负荷下的工作时间。

a.正常负荷下的工作时间,是指机械在与机械技术说明书规定的载荷能力相符的情况下进行工作的时间。

b.有根据地降低负荷下的工作时间,是在某些特殊情况下,由于技术上的原因,机器在低于其正常负荷下工作的时间。例如汽车运输重量轻而体积大的货物时,不能充分利用汽车的载重吨位的工作时间。

c.低负荷下的工作时间,是由于操作人员的原因,使施工机械在低负荷的情况下工作的时间。例如工人装车的砂石数量不足引起的汽车在降低负荷的情况下工作所延续的时间。此项工作时间不能作为计算时间定额的基础。

② 不可避免的无负荷工作时间,是由施工过程的特点与机械结构的特点造成的机械无负荷工作时间。例如筑路机在工作区末端调头等,都属于此项工作时间的消耗。

③ 不可避免的中断时间,是指由施工过程的技术操作和组织特性而引起的机械工作中断时间。包括与工艺过程特点有关的中断时间、与机械使用保养有关的中断时间和与工人休息有关的中断时间。

a.与工艺过程的特点有关的不可避免中断工作时间,有循环的和定期的 2 种。循环的不可避免中断,是在机械工作的每一个循环中重复一次,比如汽车装货和卸货时的停车。定期的不可避免中断,是经过一定时期重复一次,比如当把灰浆泵由一个工作地点转移到另一工作地点时的工作中断。

b.与机械使用保养有关的不可避免中断时间,是指由于操作人员进行准备工作、结束工作、保养机械等辅助工作所引起的机械中断工作时间。

c.工人休息引起的不可避免中断时间，是指在不可能利用机械时不可避免的停转机会，并且组织轮班又不方便的时候，为保证操作工人必需的休息所引起的机械中断工作时间。

2)损失时间即非定额时间，包括多余工作、停工和违背劳动纪律损失时间。

① 机械多余工作时间，是机械进行任务内和工艺过程内未包括的工作而延续的时间。如工人没有及时供料而使机械空运转的时间。

② 机械的停工时间，按其性质也可分为施工本身造成和非施工本身造成的停工。这两项停工中延续的时间，均为机械的停工时间。

a.施工本身造成的停工时间，是由于施工组织得不好而引起的停工现象，如由于未及时供给机械燃料而引起的停工。

b.非施工本身造成的停工时间，是由于气候条件所引起的停工现象，如暴雨时压路机的停工。

③ 违反劳动纪律引起的机械的时间损失，是指操作人员迟到、早退或擅离工作岗位等原因引起的机械停工时间。

(2)机械定额消耗时间(台班)的确定

1)确定正常的施工条件。确定机械工作正常条件，主要是确定工作地点的合理组织和合理的工人编制。

工作地点的合理组织，就是对施工地点的机械和材料的放置位置、工人从事操作的场所进行合理安排的平面和空间布置，以节省工作时间和减轻劳动强度。

拟定合理的工人编制，就是根据施工机械的正常生产率和工人正常的劳动工效，合理确定操纵机械的工人和直接参加机械化施工过程的工人的编制人数。

2)确定机械 1 h 纯工作正常生产率。确定机械正常生产率时，必须首先确定出机械纯工作 1 h 的正常生产效率。

机械纯工作时间，就是指机械的必需消耗时间。机械 1 h 纯工作正常生产率，就是在正常施工组织条件下，具有必需的知识和技能的技术工人操纵机械 1 h 的生产率。

3)确定施工机械的正常利用系数。施工机械的正常利用系数，是指机械在工作班内对工作时间的利用率。

确定机械正常利用系数，要计算工作班正常状况下准备和结束工作，机械启动、机械维护等工作所必须消耗的时间，以及机械有效工作的开始与结束时间。从而进一步计算出机械在工作班内的纯工作时间和机械正常利用系数。机械正常利用系数的计算公式如下：

$$\text{机械正常利用系数} = \frac{\text{机械在一个工作班内纯工作时间}}{\text{一个工作班延续时间(8 h)}} \tag{2.12}$$

4)计算施工机械台班定额。其计算公式为：

$$\text{施工机械台班产量定额} = \text{机械 1 h 纯工作正常生产率} \times \text{工作班纯工作时间} \tag{2.13}$$

或

$$\text{施工机械台班产量定额} = \text{机械 1 h 纯工作正常生产率} \times \text{一个工作班延续时间} \times \text{机械正常利用系数} \tag{2.14}$$

$$机械时间定额 = \frac{1}{机械产量定额} \tag{2.15}$$

2.2.3　材料消耗定额

材料消耗定额是在合理和节约使用材料的条件下,生产单位质量合格产品所消耗的一定规格的材料、半成品和水、成品、电等资源的数量。

定额材料按其使用性质、用途和用量大小划分为四类,即:

主要材料:是指直接构成工程实体的材料。

辅助材料:也是指直接构成工程实体但比重较小的材料。

周转性材料:又称工具性材料,是指施工中多次使用但并不构成工程实体的材料。如模板、脚手架等。

次要材料:是指用量小、价值不大、不便计算的零星用材料,可用估算法计算。

1.主要材料消耗定额

主要材料消耗定额包括直接使用在工程上的材料净用量和在施工现场内运输及操作过程中不可避免的废料和损耗。

(1)材料净用量的确定

材料净用量的确定一般有以下几种方法。

1)理论计算法。理论计算法是根据设计、施工验收规范和材料规格等,从理论上计算材料的净用量。如砖墙的用砖数和砌筑砂浆的用量可用下列理论计算公式计算各自的净用量:

用砖数:

$$A = \frac{1}{墙厚 \times (砖长 + 灰缝) \times (砖厚 + 灰缝)} \times k \tag{2.16}$$

式中　k——墙厚的砖数 × 2(墙厚的砖数是 0.5 砖墙、1 砖墙、1.5 砖墙……)。

砂浆用量:

$$B = 1 - 砖数 \times 每砖块体积 \tag{2.17}$$

2)测定法。即根据试验情况及现场测定的资料数据确定材料的净用量。

3)图纸计算法。根据选定的图纸,计算各种材料的体积、面积、延长米或重量。

4)经验法。根据历史上同类的经验进行估算。

(2)材料损耗量的确定

材料的损耗一般以损耗率表示。材料损耗率可以通过观察法或统计法计算确定。材料损耗率可有 2 种不同定义,由此,材料消耗量计算有两个不同的公式:

$$\left.\begin{aligned} 损耗率 &= \frac{损耗量}{总消耗量} \times 100\% \\ 总消耗量 &= 净用量 + 损耗量 = \frac{净用量}{1 - 损耗率} \end{aligned}\right\} \tag{2.18}$$

$$\left.\begin{aligned} 损耗率 &= \frac{损耗量}{净用量} \times 100\% \\ 总消耗量 &= 净用量 + 损耗量 = 净用量 \times (1 + 损耗率) \end{aligned}\right\} \tag{2.19}$$

2.周转性材料消耗定额

周转性材料指在施工过程中多次使用、周转的工具性材料，如钢筋混凝土工程用的模板，搭设脚手架用的跳板、杆子、挖土方工程用的挡土板等。

周转性材料消耗一般与下列4个因素有关：

1)第一次制造时的材料消耗(一次使用量)。

2)每周转使用一次材料的损耗(第二次使用时需要补充)。

3)周转使用次数。

4)周转材料的最终回收及其回收折价。

定额中周转材料消耗量指标的表示，应当用一次使用量和摊销量2个指标表示。一次使用量是指周转材料在不重复使用时的一次使用量，供施工企业组织施工用。摊销量是指周转材料退出使用时应分摊到一定计量单位的结构构件的周转材料消耗量，供施工企业成本核算或预算用。

如捣制混凝土结构木模板用量计算：

$$\text{一次使用量} = \text{净用量} \times (1 + \text{操作损耗率}) \tag{2.20}$$

$$\text{周转使用量} = \frac{\text{一次使用量} \times [1 + (\text{周转次数} - 1) \times \text{补损率}]}{\text{周转次数}} \tag{2.21}$$

$$\text{回收量} = \frac{\text{一次使用量} \times (1 - \text{补损率})}{\text{周转次数}} \tag{2.22}$$

$$\text{摊销量} = \text{周转使用量} - \text{回收量} \times \text{回收折价率} \tag{2.23}$$

又如预制混凝土构件的模板用量计算：

$$\text{一次使用量} = \text{净用量} \times (1 + \text{操作损耗率}) \tag{2.24}$$

$$\text{摊销量} = \frac{\text{一次使用量}}{\text{周转次数}} \tag{2.25}$$

2.3 预算定额

预算定额指完成一定计量单位质量合格的分项工程或结构构件所需消耗的人工、材料和机械台班的数量标准。

预算定额是由国家主管部门或被授权的省、市有关部门组织编制并颁发的一种法令性指标，也是一项重要的经济法规。预算定额中的各项消耗量指标，反映了国家或地方政府对完成单位建筑产品基本构造要素(即每一单位分项工程或结构构件)所规定的人工、材料和机械台班等消耗的数量限额。

2.3.1 预算定额的编制

1.预算定额的编制原则

(1)社会平均必要劳动量确定定额水平的原则

在社会主义市场经济条件下，确定预算定额的各种消耗量指标应遵循价值规律的要求，按照产品生产中所消耗的社会平均必要劳动量确定其定额水平。即在正常施工的条件下，以平均的劳动强度、平均的劳动熟练程度、平均的技术装备水平，确定完成每一单位分项工程或结构构件所需要的劳动消耗量，并据此作为确定预算定额水平的主要原则。

(2)简明扼要，适用方便的原则

预算定额的内容与形式，既要体现简明扼要、结构严谨、层次清楚、数据准确，还应满足各方面使用的需要，如编制施工图预算、办理工程结算、编制各种计划和进行成本核算等的需要，使其具有多方面的适用性，且使用方便。

2.预算定额的编制依据

预算定额的编制依据如下：

(1)《全国统一建筑工程基础定额》和《全国统一建筑装饰装修工程消耗量定额》。

(2)现行的设计规范、施工验收规范、质量评定标准和安全操作规程。

(3)通用的标准图集、定型设计图纸和有代表性的设计图纸。

(4)有关科学实验、技术测定和可靠的统计资料。

(5)已推广的新技术、新材料、新结构和新工艺等资料。

(6)现行的预算定额基础资料、人工工资标准、材料预算价格和机械台班预算价格等。

3.预算定额各项消耗量指标的确定

(1)定额计量单位与计算精度的确定

1)定额计量单位的确定。定额计量单位应和定额项目内容相适应，要能确切反映各分项工程产品的形态特征、变化规律与实物数量，并便于计算和使用。

① 当物体的断面形状一定而长度不定时，宜采用长度"m"或延长米为计量单位，如木装饰、落水管安装等。

② 当物体有一定的厚度而长与宽变化不定时，宜采用面积"m^2"为计量单位，如楼地面、墙面抹灰、屋面工程等。

③ 当物体的长、宽、高均变化不定时，宜采用体积"m^3"作为计量单位，如土方、砖石、混凝土和钢筋混凝土工程等。

④ 当物体的长、宽、高均变化不大，但其重量与价格差异却很大时，宜采用"kg"或"t"为计量单位，如金属构件的制作、运输等。

在预算定额项目表中，一般都采用扩大的计量单位，如100 m、100 m^2、100 m^3 等，以便于预算定额的编制和使用。

2)计算精度的确定。预算定额项目中各种消耗量指标的数值单位和计算时小数位数的取定如下：

① 人工以"工日"为单位，取小数后2位。

② 机械以"台班"为单位，取小数后2位。

③ 木材以"m^3"为单位，取小数后3位。

④ 钢材以"t"为单位，取小数后3位。

⑤ 标准砖以"千匹"为单位，取小数后2位。

⑥ 混凝土、砂浆、沥青膏等半成品以"m^3"为单位，取小数后2位。

(2)人工消耗量指标的确定

预算定额中的人工消耗量指标，包括完成该分项工程所必需的基本用工和其他用工数量。这些人工消耗量是根据多个典型工程综合取定的工程量数据和《全国统一建筑工程基础定额》计算求得。

1)基本用工。基本用工指完成质量合格单位产品所必需消耗的技术工种用工。可按技术工种相应劳动定额的工时定额计算，以不同工种列出定额工日数。

2)其他用工。其他用工包括辅助用工、超运距用工及人工幅度差。

① 辅助用工：辅助用工指技术工种劳动定额内不包括而在预算定额内又必须考虑的用工。如机械土方工程配合、材料加工(包括洗石子、筛沙子、淋石灰膏等)模板整理等用工。

② 超运距用工：超运距用工指预算定额中材料及半成品的场内水平运距超过了劳动定额规定的水平运距部分所需增加的用工。

$$\text{超运距} = \text{预算定额取定的运距} - \text{劳动定额已包括的运距} \tag{2.26}$$

③ 人工幅度差：人工幅度差指预算定额与劳动定额的定额水平不同而产生的差异。它是劳动定额作业时间之外，预算定额内应考虑的、在正常施工条件下所发生的各种工时损失。其内容包括：

a.工种间的工序搭接、交叉作业及互相配合所发生停歇的用工。

b.现场内施工机械转移及临时水电线路移动所造成的停工。

c.质量检查和隐蔽工程验收工作而影响工人操作的时间。

d.工序交接时对前一工序不可避免的修整用工。

e.班组操作地点转移而影响工人操作的时间。

f.施工中不可避免的其他零星用工。

人工幅度差计算公式如下：

$$\text{人工幅度差} = (\text{基本用工} + \text{超运距用工} + \text{辅助用工}) \times \text{人工幅度差系数} \tag{2.27}$$

式中 人工幅度差系数一般取 10%～15%。

(3)材料消耗量指标的确定

预算定额中的材料消耗量指标由材料净用量与材料损耗量构成。其中材料损耗量包括材料的施工操作损耗、场内运输损耗、加工制作损耗和场内管理损耗。

1)主材净用量的确定：预算定额中主材净用量的确定，应结合分项工程的构造做法，按照综合取定的工程量及有关资料进行计算确定。

2)主材损耗量的确定：预算定额中主材损耗量的确定，是在计算出主材净用量的基础上乘以损耗率系数就可求得损耗量。在已知主材净用量和损耗率的条件下，要计算出主材损耗量就需要找出它们之间的关系系数，这个关系系数称为损耗率系数。主材损耗量和损耗率系数的计算公式如下：

$$\text{主材损耗量} = \text{主材净用量} \times \text{损耗系数} \tag{2.28}$$

$$\text{损耗系数} = \frac{\text{损耗量}}{\text{净用量}} = \frac{\text{损耗率}}{1 - \text{损耗率}} \tag{2.29}$$

3)次要材料消耗量的确定：预算定额中对于用量很少、价值又不大的建筑材料，在估算其用量后，合并成“其他材料费”，以“元”为单位列入预算定额表内。

4)周转性材料摊销量的确定:预算定额中的周转性材料,是按多次使用、分次摊销的方式计入预算定额表内。

4. 人工工资标准、材料预算价格和机械台班预算单价的确定

工程造价费用的多少,除取决于预算定额中的人工、材料和机械台班消耗量以外,还取决于人工工资标准、材料预算价格和机械台班预算单价。因此,合理确定人工工资标准、材料预算价格和机械台班预算单价,是正确计算工程造价的重要依据。

(1)人工工资标准的确定

人工工资标准又称为人工工日单价。指一个建筑工人在一个工作日内应计入预算定额中的全部人工费用。合理确定人工工资标准,是正确计算人工费和工程造价的前提和基础。

1)人工工日单价的构成。人工工日单价的构成内容如下:

① 生产工人基本工资:生产工人基本工资指发放给建安工人的基本工资。现行的生产工人基本工资执行岗位工资和技能工资制度。根据《全民所有制大中型建筑安装企业的岗位技能工资试行方案》中的规定,其基本工资是按岗位工资、技能工资和年限工资(按职工工作年限确定的工资)计算的。工人岗位工资标准设 8 个岗次,技能工资按初级工、中级工、高级工、技师和高级技师 5 类工资标准分 33 个档次。计算公式如下:

$$\text{基本工资}(G_1) = \frac{\text{生产工人平均月工资}}{\text{年平均每月法定工作日}} \tag{2.30}$$

式中 年平均每月法定工日作 = (全年日历日数 - 法定假日数)/12。

② 生产工人工资性补贴:生产工人工资性补贴指按规定标准发放的物价补贴,煤、燃气补贴,住房补贴,交通费补贴,流动施工津贴和地区津贴等。计算公式如下:

$$\text{工资性补贴}(G_2) = \frac{\sum \text{年发放标准}}{\text{全年日历日} - \text{法定假日}} + \frac{\sum \text{月发放标准}}{\text{年平均每月法定工作日}} + \text{每工作日发放标准} \tag{2.31}$$

式中 法定假日是指双休日和法定节日。

③ 生产工人辅助工资:生产工人辅助工资指生产工人年有效施工天数以外非作业天数的工资,包括职工学习、培训期间的工资,调动工作、探亲、休假期间的工资,因天气影响的停工工资,女工哺乳时间的工资,病假在 6 个月以内的工资及产、婚、丧假期的工资。计算公式如下:

$$\text{生产工人辅助工资}(G_3) = \frac{\text{全年无效工作日} \times (G_1 + G_2)}{\text{全年日历日} - \text{法定假日}} \tag{2.32}$$

④ 职工福利费:该费用指按规定计提的职工福利费。计算公式如下:

$$\text{职工福利费}(G_4) = (G_1 + G_2 + G_3) \times \text{福利费计提比例}(\%) \tag{2.33}$$

⑤ 生产工人劳动保护费:生产工人劳动保护费指按规定标准发放的劳动保护用品的购置费及修理费,徒工服装补贴,防暑降温费,在有碍身体健康的环境中施工的保健费用等。计算公式如下:

$$生产工人劳动保护费(G_5) = \frac{生产工人平均支出劳动保护费}{全年日历日 - 法定假日} \quad (2.34)$$

2) 人工工日单价的确定。人工工日单价等于上述各项费用之和。计算公式如下:

$$人工工日单价(G) = G_1 + G_2 + G_3 + G_4 + G_5 \quad (2.35)$$

近年来,国家陆续出台了养老保险、失业保险、医疗保险、住房公积金等社会保障的改革措施,新的人工工资标准会逐步将上述费用纳入人工预算单价中。

(2) 材料预算价格的确定

在建筑工程费用中,材料费大约占工程总造价的 60% 左右,在金属结构工程费用中所占的比重还要大,它是工程造价直接费的主要组成部分。因此,合理确定材料预算价格,正确计算材料费用,有利于工程造价的计算、确定与控制。

1) 材料预算价格的概念与组成内容。

① 材料预算价格的概念。材料预算价格指材料(包括成品、半成品及构配件等) 从其来源地(或交货地点、仓库提货地点) 运至施工工地仓库(或施工现场材料存放地点) 后的出库价格。

② 材料预算价格的组成内容。从上述概念可知,材料从来源地到材料出库这段时间与空间内,必然会发生材料的运杂费、运输损耗费、采购及保管费等。在计价时,材料费用中还应包括单独列项计算的材料检验试验费。因此,材料预算价格应由以下费用组成:

a.材料原价。

b.材料运杂费。

c.材料运输损耗费。

d.材料采购及保管费。

e.材料检验试验费。

2) 材料预算价格的确定。

① 材料原价的确定。材料原价指材料的出厂价、交货地价、市场批发价、进口材料抵岸价或销售部门的批发价、市场采购价或市场信息价。

在确定材料原价时,凡同一种材料,因来源地、交货地、生产厂家、供货单位不同而有几种原价(价格) 时,应根据不同来源地的不同单价、供货数量(或供货比例),采用加权平均的方法确定其综合原价(即加权平均原价)。计算公式如下:

$$C = (K_1C_1 + K_2C_2 + ... K_nC_n)/(K_1 + K_2 + ... + K_n) \quad (2.36)$$

式中 C—— 综合原价或加权平均原价;

$K_1, K_2, \cdots, K_n$—— 材料不同来源地的供货数量或供货比例;

$C_1, C_2, \cdots, C_n$—— 材料不同来源地的不同单价(或价格)。

② 材料运杂费的确定。材料运杂费指材料自来源地(或交货地) 运至工地仓库或指定堆放地点所发生的全部费用,并含外埠中转运输过程中所发生的一切费用和过境过桥费用。包括调车和驳船费、运输费、装卸费及附加工作费等。

同一品种的材料有若干个来源地时,应采用加权平均的方法计算材料运杂费。计算公式如下:

$$T = (K_1T_1 + K_2T_2 + \cdots + K_nT_n)/(K_1 + K_2 + \cdots + K_n) \quad (2.37)$$

式中　T—— 加权平均运杂费；

$K_1, K_2, \cdots, K_n$—— 材料不同来源地的供货数量；

$T_1, T_2, \cdots, T_n$—— 材料不同运输距离的运费。

在材料运杂费中需要考虑便于材料运输和保护而实际发生的包装费(但不包括已计入材料原价的包装费,如水泥纸袋等),应计入材料预算价格内。

③ 材料运输损耗费的确定。材料运输损耗费指材料在装卸、运输过程中不可避免的损耗费用。计算公式如下:

$$材料运输损耗费 = (材料原价 + 材料运杂费) \times 相应材料运输损耗率 \tag{2.38}$$

④ 材料采购及保管费。材料采购及保管费是指各材料供应管理部门在组织采购、供应和保管材料过程中所需的各项费用。包括材料的采购费、仓储管理费和仓储损耗费。计算公式如下:

$$材料采购保管费 = (材料原价 + 材料运杂费 + 材料运输损耗费) \times 材料采购保管费率 \tag{2.39}$$

建筑材料的种类、规格繁多,采购保管费不可能按每种材料在采购保管过程中所发生的实际费用计算,只能规定几种综合费率进行计算。目前现行的是由国家经委规定的综合费率为 2.5%,各地区可根据不同的情况确定其费率。如有的地区规定:木材、钢材、水泥为 2.5%,水电材料为 1.5%,其余材料为 3%。由建设单位(业主)供应到现场仓库的材料,施工企业(承包商)不收采购费,只收保管费。

⑤ 材料检验试验费。材料检验试验费是指建筑材料、构件和建筑安装物进行一般鉴定、检查所发生的费用,包括自设试验室进行试验所耗用的材料和化学药品等费用。不包括新结构、新材料的试验费和建设单位对具有出厂合格证明的材料进行检验,对构件做破坏性试验及其他特殊要求检验试验的费用。计算公式如下:

$$材料检验试验费 = 单位材料量检验试验费 \times 材料消耗费 \tag{2.40}$$

或

$$材料检验试验费 = 材料原价 \times 材料检验试验费率 \tag{2.41}$$

⑥ 材料预算价格计算。

材料预算价格的计算公式如下:

$$材料预算价格 = (材料原价 + 材料运杂费 + 材料运输损耗费) \times (1 + 材料采购保管费率) + 材料原价 \times 材料检验试验费率 \tag{2.42}$$

(3)施工机械台班单价的确定

1)施工机械台班单价的概念。施工机械台班单价指一台施工机械在正常运转条件下一个工作台班所需支出和分摊的各项费用之总和。施工机械台班费的比重,将随着施工机械化水平的提高而增加,相应人工费也随之逐步减少。

2)施工机械台班单价的组成。施工机械台班单价按其规定由七项费用组成,这些费用按其性质不同划分为第一类费用(即需分摊费用),第二类费用(即需支出费用)和其他费用。

① 第一类费用(又称不变费用)。第一类费用指不分施工地点和条件的不同,也不管施工机械是否开动运转都需要支付,并按该机械全年的费用分摊到每一个台班的费用。内容包括折旧费、大修理费、经常修理费、安拆费及场外运输费。

② 第二类费用(又称可变费用)。第二类费用指常因施工地点和条件的不同而有较大变化的费用。内容包括机上人员工资、动力燃料费、养路费及车船使用税、保险费。

3)施工机械台班单价的确定。

① 第一类费用的确定。

a.台班折旧费:台班折旧费指施工机械在规定使用期限内收回施工机械原值及贷款利息而分摊到每一台班的费用。计算公式如下:

$$台班折旧费 = \frac{施工机械预算价格 \times (1 + 残值率) + 贷款利息}{耐用总台班} \tag{2.43}$$

式中　施工机械预算价格是按照施工机械原值、购置附加费、供销部门手续费和一次运杂费之和计算。

施工机械原值可按施工机械生产厂家或经销商的销售价格计算。

供销部门手续费和一次运杂费可按施工机械原值的5%计算。

残值率指施工机械报废时回收的残值占施工机械原值的百分比。残值率按目前有关规定执行:即运输机械2%,掘进机械5%,特大型机械3%,中小型机械4%。

耐用总台班指施工机械从开始投入使用到报废前使用的总台班数。计算公式如下:

$$耐用总台班 = 修理间隔台班 \times 大修理周期 \tag{2.44}$$

b.台班大修理费:台班大修理费指施工机械按规定的大修理间隔台班必须进行的大修理,以恢复施工机械正常功能所需的费用。计算公式如下:

$$台班大修理费 = \frac{一次大修理费 \times (大修理周期 - 1)}{耐用总台班} \tag{2.45}$$

c.台班经常修理费:经常修理费指施工机械除大修理以外的各级保养和临时故障排除所需的费用。包括为保障施工机械正常运转所需的替换设备、随机使用工具、附加的摊销和维护费用;机械运转与日常保养所需润滑与擦拭材料费用;以及机械停置期间的正常维护和保养费用等。为简化起见一般可用以下公式计算:

$$台班经常修理费 = 台班大修理费 \times K \tag{2.46}$$

式中　K 值为施工机械台班经常维修系数,K 等于台班经常维修费与台班大修理费的比值。如载重汽车6 t以内为5.61,6 t以上为3.93;自卸汽车6 t以内为4.44,6 t以上为3.34;塔式起重机为3.94等。

d.安拆费及场外运费:安拆费指施工机械在现场进行安装与拆卸所需的人工、机械、材料和试运转费,以及机械辅助设施的折旧、搭设、拆除等费用。

场外运费指施工机械整体或分体,从停放地点运至施工现场或由一个施工地点运至另一个施工地点,运输距离在25 km以内的施工机械进出场及转移费用。包括施工机械的装卸、运输辅助材料及架线等费用。

安拆费及场外运费根据施工机械的不同,可分为计入台班单价、单独计算和不计算3种类型。

② 第二类费用的确定。

a.机上人员工资。机上人员工资指施工机械操作人员(如司机、司炉等)及其他操作人员的工资、津贴等。

b.动力燃料费。该费用指施工机械在运转作业中所耗用的固体燃料(煤、木柴)、液体

燃料(汽油、柴油)及水、电等费用。计算公式如下:

$$\text{台班动力燃料费} = \text{台班动力燃料消耗量} \times \text{相应单价} \tag{2.47}$$

c.养路费及车船使用税。养路费及车船使用税指施工机械按照国家有关规定应缴纳的养路费和车船使用税。计算公式如下:

$$\text{台班养路费} = \frac{\text{核定吨位} \times \text{每月每吨养路费} \times 12\text{个月}}{\text{年工作台班}} \tag{2.48}$$

$$\text{台班车船使用税} = \frac{\text{每年每吨车船使用税}}{\text{年工作台班}} \tag{2.49}$$

d.保险费。该费用指按照有关规定应缴纳的第三者责任险、车主保险费等。

2.3.2 预算定额的应用

由于预算定额的形式和内容与计价定额(即单位估价表)的形式和内容基本相同,所以将预算定额的应用与单位估价表的应用统称为预算定额的应用。要正确使用预算定额,首先必须熟悉预算定额手册的结构形式和内容组成。

1.预算定额手册的内容组成

预算定额手册由目录、总说明、分部工程说明、定额项目表、工程量计算规则、附注和附录等内容组成。具体内容可归纳为文字说明、定额项目表和附录 3 大部分。

(1)文字说明

1)总说明:在总说明中主要阐述预算定额的用途、编制依据、适用范围、定额中考虑和未考虑的因素、使用时应注意的事项和相关问题说明。

2)分部工程说明:它是预算定额手册的重要组成部分,主要阐述本分部工程所包括的定额项目、有关挖土的说明、定额使用时的具体规定和处理方法等。

3)分节说明:它是对本节所包含的工程内容及使用的有关规定。

上述文字说明是预算定额手册正确使用的重要依据和原则,使用前必须仔细阅读,熟悉定额内容和使用规定,否则在套用定额时就会造成错套、漏套及重套定额项目。

(2)定额项目表

定额项目表列有每一单位分项工程中人工、材料、机械台班消耗量及相应的各项费用,它是预算定额手册的核心内容。其主要内容有分项工程内容,定额计量单位,定额编号,预算单价(基价),人工、材料、机械台班消耗量及相应的人工费、材料费、机械台班使用费等。

(3)附录

附录一般列在预算定额手册的最后部分,主要有建筑施工机械台班预算价格,混凝土、砂浆和沥青膏的配合比,门窗五金用量表及钢筋用量参考表等。这些资料可给定额使用和定额换算提供依据,是预算定额应用时的重要补充资料。

2.预算定额的直接套用

当设计图纸与定额项目的内容相一致时,可直接套用预算定额中的预算单价(基价)的工料消耗量,并据此计算该分项工程的工程直接费及工料需用量。

3.预算定额的换算

(1)预算定额换算的原因

当设计图纸要求和定额项目的内容不相一致时,为了能计算出设计图纸内容要求项目的工程直接费及工料消耗量,必须对预算定额项目与设计内容要求之间的差异进行调整。这种使预算定额项目内容适应设计内容要求的差异调整就是产生预算定额换算的原因。

(2)预算定额换算的依据

预算定额的换算实际上是预算定额应用的进一步扩展和延伸,为保持预算定额水平,在定额说明中规定了若干条预算定额换算的具体规定,该规定是预算定额换算的主要依据。

(3)预算定额换算的内容

预算定额换算包括人工费和材料费的换算。人工费换算主要是由用工量的增减而引起的,而材料费换算则是由材料消耗量的改变及材料代换所引起的,特别是材料费和材料消耗量的换算占预算定额换算相当大的比重。预算定额换算内容的一般规定如下:

1)当设计图纸要求的砂浆、混凝土强度等级和预算定额不同时,可按半成品(即砂浆、混凝土)的配合比进行换算。

2)预算定额规定抹灰厚度不得调整。如果设计内容要求的砂浆种类或配合比与预算定额不同时可以换算,但定额中的人工、机械消耗量不得调整。

3)木楼地楞定额是按中距 40 cm、断面 5 cm×18 cm、每 100 m^2 木地板的楞木 313.3 m 计算的,如果设计内容要求与预算定额不同时,楞木料可以换算,其他不变。

4)预算定额中木地板厚度是按 2.5 cm 毛料计算的,如果设计内容要求与预算定额不同时,可按比例进行换算,其他不变。

5)设计内容要求与预算定额规定不同的其他情况,若与定额分部说明中所列的情况相同时,则按预算定额分部说明中的各种系数及工料增减进行换算。

(4)预算定额换算的类型

1)混凝土强度等级的换算。

2)砂浆强度等级的换算。

3)木材材积的换算。

4)系数换算。

5)其他换算。

(5)预算定额换算的方法

1)混凝土的换算。混凝土的换算分为构件混凝土和楼地面混凝土的换算。

① 构件混凝土的换算。构件混凝土的换算主要是混凝土强度和石子品种不同的换算,其特点是:当混凝土用量不发生变化,只换算强度或石子品种时,换算公式如下:

$$换算价格 = 原定额单价 + 定额混凝土用量 \times (换入混凝土单价 - 换出混凝土单价) \tag{2.50}$$

换算步骤如下:

第一步:选择换算定额编号及单价,确定混凝土品种、粗骨料粒径及水泥强度等级。

第二步:确定混凝土品种(即是塑性混凝土还是低流动性混凝土、石子粒径、混凝土强度),查出换入与换出混凝土的单价。

第三步:换算价格计算。

第四步:确定换入混凝土品种需考虑以下因素:

即是塑性混凝土还是低流动性混凝土,以及混凝土强度。

可根据规范要求确定混凝土中石子的最大粒径。

再按照设计要求确定采用的是砾石混凝土还是碎石混凝土,以及水泥强度等级。

② 楼地面混凝土的换算。当楼地面混凝土面层厚度和强度的设计要求与预算定额规定不同时,应首先按设计要求的厚度确定石子的粒径,然后以整体面层中的某一项定额以增加减少厚度定额为依据,进行混凝土面层厚度及强度的换算。换算方法及公式与构件混凝土的换算方法及公式相同。

2)砂浆的换算。砂浆换算包括砌筑砂浆的换算和抹灰砂浆的换算。

① 砌筑砂浆的换算。砌筑砂浆的换算方法及计算公式和构件混凝土的换算方法及计算公式基本相同。

② 抹灰砂浆的换算。在预算定额装饰分部说明第1条中规定:本分部定额中规定的抹灰厚度不得调整。如设计图纸规定的砂浆种类或配合比不同时可以换算,但定额中的人工、机械消耗量不变。这里所说的抹灰厚度是指抹灰的总厚度,也就是说当各层的砂浆厚度与定额中的相应砂浆厚度不同时,也可进行换算。在这种条件下的砂浆换算,可以归纳为以下三种情况:

第一种情况是当设计要求的各层砂浆抹灰厚度与定额相同,只是砂浆品种或配合比与定额不同,这种情况的换算与砌筑砂浆的换算相同。

第二种情况是当设计要求的各层砂浆抹灰厚度与定额不同,但砂浆品种和配合比与定额相同,这种情况的换算特点是:由于不同品种的砂浆用量发生变化,从而引起材料费的变化。

第三种情况是上述两种情况同时出现,其特点是砂浆品种和砂浆用量都需要进行换算。

以上三种情况的通用换算公式如下:

$$\text{换算价格} = \text{原定额价格} + \sum(\text{换入砂浆单价} \times \text{换入砂浆用量}) - (\text{换出砂浆单价} \times \text{换出砂浆用量}) \tag{2.51}$$

式中

$$\text{换入砂浆用量} = \frac{\text{定额用量}}{\text{定额厚度}} \times \text{设计厚度}; \tag{2.52}$$

$$\text{换出砂浆用量} = \text{定额规定的砂浆用量。}$$

3)系数换算。系数换算是按预算定额说明中所规定的系数乘以相应的定额基价(或定额中工、料之一部分)后,得到一个新单价的换算。

2.4　企业定额

2.4.1　企业定额概述

1.企业定额的概念

《建筑工程施工发包与承包计价管理办法》(中华人民共和国建设部令第107号)第七条第二款规定:“投标报价应当依据企业定额和市场价格信息,并按照国务院和省、自治区、直辖市人民政府建设行政主管部门发布的工程造价计价办法进行编制。”所谓企业定额,指建筑安装企业根据企业自身的技术水平和管理水平所确定的完成单位合格产品必需的人工、材料和施工机械台班的消耗量,以及其他生产经营要素消耗的数量标准。

企业定额反映了企业的施工生产和生产消费之间的数量关系,能体现企业个别的劳动生产率和技术装备水平。每个企业均应拥有反映自己企业能力的企业定额,企业定额的企业水平与企业的技术和管理水平相适应。从一定意义上讲,企业定额是企业的商业秘密,是企业参与市场竞争的核心竞争能力的具体表现。

2.企业定额的特点

(1)企业定额的各项平均消耗量指标要比社会平均水平低,以体现企业定额的先进性。

(2)企业定额可以体现本企业在某些方面的技术优势。

(3)企业定额可以体现本企业局部或全面管理方面的优势。

(4)企业所有的各项单价都是动态的、变化的,具有市场性。

(5)企业定额与施工方案能全面接轨。

3.企业定额的作用

(1)企业定额是施工企业进行建设工程投标报价的重要依据

自2003年7月1日起,我国开始实行《建设工程工程量清单计价规范》(以下简称《计价规范》)。工程量清单计价,是一种与市场经济适应、通过市场形成建设工程价格的计价模式,它要求各投标企业必须通过能综合反映企业的施工技术、管理水平、机械设备工艺能力、工人操作能力的企业定额来进行投标报价——这样才能真正体现出个别成本间的差距,实现市场竞争。因此,实现工程量清单计价的关键及核心就在于企业定额的编制和使用。

企业定额反映出企业的生产力水平、管理水平和市场竞争力。按照企业定额计算出的工程费用是企业生产和经营所需的实际成本。在投标过程中,企业首先按本企业的企业定额计算出完成拟建工程的成本,在此基础上考虑预期利润和可能的工程风险费用,制定出建设工程项目的投标报价。由此可见,企业定额是形成企业个别成本的基础,根据企业定额进行的投标报价具有更大的合理性,能有效提升企业投标报价的竞争力。

(2)企业定额可提高企业的管理水平和生产力水平

随着我国加入WTO以及经济全球化的加剧,企业要在激烈的市场竞争中占据有利的地位,就必须降低管理成本。企业定额能直接对企业的技术、经营管理水平及工期、价格、质量等因素进行准确的测算和控制。而且,企业定额作为企业内部生产管理的数据库,能够结合企业自身技术力量和科学的管理方法,使企业的管理水平不断提高。编制企业定额是企业促进其科学管理水平提高的一个重要环节。同时,企业定额是企业生产力的综合反映。发挥优势,企业编制定额是加强企业内部监控、进行成本核算的依据,是有效控制造价的手段。

(3)企业定额是业内推广先进技术和鼓励创新的工具

企业定额代表企业先进施工技术水平、施工机具和施工方法。它实际上也是企业推动技术和管理创新的一种重要手段。

(4)企业定额可规范建筑市场秩序以及发承包方行为

施工企业的经营活动应通过工程项目的承建,谋求质量、工期、信誉的最优化。企业走向良性循环的发展道路,建筑业也才能走向可持续发展的道路。企业定额的应用,促使企业在市场竞争中按实际消耗水平报价。避免施工企业为在竞标中取胜无节制地压价,造成企业效率低下、生产亏损,避免业主在招投标中腐败现象发生。

2.4.2 企业定额的编制

1.企业定额编制的原则

(1)平均先进性原则

平均先进是就定额的水平而言。定额水平,是指规定消耗在单位产品上的劳动、机械及材料数量的多少。也可以说,它是按照一定施工程序和工艺条件下规定的施工生产中活劳动和物化劳动的消耗水平。所谓平均先进水平,就是在正常的施工条件下,大多数施工队组和大多数生产者经过努力能够达到和超过的水平。

企业定额应以企业平均先进水平为基准制定企业定额。使多数单位和员工经过努力,能够达到或超过企业平均先进水平,其各项平均消耗要比社会平均水平低,以保持企业定额的先进性和可行性。

(2)简明适用性原则

简明适用是就企业定额的内容和形式而言,要方便于定额的贯彻与执行。制定企业定额的目的就在于适用于企业内部管理,具有可操作性。

定额的简明性和适用性,是既有联系又有区别的两个方面,编制企业定额时应全面加以贯彻。当二者发生矛盾时,定额的简明性应服从适应性的要求。

贯彻定额的简明适用性原则,关键是要做到定额项目设置完全,项目划分粗细适当。还应正确选择产品和材料的计量单位,适当利用系数,并辅以必要的说明与附注。总之,贯彻简明适用性原则,要努力使施工定额达到项目齐全、粗细恰当、步距合理的效果。

(3)以专家为主编制定额的原则

编制企业定额,要以专家为主,这是实践经验的总结。企业定额的编制要求有一支经验丰富、技术与管理知识全面、有一定政策水平的稳定的专家队伍,同时也要注意必须走群众路线,尤其是在现场测试和组织新定额试点时,这一点非常重要。

(4)独立自主的原则

企业独立自主地制定定额,主要是自主地确定定额水平,自主地划分定额项目,自主地根据需要增加新的定额项目。但是,企业定额毕竟是一定时期企业生产力水平的反映,它不可能也不应该割断历史。因此,企业定额应是对原有国家、部门和地区性施工定额的继承和发展。

(5)时效性原则

企业定额是一定时期内技术发展和管理水平的反映,所以在一段时期内表现出稳定的状态。这种稳定性又是相对的,它还有显著的时效性。如果当企业定额不再适应市场竞争和成本监控的需要时,它就要重新编制和修订,否则就会挫伤群众的积极性,甚至产生负效应。

(6)保密原则

企业定额的指标体系及标准要严格保密。建筑市场强手林立,竞争激烈。就企业现行的定额水平,工程项目在投标中如被竞争对手获取,会使本企业陷入十分被动的境地,给企业带来不可估量的损失。所以,企业要有自我保护意识和相应的加密措施。

2.企业定额的编制方法

编制企业定额最关键的工作是确定人工、材料和机械台班的消耗量,计算分项工程单价或综合单价。

人工消耗量的确定,首先是根据企业环境,拟定正常的施工作业条件,分别计算测定基本用工和其他用工的工日数,进而拟定施工作业的定额时间。

材料消耗量的确定是通过企业历史数据的统计分析、实验室试验、理论计算、实地考察等方法计算确定包括周转材料在内的净用量和损耗量,从而拟定材料消耗的定额指标。

机械台班消耗量的确定,同样需要按照企业的环境,拟定机械工作的正常施工条件,确定机械工作效率和利用系数,据此拟定施工机械作业的定额台班与机械作业相关的工人小组的定额时间。

2.5 概算定额与概算指标

2.5.1 概算定额

1.概算定额的概念

概算定额是指规定完成合格的单位扩大分项工程或单位扩大结构构件所需消耗的人工、材料和施工机械台班的数量标准。概算定额又称为扩大结构定额。

概算定额是在预算定额所确定的各种消耗量的基础上制定的,概算定额是预算定额的合并与扩大。比如砌砖基础这个概算定额项目,就是以砌砖基础为主,综合了平整场地、挖地槽(坑)、铺设垫层、砌砖基础、铺设防潮层、回填土及运土等预算定额中的分项工程项目。又如砌砖墙这个概算定额项目,就是以砌砖墙为主,综合了砌砖墙,钢筋混凝土过梁制作、运输、安装,勒脚、内外墙面抹灰、内墙面刷白等预算定额中的分项工程项目。

2.概算定额的作用

从1957年我国开始在全国试行统一的《建筑工程扩大结构定额》之后,各省、市、自治区都根据本地区的特点,相继制定了本地区的概算定额。为了适应建筑业的改革和发展,国家计委和建设部规定,概算定额和概算指标由各省、市、自治区在所制定的预算定额基础上组织编制,分别由各地主管部门审批,报国家计委和建设部备案。概算定额的主要作用如下。

(1)是初步设计阶段编制设计概算、技术设计阶段编制设计修正概算的依据。

(2)是对建设项目设计进行技术经济分析比较的基础资料之一。

(3)是建设项目主要材料需要量计划编制的依据。

(4)是编制概算指标的依据。

3.概算定额的编制依据

概算定额的编制依据包括以下内容。

(1)现行的设计规范和建筑安装工程预算定额。

(2)具有代表性的标准设计图纸和其他设计资料。

(3)现行的人工工资标准、材料预算价格、机械台班预算价格及概算定额。

4.概算定额的编制步骤

概算定额的编制一般分3阶段进行,即准备阶段、编制初稿阶段和审查定稿阶段。

(1)准备阶段

该阶段主要是确定编制机构和人员组成,进行调查研究,了解现行概算定额执行情况和存在的问题,明确编制的目的,制定概算定额的编制方案及确定概算定额的项目。

(2)编制初稿阶段

该阶段是根据已确定的编制方案和概算定额项目,收集和整理各种编制依据,对各种资料进行深入细致的测算和分析,确定人工、材料和机械台班的消耗量指标,最后编制出概算定额初稿。

(3)审查定稿阶段

该阶段的主要工作是测算概算定额的水平,即测算新编概算定额与原概算定额及现行预算定额之间的水平差距。测算的方法既要分项进行测算,又要通过编制单位工程概算,并以单位工程为对象进行综合测算。概算定额水平和预算定额水平之间应有一定的幅度差,幅度差一般在5%以内。

概算定额经测算比较后,即可报送国家授权机关审批。

5.概算定额手册的内容

(1)文字说明部分

文字说明部分有总说明和各章说明。在总说明中,主要阐述概算定额的编制依据、使用范围、包括的内容及作用、建筑面积计算规则等。各章说明主要阐述本章包括的综合工作内容及工程量计算规则等。

(2)定额项目表

1)定额项目的划分:概算定额项目一般按以下两种方法划分。

① 按工程结构划分:通常按基础、墙体、梁板柱、门窗、屋面、楼地面、装饰、构筑物等工程结构划分。

② 按工程部位划分:通常是按基础、墙体、梁柱、屋面、楼地面、其他工程部位等划分。各工程部位又可作具体项目细分,如基础工程中可划分为砖基础、条石基础、混凝土基础等项目。

2)定额项目表:定额项目表是概算定额手册的主要内容,由若干分节定额组成。各分节定额由工程内容、定额表及附注说明组成。定额表中有定额编号、计量单位、概算价格、人工、材料、机械台班消耗量指标。

2.5.2 概算指标

1.概算指标的概念

概算指标是指以每 100 m^2 建筑物面积或每 1 000 m^3 建筑物体积(如是构筑物,则以座为单位)为对象,确定其所需消耗人工、材料和机械台班的数量标准。

从上述概念可以看出,概算定额与概算指标的主要区别如下:

(1)确定各种消耗量指标的对象不同,概算定额是以单位扩大分项工程或单位扩大结构构件为对象,而概算指标则是以整个建筑物(如 100 m^2 或 1 000 m^3 建筑物)和构筑物为对象。因此,概算指标比概算定额更加综合与扩大。

(2)确定各种消耗量指标的依据不同,概算定额是以现行预算定额为基础,通过计算之后才综合确定出各种消耗量指标,而概算指标中各种消耗量指标的确定,则主要来自各种预算或结算资料。

2.概算指标的表现形式

(1)综合概算指标

综合概算指标是指按工业或民用建筑及其结构类型而制定的概算指标。综合概算指标的概括性较大,其准确性、针对性不如单项指标。

(2)单项概算指标

单项概算指标是指为某种建筑物或构筑物编制的概算指标。其针对性较强,故指标中对工程结构形式要作介绍。只要工程项目的结构形式及工程内容与单项指标中的工程概况相吻合,编制出的设计概算就比较准确。

3.概算指标的应用

(1)概算指标的直接套用 直接套用概算指标时,应注意以下问题

1)拟建工程的建设地点和概算指标中的工程地点在同一地区。

2)拟建工程的外形特征和结构特征与概算指标中的工程外形、结构大体相同。

3)拟建工程的建筑面积、层数与概算指标中工程的建筑面积、层数相差不大。

(2)概算指标的调整

用概算指标编制工程概算时,不易选到与概算指标中工程结构特征完全相同的概算指标,实际工程与概算指标的内容存在一定的差异。此时,需对概算指标进行调整,调整的方法如下:

1)每 100 m^2 造价调整思路:同定额换算,即从原每 100 m^2 概算造价中,减去每 100 m^2 造价调整指标,再将每 100 m^2 造价调整指标乘以设计对象的建筑面积,得到拟建工程的概算造价。

2)每 100 m^2 造价调整公式:

$$\text{每 100 m}^2\text{ 建筑面积造价调整指标} = \text{所选概算造价} - \text{每 100 m}^2\text{ 换出结构构件的价值} + \text{每 100 m}^2\text{ 换入结构构件的价值} \quad (2.53)$$

式中　换入结构构件的价值 = 原指标中结构构件工程量 × 地区概算定额基价　(2.54)

换入结构构件的价值 = 拟建工程中结构构件的工程量 × 地区概算定额基价 (2.55)

3)每 100 m^2 中工料数量的调整:调整的思路是,从所选定指标的工料消耗量中,换出和拟建工程不同的结构构件的工料消耗量,换入所需结构构件的工料消耗量。

关于换出换入的工料数量,是根据换入结构全部的工程量乘以相应的概算定额中工程消耗量指标而得出的。

根据调整后的工料消耗量及地区材料预算价格,人工工资标准,机械台班预算单价,计算每 100 m^2 的概算基价,然后依据有关取费规定,计算每 100 m^2 的概算造价。

单项工程指标一般以单项工程生产能力单位投资,如元/t 或其他单位表示。如变配电站:元/kW;锅炉房(按蒸汽计量):元/t;供水站:元/m^3;仓库、办公室、住宅等房屋:元/m^2。

第3章　建筑工程设计概算

3.1　基本概念

3.1.1　设计概算的含义与作用

1.设计概算的含义

在初步设计(或扩大初步设计)阶段,设计单位根据初步设计(或扩大初步设计)图纸、概算定额或概算指标、地区材料价格、费用定额和有关取费标准,确定建设项目投资的经济文件,称为设计概算。设计概算是初步设计必须具备的文件。设计概算一经批准,就成为国家确定和控制建设项目投资的依据,编制工程建设计划的依据,签订建设项目总承包合同或确定招标投标造价的依据,也是银行办理工程贷款、拨款和结算的重要依据。

2.设计概算的作用

设计概算在整个工程项目的建设过程中起着极为重要的作用,现分述如下:

(1)设计概算是编制建设项目投资计划、确定和控制建设项目投资的依据

根据国家现行规定,年度建设项目投资计划的编制,确定计划投资总额及其构成,都必须以批准的初步设计概算为依据,未经批准的建设项目初步设计及概算,不能列入年度建设项目投资计划。经批准的建设项目设计投资总额,是该建设项目投资的最高限额。

(2)设计概算是签订贷款合同的依据

建设投资人(业主)和银行,必须根据批准的设计概算和年度投资计划签订贷款合同,并严格实行监督控制,未经主管部门批准银行不得贷款。

(3)设计概算是控制施工图设计和施工图预算的依据

建设投资人(业主)及设计单位,必须按照批准的初步设计和总概算进行施工图设计,使其施工图预算不得突破设计概算,从而严格控制工程造价。

(4)设计概算是评价设计技术经济合理性和选择最佳设计方案的依据

设计概算是建设项目设计技术经济合理性的综合体现,并据此对不同设计方案进行分析比较和选择最佳设计方案的依据。

(5)设计概算是考核建设项目投资效果的依据

建设投资人(业主)通过设计概算与施工图预算和竣工决算的对比,可分析和考核建设投资效果,验证设计概算的准确性,并有利于加强设计概算的管理及工程造价的控制。

3.1.2　设计概算的分类

依据设计概算的内容,设计概算可分单位工程概算、单项工程综合概算和建设项目总

概算3级。各级之间概算的相互关系如图3.1所示。

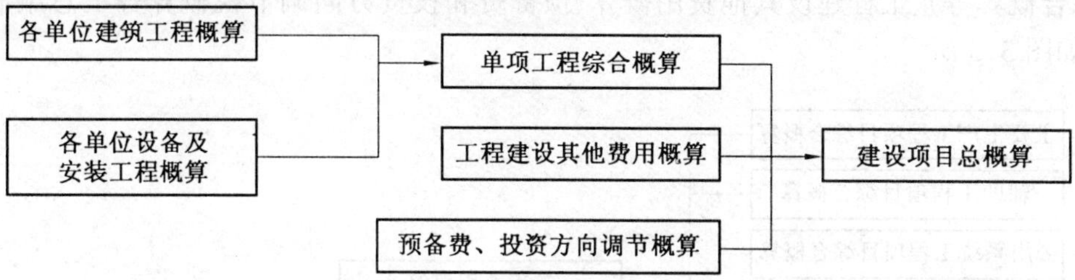

图3.1　各级之间概算的相互关系

1.单位工程概算

单位工程概算是确定各单位工程建设费用的文件，是编制单项工程综合概算的依据，是单项工程综合概算的组成部分。单位工程概算按其工程性质分为建筑工程概算和设备及安装工程概算2大类。建筑工程概算包括土建工程概算，给水排水、采暖工程概算，通风、空调工程概算，弱电工程概算，电气照明工程概算，特殊构筑物工程概算等；设备及安装工程概算包括机械设备及安装工程概算，电气设备及安装工程概算，以及工具、器具及生产用家具购置费用概算等。

2.单项工程综合概算

单项工程综合概算是确定一个单项工程所需建设费用的文件，它是由单项工程中的各单位工程概算汇总编制而成的，是建设项目总概算的组成部分。单项工程综合概算的组成内容如图3.2所示。

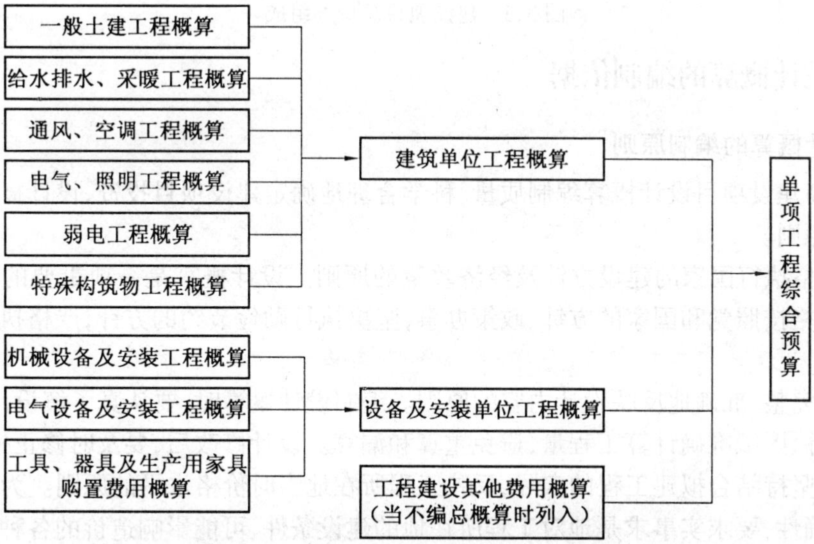

图3.2　单项工程综合概算的组成

3.建设项目总概算

建设项目总概算是确定整个建设项目从筹建到竣工验收所需全部费用的文件，它是由工程费用概算(包括各单项工程综合概算,如主要生产工程项目综合概算、辅助工程项目综合概算等)、工程建设其他费用概算、预备费和投资方向调节税概算等汇总编制而成的,如图 3.3 所示。

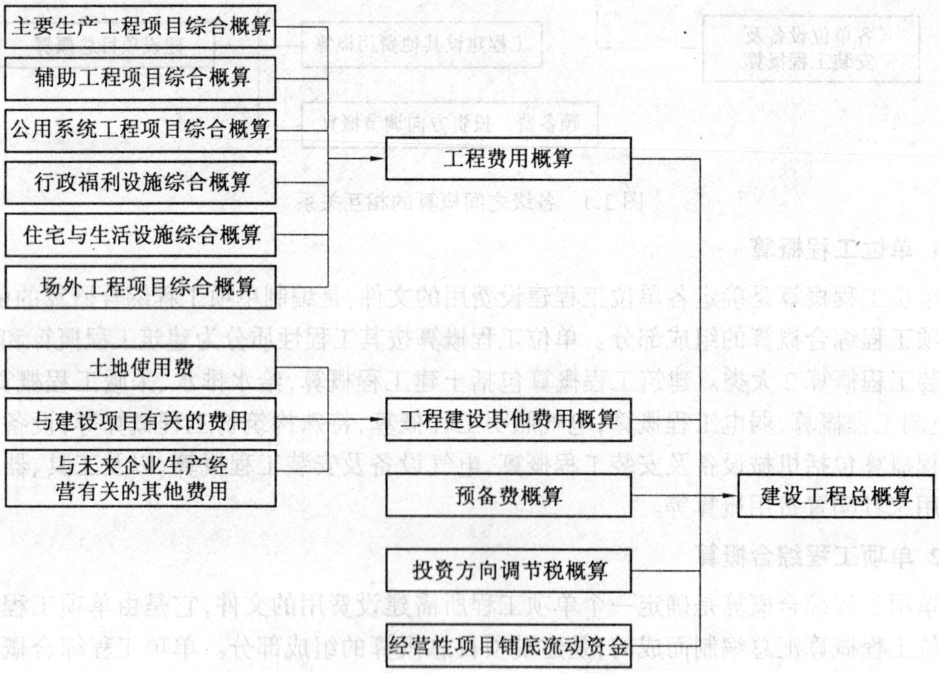

图 3.3 建设项目总概算组成

3.1.3 设计概算的编制依据

1.设计概算的编制原则

为提高建设项目设计概算编制质量,科学合理地确定建设项目投资,设计概算编制应坚持以下原则。

(1)严格执行国家的建设方针及经济政策的原则。设计概算是一项重要的技术经济工作,要严格按照党和国家的方针、政策办事,坚决执行勤俭节约的方针,严格执行规定的设计标准。

(2)要完整、准确地反映设计内容的原则。编制设计概算时,要认真了解设计意图,根据设计文件、图纸准确计算工程量,避免重算和漏算。设计修改后,要及时修正概算。

(3)要坚持结合拟建工程的实际,反映工程所在地当时价格水平的原则。为提高设计概算的准确性,要求实事求是地对工程所在地的建设条件、可能影响造价的各种因素进行认真的调查研究。在此基础上正确使用定额、指标、费率和价格等各项编制依据,按照现行工程造价的构成,根据有关部门发布的价格信息及价格调整指数,考虑建设期的价格变化因素,使概算尽可能地反映设计内容、施工条件和实际价格。

2.设计概算的编制依据

编制设计概算主要根据以下文件或资料。

(1)经批准的工程项目可行性研究报告。工程项目可行性研究报告是对项目有关的社会、经济和技术等各方面情况进行综合分析、研究、论证建设项目的技术先进性、可靠性、适用性、经济合理性的报告,是项目投资决策的依据。

(2)初步设计或扩大初步设计图纸和说明书。初步设计图纸和说明书是了解设计意图,明确工程项目的具体设计内容及要求,并计算工程量所不可缺少的基础资料。

(3)概算定额、概算指标。现行的由国家或地方建设主管部门编制颁发的概算定额、概算指标,是计算概算的依据。

(4)地区材料价格、工资标准。

(5)设备价格资料。通常标准设备按国家有关部门规定的先行产品出厂价计算;非标准设备按非标准设备制造厂的报价计算。

(6)有关取费标准和费用定额。国家或地区建设项目主管部门规定的各种费用、取费标准、价差系数等有关文件是计算概算各种费用的依据。

(7)类似工程的概算、预算和技术经济指标。

(8)投资估算文件。经批准的投资估算是设计概算的最高额度标准。投资概算不得突破投资估算,根据国家有关规定,如果投资概算超过投资估算的 10% 以上,则要进行概算修正。

3.2　单位工程设计概算的编制

1.单位工程设计概算的编制步骤

单位工程设计概算的编制步骤与施工图预算的编制步骤基本相同,其编制的具体步骤如下。

(1)熟悉设计文件、了解施工现场情况。熟悉施工图纸等设计文件、掌握工程全貌,明确工程结构形式和特点;调查了解施工现场的地形、地貌和施工作业环境。

(2)收集有关基础资料。收集和掌握的基础资料,包括建设地区的工程地质、交通运输条件、水文气象、材料设备来源地点及价格等。

(3)熟悉定额资料。设计概算一般可以利用概算定额进行编制,也可以利用概算指标进行编制,有时还可以利用综合预算定额进行编制等。因此,概算编制人员应熟悉有关的定额资料。

(4)列出扩大分项工程项目、计算工程量。首先将单位工程划分成若干个与定额子目相对应的扩大分项工程项目,然后按照概算工程量计算规则计量。

(5)套用定额、计算直接费。将计算后的概算工程量,分别列入工程概算表内,再套用相对应的概算定额(或概算指标),然后再计算定额直接费。

(6)计算各项费用,确定工程概算造价。按照各地区制定的费用定额计算各项费用,将计算的各项费用汇总,就得到工程概算造价。

(7)概算技术经济指标的计算与分析。根据确定的设计概算造价,分别计算单方造价(元/m^2)、单方消耗量(人工、材料和机械台班)等技术经济指标,同时加以分析比较,以供需要。

2.建筑工程设计概算的编制方法

建筑工程概算的编制方法主要包括扩大单价法、概算指标法、类似工程概算法等。

(1)扩大单价法

扩大单价法的概算编制程序如下:

1)根据初步设计图纸或扩大初步设计图纸以及概算工程量计算规则,计算工程量。

2)根据工程量和概算定额基价,计算直接费。

3)将直接费乘以间接费率和利润率,计算间接费(有些地区的概算规定为综合费用)和利润。

4)将计算得到的直接费、间接费以及利润相加,就得到土建工程设计概算。

5)将概算价值除以建筑面积,可求出单方造价指标,即:

$$\text{单位工程概算的单方造价} = \text{单位工程概算造价}/\text{单位工程建筑面积} \tag{3.1}$$

6)进行概算工料分析,并计算出人工、材料的总消耗量。此法适于初步设计达到一定深度、建筑结构较为明确时采用。

(2)概算指标法

如果设计深度不够,不能准确计量,并且工程采用的技术较为成熟,又有类似概算指标可加以利用时,可采用概算指标编制工程概算。

所谓概算指标指采用建筑面积、建筑体积或万元等单位,以整幢建筑物为对象而编制的指标。其数据来源于各种已建的建筑物预算或决算资料,也就是用已建建筑物的建筑面积或每万元除以所需的各种人工、材料获得。

因为概算指标是按照整幢建筑物的单位建筑面积表示的价值或单方消耗量,它比概算定额更为扩大、更综合,故按照概算指标编制设计概算更简化,但精确度较差。

若以单位建筑面积工料消耗量概算指标为例,其计算公式如下:

$$\text{每 1 m}^2\text{ 建筑面积人工费} = \text{指标规定的人工工日数} \times \text{当地日工资标准} \tag{3.2}$$

$$\text{每 1 m}^2\text{ 建筑面积主要材料费} = \sum(\text{指标规定的主要材料消耗量} \times \text{当地材料预算单价}) \tag{3.3}$$

$$\text{每 1 m}^2\text{ 建筑面积直接费} = \text{人工费} + \text{主要材料} + \text{其他材料费} + \text{机械费} \tag{3.4}$$

$$\text{每 1 m}^2\text{ 建筑面积概算单价} = \text{直接费} + \text{间接费} + \text{材料价差} + \text{利润} + \text{税金} \tag{3.5}$$

则

$$\text{设计工程概算价值} = \text{设计工程建筑面积} \times \text{每 1 m}^2\text{ 概算单价} \tag{3.6}$$

如果初步设计的工程内容和概算指标规定的内容有某些差异,可对原概算指标进行修正,之后用修正后的概算指标编制概算。其方法是,从原指标的单位造价中减去应换出的设计中不含的结构构件单价,再加入应换入的设计中包含而原指标中不包含的结构构件单价,就可得到修正后的单位造价指标。概算指标修正公式如下:

$$\begin{aligned}\text{单位建筑面积造价修正概算指标} = {} & \text{原造价概算指标单价} - \text{换出结构构件的数量} \times \\ & \text{单价} + \text{换入结构构件的数量} \times \text{单价}\end{aligned} \tag{3.7}$$

(3)设备、人工、材料、机械台班费用的调整

$$设备、工、料机修正概算费用 = 原概算指标的设备、工、料、机费用 + \sum 换入设备、工、料、机数量 \times 拟建地区相应单价 - \sum 换出设备、工、料、机数量 \times 原概算指标相应单价 \tag{3.8}$$

(4)类似工程概算法

如果工程设计对象同已建或在建工程项目类似,结构特征上亦基本相同,此时可采用类似工程预、结算资料来计算设计工程的概算价值。此方法称为类似工程概算法。

这是用类似工程的预、结算资料,根据编制概算指标的方法,求出单位工程的概算指标,再按照概算指标法编制设计工程概算。

采用此方法时,要考虑设计对象同类似工程的差异,再用修正系数加以修正。如果设计对象与类似工程的结构构件有部分不相同时,必须增减这部分的工程量,之后再求出修正后的总概算造价。

采用此法编制概算的公式如下:

$$工资修正系数(K_1) = \frac{拟建工程地区人工工资标准}{类似工程所在地区人工工资标准} \tag{3.9}$$

$$材料预算价格修正系数(K_2) = \frac{\sum(类似工程各主要材料消耗量 \times 拟建工程地区材料预算价格)}{类似工程主要材料费用} \tag{3.10}$$

$$机械使用费修正系数(K_3) = \frac{\sum(类似工程各主要机械台班数量 \times 拟建工程地区机械台班单价)}{类似工程主要机械台班使用费} \tag{3.11}$$

$$间接费修正系数(K_4) = \frac{拟建工程地区间接费率}{类似工程地区的间接费率} \tag{3.12}$$

$$综合修正系数(K) = 人工工资比重 \times K_1 + 材料比重 \times K_2 + 机械费比重 \times K_3 + 间接费比重 \times K_4 \tag{3.13}$$

$$工程概算总造价 = 拟建工程的建筑面积 \times 类似工程的预算单方造价 \times 综合修正系数(K) \pm 结构增减值 \times (1 + 修正后的间接费率) \tag{3.14}$$

3.3　单项工程综合概算的编制

单项工程综合概算是以其所对应的建筑工程概算表及设备安装概算表为基础汇总编制的。当建设项目只有一个单项工程时,单项工程综合概算实际上就是总概算,还应包括工程建设其他费用、建设期贷款利息、预备费等概算。

1.综合概算编制说明

编制说明是单项工程综合概算书的组成部分,包括以下内容。

(1)工程概况。说明该单项工程的建设地址、建设规模、资金来源等。

(2)编制依据。说明综合概算编制的设计文件、定额、费用计算标准等。

(3)编制范围。说明综合概算所包括以及未包括的工程和费用情况。

(4)投资分析。说明按费用构成或投资性质分析各项工程和费用占总投资的比例。

(5)编制方法。利用预算单价法、扩大单价法、设备价值百分比法等。

(6)主要材料和设备数量。说明主要建筑材料(木材、钢材、水泥)及设备的数量等。

(7)其他需要说明的问题。

2.综合概算的内容

由于综合概算(书)是反映建设项目中某一单项工程所需全部建设费用的综合性技术经济文件,因此它所包括的内容有如下4点。

(1)建筑工程概算费用。包括一般土建工程、给排水工程、电气照明、暖通工程、弱电等工程概算费用。

(2)设备及安装工程概算费用。包括工艺以及土建设备购置费、工、器具购置费和设备安装工程费用。

(3)工程建设其他费用概算。包括土地使用费、与项目建设有关的其他费用以及与未来企业生产经营有关的其他费用,详细内容见工程造价的确定与控制相关教材中有关工程建设其他费用构成章节的介绍。

(4)技术经济指标。技术经济指标是综合概算表中一项非常重要的内容,它反映出各专业新建工程单位产品的投资额。说明单位的生产和服务能力,以及设计方案的经济合理性和可行性。

3.综合概算的编制

(1)编制依据

经过校审后的相应单项工程的所有单位工程概算。如果不编制总概算的建设项目,还必须编制工程建设其他费用概算。

(2)编制步骤

1)经计算后将有关单位工程概算价值逐项填入综合概算表内。

2)计算工程建设其他费用概算,列入综合概算表内(编总概算时,可不列此项)。

3)将上述费用相加,可求出单项工程综合概算价值。

4)按规定计算间接费、利润和税金等费用。

5)将单项工程综合概算价值与其他间接费、利润和税金相加,就得到单项工程综合概算造价。

6)计算各项技术经济指标。

7)填写编制说明。

3.4 建设项目总概算的编制

建设项目总概算是设计文件的重要组成部分,是确定整个建设项目从筹建到竣工交付使用所预计花费的全部费用的文件。它是由各单项工程综合概算、工程建设其他费用(含建设期贷款利息)、预备费、固定资产投资方向调节税和经营性项目的铺底流动资金,按照主管部门规定的统一表格进行编制而成的。

设计概算文件一般应包括:封面及目录、编制说明、总概算表、工程建设其他费用概算表、单位工程概算表、单项工程综合概算表、工程量计算表、分年度投资汇总表与分年度资金流量汇总表以及主要材料汇总表与工日数量表等。

1.封面、签署页及目录

2.编制说明

编制说明应包括下列内容。

(1)工程概况。简述建设项目性质、特点、建设周期、生产规模、建设地点等主要情况。引进项目要说明引进内容以及与国内配套工程等主要情况。

(2)资金来源及投资方式。

(3)编制依据及编制原则。

(4)编制方法。说明设计概算是采用概算定额法,还是采用概算指标法等。

(5)投资分析。主要分析各项投资的比重、各专业投资的比重等经济指标。

(6)其他需要说明的问题。

3.总概算表

总概算表应反映静态投资和动态投资 2 个部分。静态投资是按设计概算编制期价格、费率、利率、汇率等确定的投资;动态投资是指概算编制期到竣工验收前的工程和价格变化等多种因素所需的投资。

4.工程建设其他费用概算表

工程建设其他费用概算按国家或地区或部委所规定的项目和标准确定,并按统一表格式编制。

5.单项工程综合概算表和建筑安装单位工程概算表

6.工程量计算表和工、料数量汇总表

7.分年度投资汇总表和分年度资金流量汇总表

3.5　设计概算的审查

1.设计概算审查的主要内容

(1)审查设计概算的编制依据

1)审查编制依据的合法性采用的各种编制依据必须经过国家和授权机关的批准,符合国家的编制规定,未经批准的不能采用。也不能强调情况特殊,擅自提高概算定额、指标或费用标准。

2)审查编制依据的时效性各种依据,如定额、价格、指标、取费标准等,都应根据国家有关部门的现行规定进行,注意有无调整和新的规定,如有,应按新的调整办法和规定执行。

3)审查编制依据的适用范围。各种编制依据都有规定的适用范围,如各主管部门规定的各种专业定额及其取费标准,只适用于该部门的专业工程;各地区规定的各种定额及其取费标准,只适用于该地区范围内,特别是地区的材料预算价格区域性更强,如某市有该市区的材料预算价格,又编制了郊区内一个矿区的材料预算价格,在编制该矿区某工程概算时,应采用该矿区的材料预算价格。

(2)审查概算编制深度

1)审查编制说明。审查编制说明可以检查概算的编制方法、深度和编制依据等重大原则问题,若编制说明有差错,具体概算必有差错。

2)审查概算编制深度。一般大中型项目的设计概算,应有完整的编制说明和"三级概算"(即总概算表、单项工程综合概算表、单位工程概算表),并按有关规定的深度进行编制。审查是否有符合规定的"三级概算",各级概算的编制、校对、审核是否按规定签署,有无随意简化,有无把"三级概算"简化为"二级概算",甚至"一级概算"。

3)审查概算的编制范围。审查概算编制范围及具体内容是否和主管部门批准的建设项目范围及具体工程内容一致;审查分期建设项目的建筑范围及具体工程内容有无重复交叉,是否重复计算或漏算;审查其他费用应列的项目是否符合规定,静态投资、动态投资和经营性、项目铺底流动资金是否分别列出等。

(3)审查建设规模、标准

审查概算的投资规模、生产能力、设计标准、建设用地、建筑面积、配套工程、主要设备、设计定员等是否符合原批准可行性研究报告或立项批文的标准。

如超过,投资可能增加;如概算总投资超过原批准投资估算10%以上,应进一步审查超估算的原因。

(4)审查设备规格、数量和配置

工业建设项目设备投资比重大,一般占总投资的0~50%,要认真审查。审查所选用的设备规格、台数是否与生产规模一致,材质、自动化程度有无提高标准,引进设备是否配套、合理,备用设备台数是否适当,消防、环保设备是否计算等等。还要重点审查设备价格是否合理、是否符合有关规定,如国产设备应按当时询价资料或有关部门发布的出厂价、信息价,引进设备应依据询报价或合同价编制概算。

(5)审查工程费

建筑安装工程投资是随工程量增加而增加,要认真审查。要根据初步设计图纸、概算定额及工程量计算规划、专业设备材料表、建构筑物和总图运输一览表进行审查,有无多算、重算、漏算。

(6)审查计价指标

审查建筑工程采用工程所在地区的计价定额、费用定额、价格指数和有关人工、材料、机械台班单价是否符合现行规定;审查安装工程所采用的专业部门或地区定额是否符合工程所在地区的市场价格水平,概算指标调整系数、主材价格、人工、机械台班和辅材调整系数是否按当时最新规定执行;审查引进设备安装费率或计取标准、部分行业专业设备安装费率是否按有关规定计算等。

(7)审查其他费用

工程建设其他费用投资约占项目总投资25%以上,必须认真逐项审查。审查费用项目是否按国家统一规定计列,具体费率或计取标准是否按国家、行业或有关部门规定计算，有无随意列项、有无多列、交叉计列和漏项等。

2.设计概算审查的方法

(1)对比分析法

对比分析法能较快较好地判别设计概算的偏差程度和准确性。通过建设、规模、标准与立项批文对比，工程数量与设计图纸对比，综合范围、内容与编制方法、规定对比，各项取费与规定标准对比，材料、人工单价与统一信息对比，技术经济指标与同类工程对比，引进投资与报价要求对比等等，容易发现设计概算存在的主要问题和偏差。

(2)主要问题复核法

复核法对审查中发现的主要问题、偏差大的工程进行复核，对重要、关键设备和生产装置或投资较大的项目进行复查。复核时应尽量按照编制规定或对照图纸进行详细核算，慎重、公正地纠正概算偏差。

(3)查询核实法

查询核实法是对一些关键设备和设施、重要装置、引进工程图纸不全、难以核算的较大投资进行多方查询核对，逐项落实的方法。主要设备的市场价向设备供应部门或招标公司查询核实；重要生产装置、设施向同类企业(工程)查询了解；引进设备价格及有关费税向进出口公司调查落实；复杂的建安工程向同类工程的建设、承包、施工单位征求意见；深度不够或不清楚的问题直接向原概算编制人员、设计者询问清楚。

(4)分类整理法

对审查中发现的问题和偏差，依照单项、单位工程的顺序目录，先按设备费、安装费、建筑费和工程建设其他费用分类整理。然后按照静态投资、动态投资和铺底流动资金3大类，汇总核增或核减的项目及其投资额。最后将具体审核数据，按照“原编概算”“审核结果”“增减投资”“增减幅度”4栏列表，并照原总概算表汇总顺序，将增减项目逐一列出，相应调整所属项目投资合计，再依次汇总审核后的总投资及增减投资额。

(5)联合会审法

联合会审前，可先采取多种形式联合审查，包括设计单位自审，主管、建设、承包单位初审，工程造价咨询公司评审，邀请同行专家预审，审批部门复审等，经层层审查把关后，由有关单位和专家进行会审。在会审大会上，由设计单位介绍概算编制情况及有关问题，各有关单位、专家汇报初审、预审意见。然后进行认真分析、讨论，结合对各专业技术方案的审查意见所产生的投资增减，逐一核实原概算出现的问题。经过充分协商，认真听取设计单位意见后，实事求是地处理、调整。对于差错较多、问题较大或不能满足要求的，责成按会审意见修改返工后，重新报批；对于无重大原则问题，深度基本满足要求，投资增减不多的，当场核定概算投资额，并提交审批部门复核后，正式下达审批概算。

3.设计概算审查的步骤

(1)准备工作

1)熟悉送审的工程概算。

2)搜集并熟悉设计资料，核对和工程概算有关的图样与标准图。

3)了解施工现场情况，熟悉施工组织或技术措施方案，掌握与编制概算有关的设计变更等情况。

(2)审查计算

根据工程性审查时间和质量要求、审查力量等情况合理确定审查方法,然后按照选定的审查方法进行具体审查。在审查过程中,应将审查的问题做出详细的记录。

(3)交换审查意见

审查单位将审查记录中的疑点、错误、重复计算和遗漏项目等问题与工程概算编制单位和建设单位交换意见,做进一步核对,以便更正。

(4)审查定案

根据交换意见确定结果,将更正后的项目进行计算并汇总填表,由编制及审查单位负责人签字并加盖单位公章。

第4章　建筑工程施工图预算

4.1　概　述

1.建筑工程施工图预算的概念

(1)施工图预算的概念

施工图预算是施工图设计预算的简称,又叫设计预算。它是由设计单位在施工图设计完成后,根据施工图设计图纸、施工组织设计、现行预算定额、单位估价表、各种取费标准以及地区设备、材料、人工、施工机械台班等预算价格编制和确定的建筑安装工程造价的经济技术文件。

(2)施工图预算的内容

施工图预算有单位工程预算、单项工程预算和建设项目总预算。单位工程预算是根据施工图设计文件、现行预算定额、费用定额以及人工、材料、设备、机械台班等预算价格资料,以一定方法编制的单位工程施工图预算;然后汇总所有各单位工程施工预算,成为单项工程施工预算;再汇总各所有单项工程施工图预算,便是一个建设项目的总预算。

单位工程预算包括建筑工程预算和设备安装工程预算。建筑工程预算按其工程性质分为一般土建工程预算、卫生工程预算(包括室内外给水排水、煤气工程采暖通风工程等)、电气照明工程预算、弱电工程预算等。设备安装工程预算可分为机械设备安装工程预算、电气设备安装工程预算和热力设备安装工程预算等。

2.建筑工程施工图预算的作用

在社会主义市场经济条件下,建筑工程施工图预算在工程中的作用主要表现为如下几点。

(1)施工图预算是控制工程造价的依据。限额设计是控制建筑工程造价的重要措施,施工图预算是施工图设计阶段控制工程造价的重要环节,是控制施工图设计不突破设计概算的重要经济性文件。

(2)施工图预算是选择设计方案、确定工程造价的依据。建筑物设计必须满足经济、适用和实用的要求,施工图预算是我们比较、选择设计方案的基础。一旦施工图设计结束,建筑物的造价已基本确定。

(3)施工图预算是签订工程施工合同,实行工程预算包干,进行竣工结算的依据。

(4)施工图预算是施工企业加强经营管理,搞好经济核算的基础。

① 它是施工企业编制经营计划或施工组织、财务计划的依据。

② 它是单项工程、单位工程进行施工准备的依据。

③ 它是施工企业进行“两算”对比的依据。

④ 它是施工企业进行投标报价的依据。

⑤ 它是反映施工企业经营管理效果好坏的依据。

4.2 施工图预算的编制方法及程序

4.2.1 施工图预算编制依据

1.施工图设计文件及说明书和标准图集

设计资料是编制预算的主要工作对象,经审定的施工图设计文件、说明书和标准图集完整地反映了工程的具体内容,各分部的结构尺寸、具体做法、技术特征以及施工方法等,是编制施工图预算的重要依据。

2.施工组织设计或施工方案

因为施工组织设计或施工方案中包括了与编制施工图预算必不可少的有关资料,如建设地点的土质、地质情况,土石方开挖的施工方法及余土外运方式或运距,施工机械使用情况,构件预制加工方法及运距,重要的梁板柱的施工方案,重要或特殊机械设备的安装方法等。

3.现行的建筑工程预算定额

现行的建筑工程预算定额是确定单位估价表的基础。它规定了各分部分项工程的划分、具体所包含的工作内容、工程量的计算规则和定额项目的使用说明等内容,因此它是编制施工图预算的主要依据。

4.预算员工作手册及有关工具书

预算员工作手册和工具书包括了计算各种结构构件面积和体积的公式,钢材、木材等各种材料规格型号及用量数据,各种单位换算比例,特殊断面、结构件的工程量的速算方法,金属材料质量表等。显然,以上这些公式、资料、数据是施工图预算中常常要用到的,所以它是编制施工图预算必不可少的依据。

5.其他有关文件

(1)地区单位估价表　建设地区主管部门颁发的现行建筑工程单位估价表或补充估价表是编制施工图预算的根本依据之一。

(2)地区建设工程费用定额　工程费用随地区不同其取费标准也有所不同,按照国家规定,各地区均制定了相应的建设工程费用定额,它规定了各项费用取费标准,这些标准是确定工程预算造价的基础。

(3)人工、材料、机械台班预算价格及调价规定　人工、材料、机械台班预算价格是预算定额的三要素,是构成直接工程费的主要因素。尤其是材料费在工程成本中占的比重大,而且在市场经济条件下,人工、材料、机械台班的价格是随市场的变化而变化的。为使预算造价尽可能接近实际价格,各地区主管部门对此都有明确的调价规定。因此合理地确定人工、材料、机械台班预算价格及其调价规定是编制合理施工图预算的重要依据。

4.2.2　施工图预算编制方法

按照计算过程中是累计各分部分项工程的直接工程费，还是累计各分部分项工程的工料机消耗，单位工程施工图预算的编制分为单价法和实物法。根据所用单价的性质单价法又有工料单价法和综合单价法之分。

1.工料单价法

工料单价法首先是根据单位工程施工图计算出各分部分项工程的工程量，然后从预算定额或单位估价表中查出各分项工程相应的定额单价（该定额单价即单位分项工程的人工费、材料费和施工机械使用费三者之和），并将各分项工程量与其相应的定额单价相乘，其乘积就是各分项工程的直接工程费。再累计各分项工程的直接工程费，即得出该工程的定额直接工程费；然后根据各地区规定、费用定额和各项取费标准（取费率），计算出措施费、间接费、利润、税金和其他费用等；最后汇总各项费用即得到单位工程施工图预算造价。

这种编制方法，既简化编制工作，又便于进行技术经济分析。但在市场价格波动较大的情况下，用该法计算的造价可能会偏离实际市场价格，造成误差。因此，有时候需要根据工程造价管理法规进行价差调整。

2.综合单价法

综合单价法也是根据单位工程施工图计算出各分部分项工程的工程量，然后将各分项工程量与其相应的单价相乘，但该单价为全费用单价。全费用单价经综合计算后生成，其内容包括直接工程费、间接费、利润和税金（措施费也可按此方法生成全费用价格）。分项工程量乘以综合单价的合价实际就是该分部分项工程的预算造价。各分项工程量乘以综合单价的合价汇总后，生成工程发承包价。该工程发承包价相当于施工图预算造价。

3.实物法

实物法是首先根据单位工程施工图计算出各分部分项工程的工程量；然后从预算定额一中查出各相应分项工程所需的人工、材料和机械台班定额耗用量，再分别将各分项工程的工程量与其相应的定额人工、材料和机械台班耗用量相乘，累计其积并加以汇总，就得出该单位工程全部的人工、材料和机械台班的总耗用量；再将所得的人工、材料和机械台班总耗用量，各自分别乘以当时当地的工资单价、材料预算价格和机械台班单价，其积的总和就是该单位工程的直接工程费；再根据地区有关规定、费用定额和取费标准，计算出措施费、间接费、利润、税金和其他费用；最后汇总各项费用即得出单位工程施工图预算造价。

这种编制方法适合于工料因时因地不同而发生价格变动的情况下，与市场价格相吻合的需要。

4.2.3　施工图预算编制步骤

1.收集各种编制预算的依据及资料

各种编制依据及资料包括施工组织设计文件，建筑、结构施工图设计文件，现行的预算定额、费用定额、预算工作手册，以及工程所在地区的人工、材料、机械台班预算价格及其调价规定等。

2.熟悉建筑、结构施工图纸，施工组织设计和预算定额

设计图纸和施工说明不仅是建筑施工的依据，而且也是编制工程预算的重要资料。设计图纸和施工说明书上所表示或说明的工程构造、材料做法、材料品种及其规格质量、设计尺寸等设计要求，为编制工程预算、结合预算定额确定分部分项工程项目、选择套用定额子目等提供了重要依据。

工程预算编制工作，要密切和生产技术部门配合协作，及时深入施工基层和施工现场，要了解现场地貌、水位、土质、施工现场用地、自然地坪标高、施工方法、施工进度、技术措施、施工机械、挖土方式、施工现场的总平面布置以及与预算定额有关而直接影响施工经济效益的各项因素。

应正确地掌握预算定额及其有关规定，熟悉预算定额的全部内容和项目划分，定额子目的工程内容、施工方法、材料规格、质量要求、计量单位、工程量计算方法、项目之间的相互关系，以及调整换算定额的规定条件及方法，以便正确地应用定额。

3.计算各分部分项工程的工程量

工程量的计算在整个预算过程中是最重要、最繁重的一个环节，不仅影响预算的及时性，更重要的是影响预算造价的准确性。因此，必须在工程量计算上下工夫，确保预算质量。

计算工程量一般可按下列具体步骤进行：

(1)确定工程量的计算项目(列项)。

为了防止漏算、重算以及方便计算后套定额计算定额直接费，在列项时必须依据所用的施工图设计文件和现行的预算定额，从上至下、从左至右开始列项，尽量根据定额上的分类进行列项，以便于直接或换算之后套用定额。

(2)根据规定的计算规则按一定的计算顺序列出各分部分项工程的计算式。

(3)根据施工图示尺寸及有关数据，代入计算式进行数据计算。

工程量计算，必须根据设计图纸和施工说明书提供的工程构造、设计尺寸和做法要求，结合施工组织设计和现场情况，按照预算定额的项目划分、工程量计算规则和计算单位的规定，对每个分部分项工程的工程量进行具体计算。它是编制工程预算工作中的一项细致而又重要的环节，预算工作2/3左右的时间是消耗在工程量计算阶段，而且预算造价的正确与否，关键在于工程量的计算是否正确、项目是否齐全、有无遗漏或重复计算，因此从事预算工作的人员不仅要熟练地掌握施工技术、工程量计算规则，还要制图翻样，才能把工程量计算工作做得又快又好。

4.套用预算定额单价

工程量计算完毕并核对无误后，用所得到的各分部分项工程量套用单位估价表中相应的定额基价，相乘后相加并汇总，便可求出单位工程的直接费。

套用单价时需要注意如下几点：

(1)分项工程量的名称、规格、计量单位必须与预算定额或单位估价表所列内容一致，否则重套、漏套、错套预算基价都会引起直接工程费的偏差,导致施工图预算造价偏高或偏低。

(2)当施工图纸的某些设计要求与定额单价的特征不完全符合时,必须根据定额使用说明对定额基价进行调整或换算。

(3)当施工图纸的某些设计要求与定额单价的特征相差甚远,既不能直接套用,也不能换算、调整时,必须编制补充单位估价表或补充定额。

5.编制工料分析表

根据各分部分项工程的实物工程量和相应定额中的项目所列用的用工工日及材料数量,计算出各分部分项工程所需的人工及材料数量,相加汇总便得出该单位工程所需要的各类人工和材料的数量。

6.计算其他各项应取费用和汇总造价

按照建筑安装单位工程造价构成的规定费用项目、费率及计费基础,分别计算出直接费、间接费、计划利润和税金,并汇总单位工程造价。

7.复核

单位工程预算编制后,有关人员对单位工程进行复核,以便及时发现差错,提高预算质量。复核时,应对工程量计算公式和结果、套用定额基价、各项费用的取费费率及计算基础和计算结果、材料和人工预算价格调整等方面是否正确进行全面复核。

8.分析建筑工程经济技术指标

建筑工程经济技术指标包括建筑面积、三材(木材、钢材、水泥)耗用量、单方造价等。

9.编写编制说明,填写封面,最后装订成册

编制说明是编制者向审核者交代编制方面有关情况,包括编制依据、工程性质、内容范围、套用单价或补充单位估价表方面的情况及其他需要说明的问题。封面填写应写明工程名称、工程编号、预算总造价及单方造价、建筑面积、编制单位名称及负责人和编制日期、审查单位名称及负责人和审核日期等。

4.3 建筑工程建筑面积的计算

4.3.1 计算规则

1.建筑面积概述

建筑面积是指建筑物外墙勒脚以上结构外围的水平面积(多层建筑按各层面积综合计算)。

建筑面积中包括有效面积和结构面积。有效面积是指建筑物各层平面中的净面积之和,如住宅建筑中的卧室、客厅、厨房等;结构面积是指建筑物各层平面中的墙、柱等结构所占面积之和。

建筑面积是一项重要的技术经济指标,也是有关分项工程量的计算依据。所以,正确计算工程量,有着十分重要的意义。

2.建筑面积计算规则

(1)单层建筑物建筑面积

单层建筑物建筑面积计算规则

1)单层建筑物的建筑面积应按其外墙勒脚以上结构的外围水平面积计算。

2)单层建筑物高度在2.20 m及以上者应计算全面积;高度不足2.20 m者应计算1/2面积。

3)利用坡屋顶内空间时净高超过2.10 m的部位应计算全面积:净高在1.20~2.10 m的部位应计算1/2面积;净高不足1.20 m的部位不应计算面积。

4)单层建筑物内设有局部楼层者,局部楼层的二层及以上楼层,有围护结构的应按其围护结构外围水平面积计算,无围护结构的应按其结构底板水平面积计算。层高在2.20 m及以上者应计算全面积;层高不足2.20 m者应计算1/2面积。首层建筑面积已包括在单层建筑物内,二层及二层以上应计算建筑面积。

5)高低联跨的建筑物应以高跨结构外边线为界计算建筑面积(见图4.1);其高低跨内部连通时,其变形缝应计算在低跨面积内。

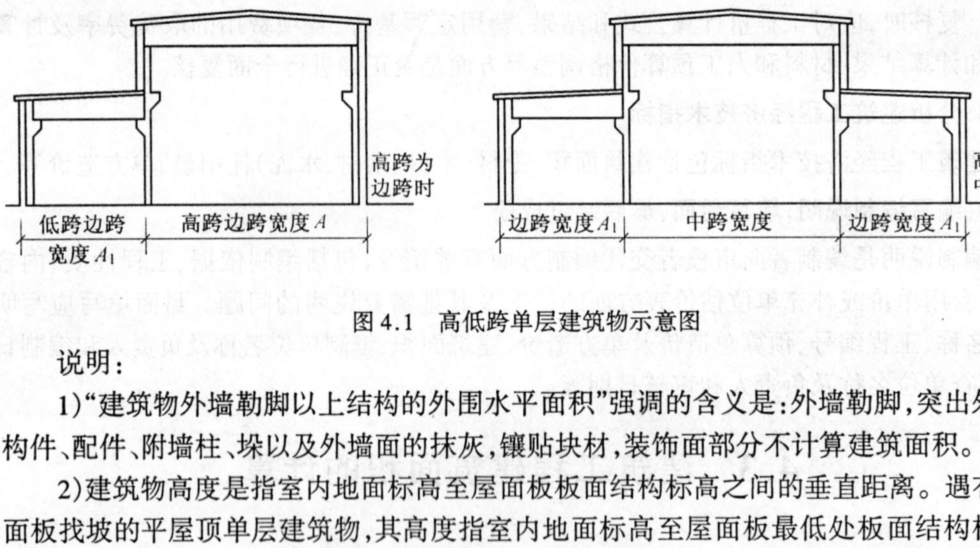

图4.1 高低跨单层建筑物示意图

说明:

1)"建筑物外墙勒脚以上结构的外围水平面积"强调的含义是:外墙勒脚,突出外墙的构件、配件、附墙柱、垛以及外墙面的抹灰,镶贴块材,装饰面部分不计算建筑面积。

2)建筑物高度是指室内地面标高至屋面板板面结构标高之间的垂直距离。遇有以屋面板找坡的平屋顶单层建筑物,其高度指室内地面标高至屋面板最低处板面结构标高之间的垂直距离。

3)净高指楼面或地面至上部楼板底面或吊顶底面之间的垂直距离。

4)"有围护结构"是指围合建筑空间四周的墙体、门、窗等。

5)"不足2.20 m"是指小于2.2 m。

如图4.2所示,其建筑面积计算可用下式表示:

当层高≥2.2 m时

$$单层建筑物的建筑面积 = 单层建筑物的建筑面积 + 楼隔层建筑面积 = L \times B + l \times b \tag{4.1}$$

当层高<2.2 m时

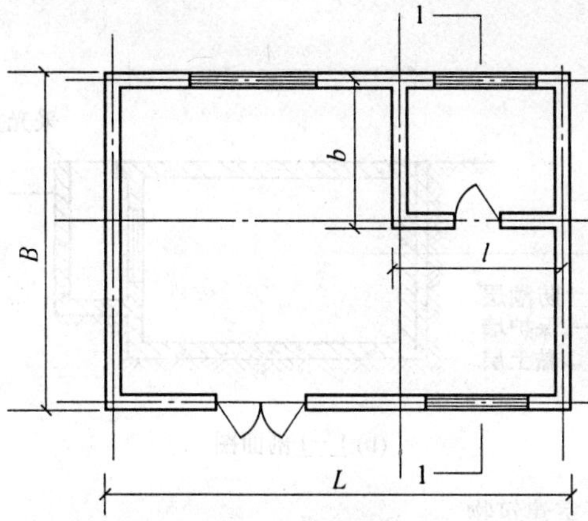

(a) 平面图

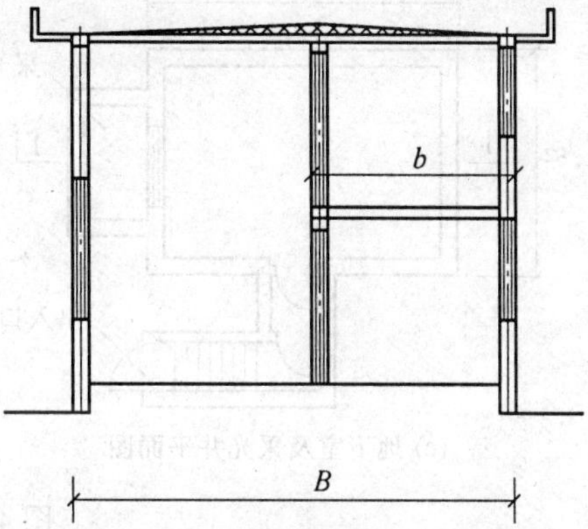

(b) 1—1 剖面图

图 4.2　单层建筑物示意图

$$单层建筑物的建筑面积 = \frac{1}{2} \times 单层建筑物的建筑面积 + \frac{1}{2} \times 楼隔层建筑面积 = \frac{1}{2} \times L \times B + \frac{1}{2} \times l \times b \quad (4.2)$$

(2)多层建筑物建筑面积

多层建筑物的建筑面积按各层建筑面积之和计算，其首层建筑面积按外墙勒脚以上结构外围水平面积计算，二层及以上楼层按外墙结构的外围水平面积计算。层高在 2.20 m及以上者应计算全面积；层高不足 2.20 m 者应计算 1/2 面积。多层建筑坡屋顶内和场馆看台下，当设计加以利用时净高超过 2.10 m 的部位应计算全面积；净高在 1.20～2.10 m的部位应计算 1/2 面积；当设计不利用或室内净高不足 1.20 m 时不应计算面积。当各层建筑面积相同时，计算式如下：

当层高≥2.2 m 时

$$多层建筑物的建筑面积 = S_1 \times 建筑物层数 \quad (4.3)$$

说明：

1) S_1 表示首层建筑物建筑面积。

2)同一建筑物如果形式不同时，应按不同形式分别计算建筑面积，为以后各分项工程量的计算提供方便。例如，某房屋底层是框架结构，二～四层是混合结构，则其建筑面积应按底层和二层以上分别计算。

(3)地下建筑物建筑面积

地下室、半地下室(车间、车库、商店、仓库、车站等)包括相应的有永久性顶盖的出入口，按其外墙上口(不包括采光井、外墙防潮层及其保护墙)外边线所围水平面积计算。层高在 2.20 m 及以上者应计算全面积；层高不足 2.20 m 者应计算 1.2 面积。如图 4.3 所示，其建筑面积计算式如下：

当层高≥2.2 m 时

$$地下室及其相应出入口建筑面积 = A \times B + 出入口建筑面积 \quad (4.4)$$

说明：

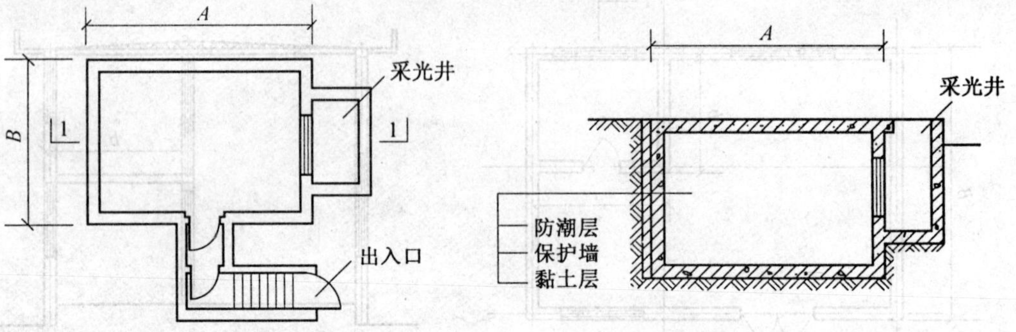

(a) 地下室及采光井平面图　　(b) 1—1 剖面图

图 4.3　地下室建筑物

1)地下室按形式分为全地下室和半地下室。无论何种地下室,为防止土壤中的潮气和水分通过毛细管作用沿墙面上升,保持室内干燥卫生,需在地下室外墙身上设置防潮层,然后砌半砖保护墙。如图 4.3 所示。

2)各种地下室的建筑面积均按露出地面的外墙所围水平面积计算,采光井、外墙防潮层及其保护墙不计算建筑面积。

(4)坡地吊脚架空层和深基础架空层建筑面积

坡地的建筑物吊脚架空层、深基础架空层的建筑面积计算规则

1)设计加以利用并有围护结构的,层高在 2.20 m 及以上的部位应计算全面积,层高不足 2.20 m 的部位应计算 1/2 面积。

2)设计加以利用、无围护结构的建筑吊脚架空层,应按其利用部位水平面积的 1/2 计算。

3)设计不利用的深基础架空层、坡地吊脚架空层不应计算面积。

说明:

1)建筑物深基础或坡地建筑吊脚架空层是指架空部位不回填土石方形成的建筑空间。

2)吊脚架空层指沿山坡、河坡采用筑柱或打桩来支撑建筑物底层板的一种结构,如图 4.4 所示。

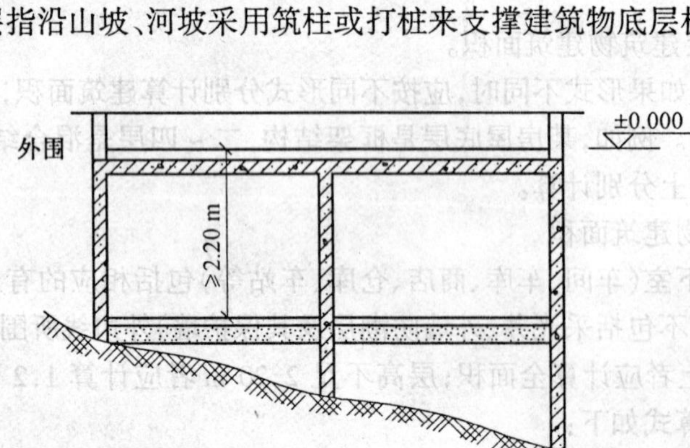

图 4.4　坡地建筑物

3)基础埋深大于5 m时,称为深基础。常见的深基础形式有桩基础、箱形基础等。如图4.5所示为箱形基础,它由顶板、底板和隔板组成,其内部空间构成架空层。

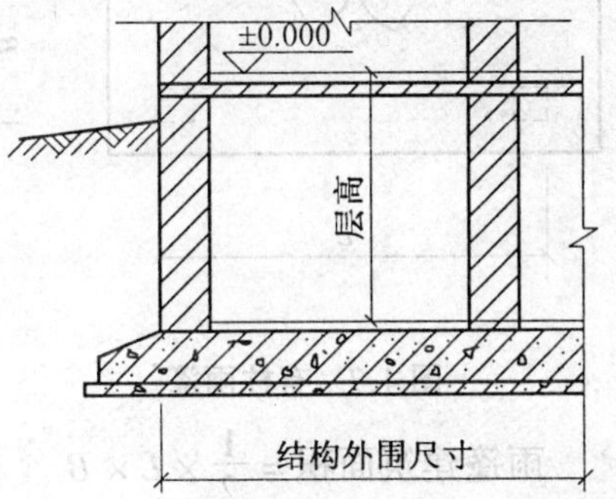

图4.5　箱形基础做地下架空层

(5)门厅、大厅、回廊建筑面积

建筑物的门厅、大厅,按一层计算建筑面积。门厅、大厅内设有回廊时,应按其结构底板水平面积计算。层高在2.20 m及以上者应计算全面积;层高小于2.20 m者应计算1/2面积。

说明:

回廊指设置在二层或二层以上、沿大厅四周布置的环形走廊,如图4.6所示。

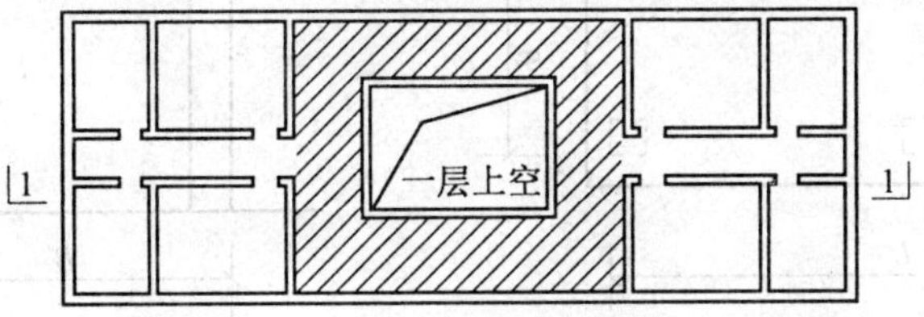

(a) 平面图

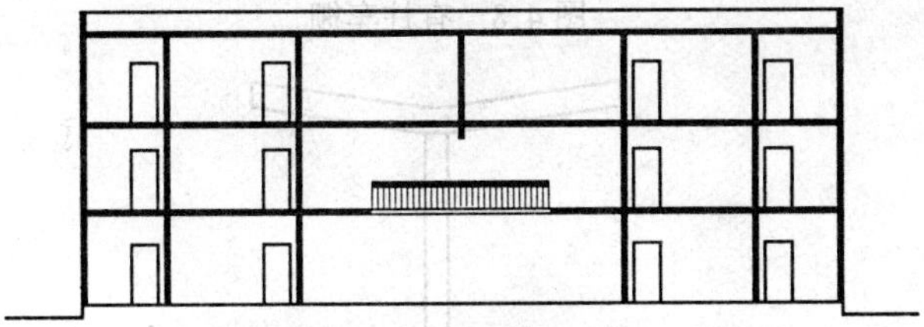

(b) 1—1剖面图

图4.6　回廊示意图

(6)雨篷建筑面积

雨篷结构的外边线至外墙结构外边线的宽度大于2.10 m者,应按雨篷结构板的水平投影面积的1/2计算。

说明:

1)有柱雨篷(见图4.7)和无柱雨篷计算应一致。

2)雨篷结构的外边线至外墙结构外边线的宽度≤2.10 m者,不算入建筑面积。

如图4.7所示,当 $B>2.1$ m时,其建筑面积计算式如下:

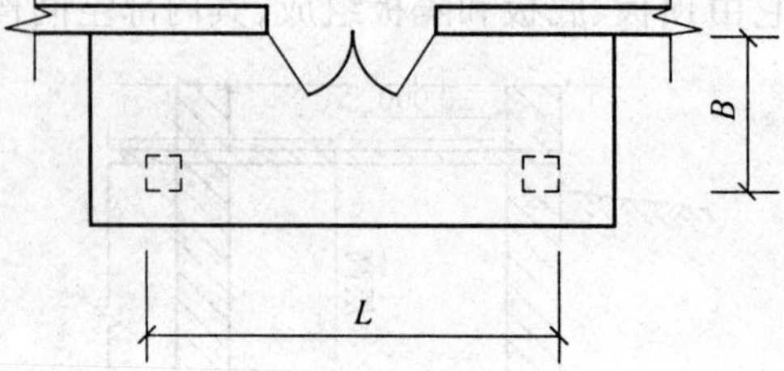

图 4.7 有柱雨篷

$$雨篷建筑面积 = \frac{1}{2} \times L \times B \tag{4.5}$$

(7)有永久性顶盖无围护结构的货棚、车棚、站台、加油站、收费站等建筑面积

有永久性顶盖无围护结构的货棚、车棚、站台、加油站、收费站等,应按其顶盖水平投影面积的1/2计算。

说明:

1)有柱车棚(见图4.8、图4.9)和无柱车棚计算一致。

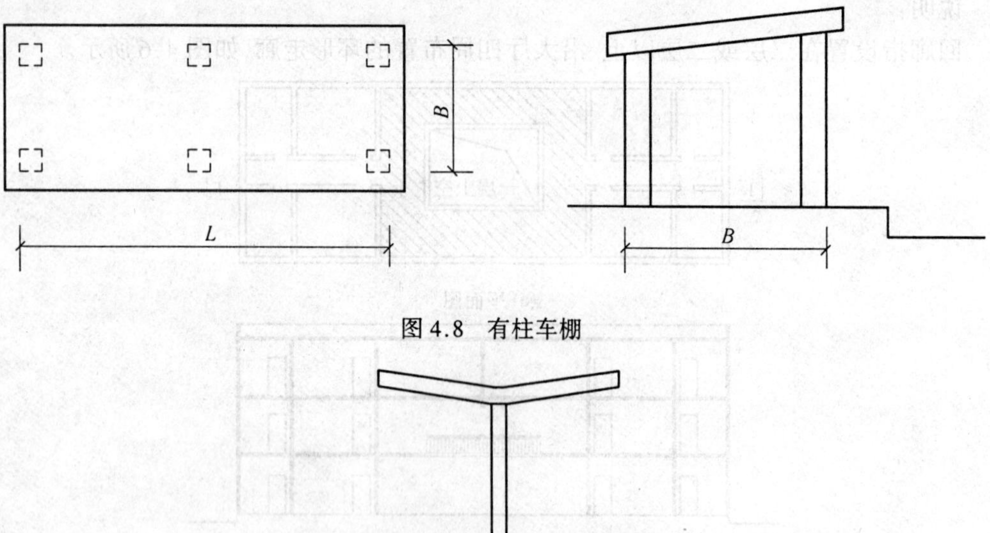

图 4.8 有柱车棚

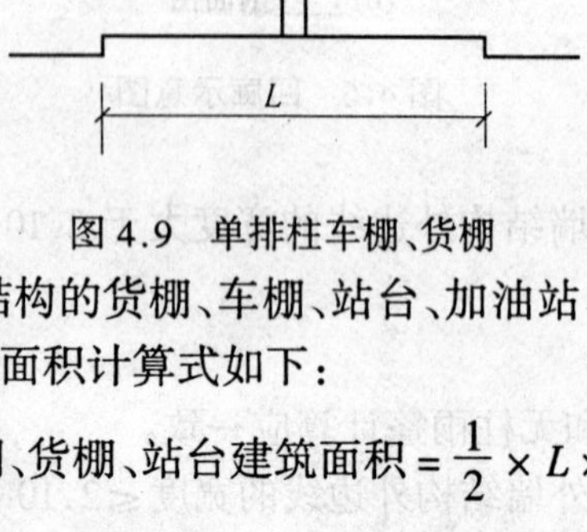

图 4.9 单排柱车棚、货棚

2)无永久性顶盖无围护结构的货棚、车棚、站台、加油站、收费站等不计算建筑面积。

如图4.8、图4.9所示,其建筑面积计算式如下:

$$车棚、货棚、站台建筑面积 = \frac{1}{2} \times L \times B \tag{4.6}$$

(8)阳台建筑面积

建筑物的阳台,均应按其水平投影面积的 1/2 计算。

说明:

阳台是供使用者进行活动和晾晒衣物的建筑空间。阳台建筑面积的大小与是否封闭、挑阳台或凹阳台无关。挑阳台、凹阳台的形式如图 4.10 所示,其建筑面积计算式如下:

$$阳台的建筑面积 = \frac{1}{2} \times L \times B \tag{4.7}$$

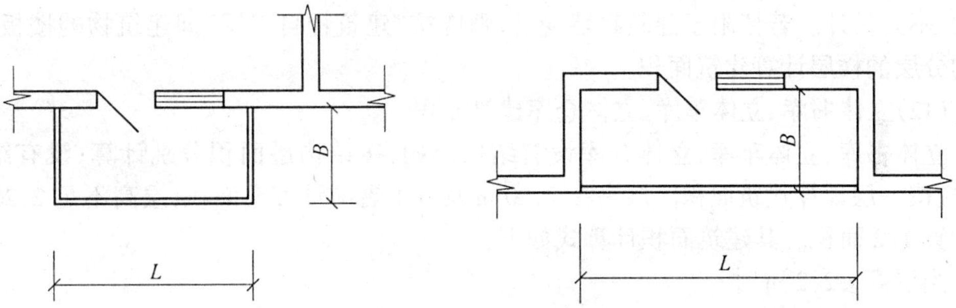

图 4.10　阳台示意图

(9)建筑物外有围护结构的落地橱窗、门斗、走廊、挑廊、檐廊建筑面积

建筑物外有围护结构的落地橱窗、门斗、走廊、挑廊、檐廊(见图 4.11),应按其围护结构外围水平面积计算。层高在 2.20 m 及以上者应计算全面积;层高不足 2.20 m 者应计算 1/2 面积。有永久性顶盖无围护结构的应按其结构底板水平面积的 1/2 计算。

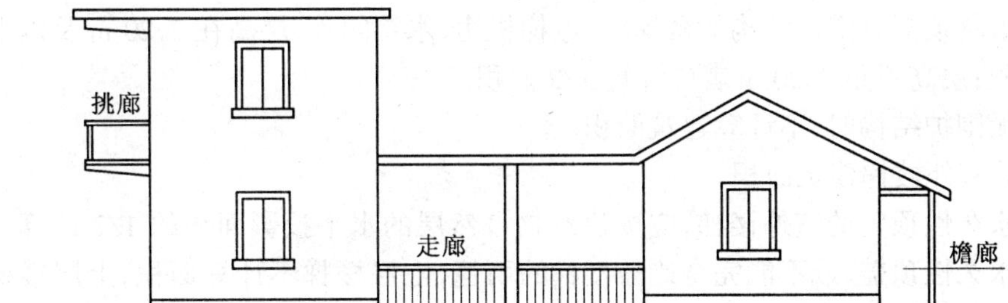

图 4.11　走廊、檐廊、挑廊示意图

说明:

落地橱窗指突出外墙面根基落地的橱窗。

门斗指在建筑物出入口设置的起分隔、挡风、御寒等作用的建筑过渡空间。

挑廊指挑出建筑物外墙的水平交通空间。

走廊指建筑物的水平交通空间。

檐廊指设置在建筑物底层出檐下的水平交通空间。

(10)建筑物间有围护结构的架空走廊建筑面积

建筑物间有围护结构的架空走廊,应按其围护结构外围水平面积计算。层高在 2.20

m及以上者应计算全面积;层高不足2.20 m者应计算1/2面积。有永久性顶盖无围护结构的应按其结构底板水平面积的1/2计算。

说明:

1)架空走廊是指建筑物的水平交通空间。

2)无永久性顶盖的架空走廊不计算建筑面积。

(11)室内楼梯间、各种井道建筑面积

室内楼梯间、提物井、电梯井、垃圾道、管道井等均按建筑物自然层计算建筑面积。

室内楼梯间及各种井道因设置在建筑物内部,其建筑面积已包含在建筑物的建筑面积内,不必另计。若依附于建筑物墙身上,则应按"建筑物自然层"即建筑物的楼板、地板结构分层的楼层计算建筑面积。

(12)立体书库、立体车库、立体仓库建筑面积

立体书库、立体车库、立体仓库设有结构层的,按结构层面积分别计算;没有结构层的,应按一层计算建筑面积。层高在2.20 m及以上者应计算全面积;层高不足2.20 m者应计算1/2面积。其建筑面积计算式如下:

当层高≥2.2 m时

$$\text{书库、立体仓库建筑面积} = \text{围护结构外围水平面积} \times \text{结构层数} \tag{4.8}$$

当层高<2.2 m时

$$\text{书库、立体仓库建筑面积} = \frac{1}{2}\text{围护结构外围水平面积} \times \text{结构层数} \tag{4.9}$$

立体书库、立体车库、立体仓库的结构层是指承受库物的承重层。由于存书堆货都要受到一定高度限制,因此常将两层楼板间在分隔1~2层。

(13)建筑物顶部楼梯间、水箱间等建筑面积

建筑物顶部有围护结构的楼梯间、电梯机房、水箱间等,层高在2.20 m及以上者应计算全面积;层高不足2.20 m者应计算1/2面积。

当无围护结构时,不计算建筑面积。

(14)室外楼梯建筑面积

有永久性顶盖的室外楼梯,应按建筑物自然层的水平投影面积的1/2计算。最上层楼梯无永久性顶盖,或不能完全遮盖楼梯的雨篷,上层楼梯不计算面积,上层楼梯可视为下层楼梯的永久性顶盖,下层楼梯应计算面积。

强调:有永久性顶盖的室外楼梯,是按建筑物的自然层计算建筑面积,而不是楼梯设置的层数。

4.3.2 计算实例

【示例4.1】 计算如图4.12中多层建筑面积(六层,层高3.0 m,外墙厚240 mm)。

【解】 二层及以上按外墙外围水平面积计算,并以各层水平投影面积之和计量。则:

$$S_{建} = (6.0 \times 3 + 0.24) \times (12.0 + 0.24) \times 6 = 1\,339.55(\text{m}^2)$$

【示例4.2】 如图4.13所示:已知 $A = 3.0$ m、$B = 1.8$ m,求独立柱的雨篷建筑面积的工程量。

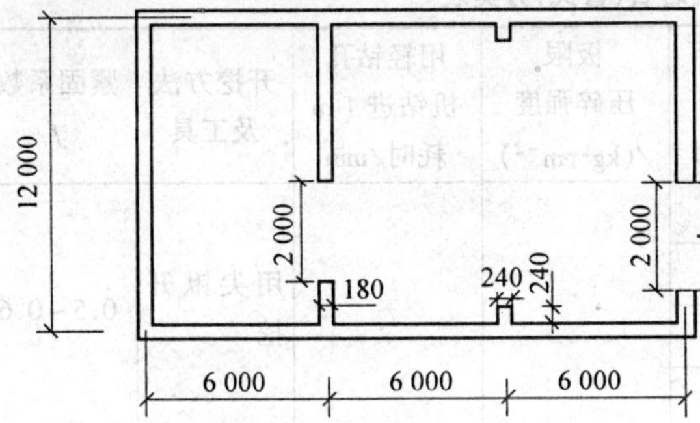

图 4.12　多层建筑示意图

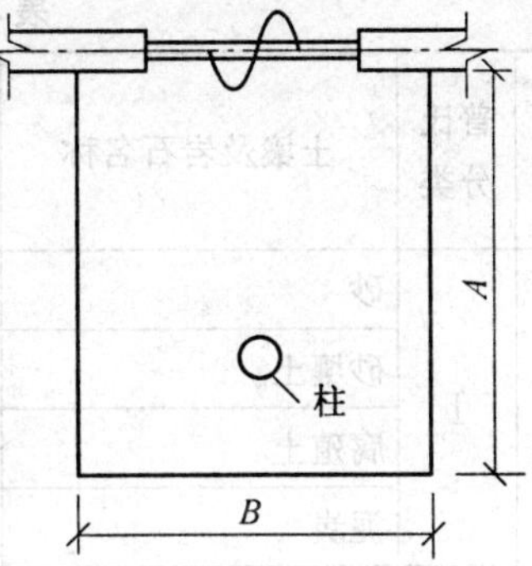

图 4.13　独立柱的雨篷

【解】　$S=3.0\times1.8\times\frac{1}{2}=2.7(\mathrm{m}^2)$

【示例 4.3】　计算如图 4.14 中带楼梯间的建筑面积(突出屋面的电梯井高度大于 2.2 m)。

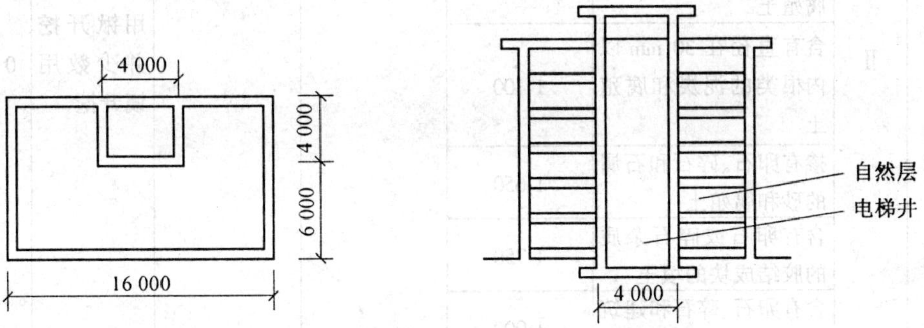

(a) 平面图　　(b) 立面图

图 4.14　带楼梯间的建筑示意图

【解】　突出屋面的楼梯间、水箱间、电梯机房等,若层高≥2.20 m,按围护结构外围面积计算,则:

$$S_{建}=16.0\times(6+4)\times6+4\times4=976.00(\mathrm{m}^2)$$

4.4　建筑工程工程量计算及实例

4.4.1　土石方工程

1.计算规则

(1)计算土石方工程量前,应确定下列各项资料

① 土壤及岩石类别的确定。土石方工程土壤及岩石类别的划分,依工程勘测资料与《土壤及岩石分类表》对照后确定(见表 4.1)。

表 4.1　土壤及岩石(普氏)分类表

定额分类	普氏分类	土壤及岩石名称	天然湿度下平均容重/(kg·m^{-3})	极限压碎强度/(kg·cm^{-2})	用轻钻孔机钻进 1 m 耗时/min	开挖方法及工具	紧固系数 f
一、二类土壤	Ⅰ	砂	1 500			用尖锹开挖	0.5~0.6
		砂壤土	1 600				
		腐殖土	1 200				
		泥炭	600				
	Ⅱ	轻壤和黄土类土	1 600			用锹开挖并少数用镐开挖	0.6~0.8
		潮湿而松散的黄土,软的盐渍土和碱土	1 600				
		平均 15 mm 以内的松散而软的砾石	1 700				
		含有草根的实心密实腐殖土	1 400				
		含有直径在 30 mm 以内根类的泥炭和腐殖土	1 100				
		掺有卵石、碎石和石屑的砂和腐殖土	1 650				
		含有卵石或碎石杂质的胶结成块的填土	1 750				
		含有卵石、碎石和建筑料杂质的砂壤土	1 900				
三类土壤	Ⅲ	肥黏土其中包括石炭纪、侏罗纪的黏土和冰黏土	1 800			用尖锹并同时用镐开挖(30%)	0.8~1.0
		重壤土、粗砾石,粒径为 15~40 mm 的碎石和卵石	1 750				
		干黄土和掺有碎石或卵石的自然含水量黄土	1 790				
		含有直径大于 30 mm 根类的腐殖土或泥炭	1 400				
		掺有碎石或卵石和建筑碎料的土壤	1 900				

续表 4.1

定额分类	普氏分类	土壤及岩石名称	天然湿度下平均容重/(kg·m^{-3})	极限压碎强度/(kg·cm^{-2})	用轻钻孔机钻进 1 m 耗时/min	开挖方法及工具	紧固系数 f
四类土壤	Ⅳ	土含碎石重黏土,其中包括侏罗纪和石英纪的硬黏土	1 950			用尖锹并同时用镐和撬棍开挖(30%)	1.0～1.5
		含有碎石、卵石、建筑碎料和重达 25 kg 的顽石(总体积 10%以内)等杂质的肥黏土和重壤土	1 950				
		冰渍黏土,含有重量在 50 kg 以内的巨砾,其含量为总体积 10%以内	2 000				
		泥板岩	2 000				
		不含或含有重达 10 kg 的顽石	1 950				
松石	Ⅴ	含有重量在 50 kg 以内的巨砾(占体积 10%以上)的冰渍石	2 100	小于 200	小于 3.5	部分用手凿工具,部分用爆破来开挖	1.5～2.0
		矽藻岩和软白垩岩	1 800				
		胶结力弱的砾岩	1 900				
		各种不坚实的片岩	2 600				
		石膏	2 200				
次坚石	Ⅵ	凝灰岩和浮石	1 100	200～400	3.5	用风镐和爆破法开挖	2～4
		松软多孔和裂隙严重的石灰和介质石灰岩	1 200				
		中等硬变的片岩	2 700				
		中等硬变的泥灰岩	2 300				
	Ⅶ	石灰石胶结的带有卵石和沉积岩的砾石	2 200	400～600	6.0	用风镐和爆破法开挖	4～6
		风化的和有大裂缝的黏土质砂岩	2 000				
		坚实的泥板岩	2 800				
		坚实的泥灰岩	2 500				

续表 4.1

定额分类	普氏分类	土壤及岩石名称	天然湿度下平均容重/(kg·m^{-3})	极限压碎强度/(kg·cm^{-2})	用轻钻孔机钻进 1 m 耗时/min	开挖方法及工具	紧固系数 f
次坚石	Ⅷ	砾质花岗岩	2 300	600 ~ 800	8.5	用风镐和爆破法开挖	6 ~ 8
		泥灰质石灰岩	2 300				
		黏土质砂岩	2 200				
		砂质云母片岩	2 300				
		硬石膏	2 900				
普坚石	Ⅸ	严重风化的软弱的花岗岩、片麻岩和正长岩	2 500	800 ~ 1 000	11.5	用风镐和爆破法开挖	8 ~ 10
		滑石化的蛇纹岩	2 400				
		致密的石灰岩	2 500				
		含有卵石、沉积岩的渣质胶结的砾岩	2 500				
		砂岩	2 500				
		砂质石灰质片岩	2 500				
		菱镁矿	3 000				
	Ⅹ	白云石	2 700	1 000 ~ 1 200	15.0		10 ~ 12
		坚固的石灰岩	2 700				
		大理石	2 700				
		石灰胶结的致密砾石	2 600				
		坚固砂质片岩	2 600				
	Ⅺ	粗花岗岩	2 800	1 200 ~ 1 400	18.5		12 ~ 14
		非常坚硬的白云岩	2 900				
		蛇纹岩	2 600				
		石灰质胶结的含有火成岩之卵石的砾石	2 800				
		石英胶结的坚固砂岩	2 700				
		粗粒正长岩	2 700				

续表 4.1

定额分类	普氏分类	土壤及岩石名称	天然湿度下平均容重/(kg·m^{-3})	极限压碎强度/(kg·cm^{-2})	用轻钻孔机钻进 1 m 耗时/min	开挖方法及工具	紧固系数 f
普坚石	XⅡ	具有风化痕迹的安山岩和玄武岩	2 700	1 400 ~ 1 600	22.0	用风镐和爆破法开挖	14 ~ 16
		片麻岩	2 600				
		非常坚固的石灰岩	2 900				
		硅质胶结的含有火成岩之卵石的砾石	2 900				
		粗石岩	2 600				
	XⅢ	中粒花岗岩	3 100	1 600 ~ 1 800	27.5		16 ~ 18
		坚固的片麻岩	2 800				
		辉绿岩	2 700				
		玢岩	2 500				
	XⅢ	坚固的粗面岩	2 800	1 600 ~ 1 800	27.5		16 ~ 18
		中粒正长岩	2 800				
	XⅣ	非常坚硬的细粒花岗岩	3 300	1 800 ~ 2 000	32.5		18 ~ 20
		花岗岩麻岩	2 900				
		闪长岩	2 900				
		高硬度的石灰岩	3 100				
		坚固的玢岩	2 700				
	XⅤ	安山岩、玄武岩、坚固的角页岩	3 100	2 000 ~ 2 500	46.0		20 ~ 25
		高硬度的辉绿岩和闪长岩	2 900				
		坚固的辉长岩和石英岩	2 800				
	XⅥ	拉长玄武岩和橄榄玄武岩	3 300	大于 2 500	大于 60		大于 25
		特别坚固的辉长辉绿岩、石英石和玢岩	3 300				

② 地下水位标高及排(降)水方法。

③ 土方、沟槽、基坑挖(填)起止标高、施工方法及运距。

④ 岩石开凿、爆破方法、石碴清运方法及运距。

⑤ 其他有关资料。

(2)土石方工程量计算一般规则

① 土石方体积应按挖掘前的天然密实体积计算。如需按天然密实体积折算时，可按表 4.2 系数计算。

表 4.2　土石立体积折算系数表

天然密实度体积	虚方体积	夯实后体积	松填体积
1.00	1.30	0.87	1.08
0.77	1.00	0.67	0.83
1.15	1.49	1.00	1.24
0.93	1.20	0.81	1.00

② 挖土一律以设计室外地坪标高为准计算。

(3)平整场地及辗压工程量，按下列规定计算

① 人工平整场地是指建筑场地挖、填土方厚度在 ± 30 cm 以内及找平。挖、填土方厚度超过 ± 30 cm 以外时，按场地土方平衡竖向布置图另行计算。

② 平整场地工程量按建筑物外墙外边线每边各加 2 m，以 m^2 计算。

③ 建筑场地原土碾压以 m^2 计算，填土碾压按图示填土厚度以 m^3 计算。

(4)挖掘沟槽、基坑土方工程量，按下列规定计算

① 沟槽、基坑划分。

凡图示沟槽底宽在 3 m 以内，且沟槽长大于槽宽 3 倍以上的，为沟槽。

凡图示基坑底面积在 20 m^2 以内的为基坑。

凡图示沟槽底宽 3 m 以外，坑底面积 20 m^2 以外，平整场地挖土方厚度在 30 cm 以外，均按挖土方计算。

② 计算挖沟槽、基坑、土方工程量需放坡时，放坡系数按表 4.3 规定计算。

表 4.3　放坡系数表

土壤类别		一、二类土	三类土	四类土
放坡起点/m		1.20	1.50	2.00
人工挖土		1:0.5	1:0.33	1:0.25
机械挖土	在坑内作业	1:0.33	1:0.25	1:0.10
	在坑上作业	1:0.75	1:0.67	1:0.33

注：1. 沟槽、基坑中土壤类别不同时，分别按其放坡起点、放坡系数、依不同土壤厚度加权平均计算。
2. 计算放坡时，在交接处的重复工程量不予扣除，原槽、坑作基础垫层时，放坡自垫层上表面开始计算。

③ 挖沟槽、基坑需支挡土板时，其宽度按图示沟槽、基坑底宽，单面加 10 cm，双面加 20 cm 计算。挡土板面积，按槽、坑垂直支撑面积计算，支挡土板后，不得再计算放坡。

④ 基础施工所需工作面，按表 4.4 规定计算。

表 4.4　基础施工所需工作面宽度计算表

基础材料	每边各增加工作面宽度/mm
砖基础	200
浆砌毛石、条石基础	150
混凝土基础垫层支模板	300
混凝土基础支模板	300
基础垂直面做防潮层	800(防水层面)

⑤ 挖沟槽长度,外墙按图示中心线长度计算;内墙按图示基础底面之间净长线长度计算;内外突出部分(垛、附墙烟囱等)体积并入沟槽土方工程量内计算。

⑥ 人工挖土方深度超过 1.5 m 时,按表 4.5 增加工日。

表 4.5　人工挖土方超深增加工日表

(单位:100 m^3)

深 2 m 以内	5.55 工日
深 4 m 以内	17.60 工日
深 6 m 以内	26.16 工日

⑦ 挖管道沟槽按图示中心线长度计算,沟底宽度,设计有规定的,按设计规定尺寸计算,设计无规定的,可按表 4.6 规定宽度计算。

表 4.6　管道沟槽沟底宽度计算表

管径/mm	铸铁管、钢管、石棉水泥管	混凝土、钢筋混凝土、预应力混凝土管	陶土管
50 ~ 70	0.60	0.80	0.70
100 ~ 200	0.70	0.90	0.80
250 ~ 350	0.80	1.00	0.90
400 ~ 450	1.00	1.30	1.10
500 ~ 600	1.30	1.50	1.40
700 ~ 800	1.60	1.80	—
900 ~ 1 000	1.80	2.00	—
1 100 ~ 1 200	2.00	2.30	—
1 300 ~ 1 400	2.20	2.60	—

注:1.按上表计算管道沟槽土方工程量时,各种井类及管道(不含铸铁给排水管)接口等处需加宽增加的土方量不另行计算,底面积大于 20 m^2 的井类,其增加工程量并入管沟土方内计算。
2.敷设铸铁给排水管道时其接口等处土方增加量,可按铸铁给排水管道地沟土方总量的 2.5%计算。

⑧ 沟槽、基坑深度,按图示槽、坑底面至室外地坪深度计算;管道地沟按图示沟底至

室外地坪深度计算。

(5)人工挖孔桩土方量按图示桩断面积乘以设计桩孔中心线深度计算

(6)岩石开凿及爆破工程量,区别石质按下列规定计算

① 人工凿岩石,按图示尺寸以 m^3 计算。

② 爆破岩石按图示尺寸以 m^3 计算,其沟槽、基坑深度、宽度允许超挖量:

次坚石:200 mm。

特坚石:150 mm。

超挖部分岩石并入岩石挖方量之内计算。

(7)回填土分夯填、松填按图示回填体积并依下列规定,以 m^3 计算

① 沟槽、基坑回填土,沟槽、基坑回填体积以挖方体积减去设计室外地坪以下埋设砌筑物(包括:基础垫层、基础等)体积计算。

② 管道沟槽回填,以挖方体积减去管径所占体积计算。管径在 500 mm 以下的不扣除管道所占体积;管径超过 500 mm 以上时按表 4.7 规定扣除管道所占体积计算。

表 4.7 管道扣除土方体积表

管道名称		钢　管	铸铁管	混凝土管
管道直径/mm	501 ~ 600	0.21	0.24	0.33
	601 ~ 800	0.44	0.49	0.60
	801 ~ 1 000	0.71	0.77	0.92
	1 001 ~ 1 200	—	—	1.15
	1 201 ~ 1 400	—	—	1.35
	1 401 ~ 1 600	—	—	1.55

③ 房心回填土,按主墙之间的面积乘以回填土厚度计算。

④ 余土或取土工程量,可按下式计算:

余土外运体积 = 挖土总体积 - 回填土总体积 (4.10)

式中计算结果为正值时为余土外运体积,负值时为须取土体积。

(8)土方运距,按下列规定计算

① 推土机推土运距:按挖方区重心至回填区重心之间的直线距离计算。

② 铲运机运土运距:按挖方区重心至卸土区重心加转向距离 45 m 计算。

③ 自卸汽车运土运距:按挖方区重心至填土区(或堆方地点)重心的最短距离计算。

(9)地基强夯按设计图示强夯面积,区分夯击能量,夯击遍数以 m^2 计算

(10)井点降水区别轻型井点、喷射井点、大口径井点、电渗井点、水平井点,按不同井管深度的井管安装、拆除,以根为单位计算,使用按套、天计算

井点套组成:

轻型井点:50 根为一套。

喷射井点:30 根为一套。

大口径井点:45 根为一套。

电渗井点阳极:30 根为一套。

水平井点:10 根为一套。

井管间距应根据地质条件和施工降水要求,依施工组织设计确定,施工组织设计没有规定时,可按轻型井点管距 0.8 ~ 1.6 m,喷射井点管距 2 ~ 3 m 确定。

使用天数以每昼夜 24 h 为一天,使用天数应按施工组织设计规定的使用天数计算。

2.计算实例

【示例 4.4】 计算如图 4.15 中平整场地的工程量。

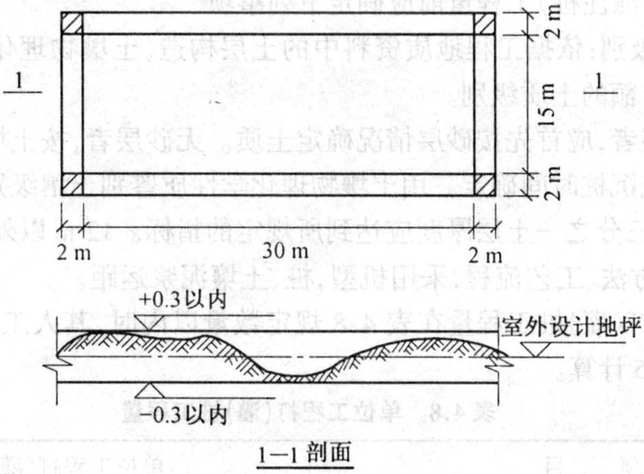

图 4.15　平整场地范围示意图

【解】 方法一:$S_{平场} = S_{底面积} + L_{外} \times 2 + 16\ m^2 = (30 \times 15) + (30 + 15) \times 2 \times 2 + 16 = 450 + 180 + 16 = 646(m^2)$

方法二:$S_{平场} = (L_{外长边} + 4) \times (L_{外宽边} + 4) = (30 + 4) \times (15 + 4) = 646(m^2)$

【示例 4.5】 某外墙砖基础沟槽(图 4.16),三类土,人工开挖,沟槽底部垫层宽 1 m,每边增加的工作面宽度是 20 cm,槽深 2.3 m,外墙中心线长 24 m,求挖沟槽工程量。

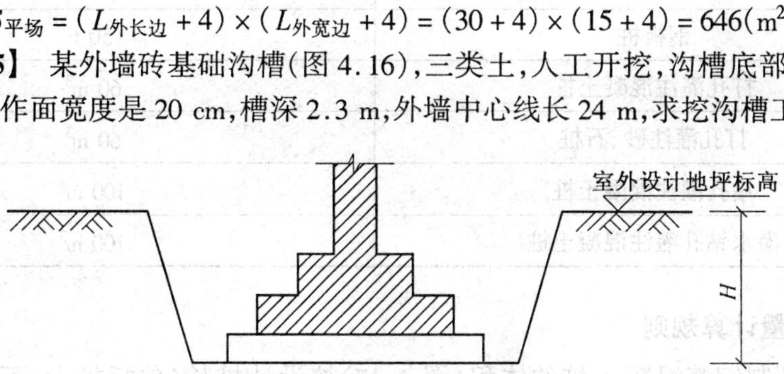

图 4.16　外墙砖基础沟槽示意图

【解】 根据土石方工程定额的规定和工程量计算规则,挖沟槽:按沟槽长度乘以沟槽截面积以立方米计算。槽深 2.3 m,三类土,需要放坡。查表 4.3,放坡系数 k 为 0.33。因此,挖沟槽工程量为:

$$V = (a + 2c + kH)HL = (1 + 2 \times 0.2 + 0.33 \times 2.3) \times 2.3 \times 24 = 119.18(m^3)$$

4.4.2 桩基础工程

1.桩基础的概念及说明

(1)当地基土上部为软弱土层,且荷载很大,采用浅基础已不能满足地基变形与强度要求时,可在地基下部较坚硬的土层内打入桩体,形成桩基础。桩基础是深基础。

按桩的受力情况桩基础分为:端承桩和摩擦桩;按桩的制作方法桩基础分为预制桩和灌注桩。

(2)计算打桩(灌注桩)工程量前应确定下列事项

① 确定土质级别:依据工程地质资料中的土层构造,土壤物理化学性质及每米沉桩时间来鉴别适用定额的土质级别。

凡遇到砂夹层者,应首先按砂层情况确定土质。无砂层者,按土壤物理力学性质指标并参考每米平均纯沉桩时间确定。用土壤物理化学性质鉴别土壤级别时,桩长在 12 m 以内,相当于桩长的三分之一土层厚度应达到所规定的指标。12 m 以外,按 5 m 厚度确定。

② 确定施工方法、工艺流程,采用机型,桩、土壤泥浆运距。

(3)单位工程打(灌)桩工程量在表 4.8 规定数量以内时,其人工、机械量按定额相应项目乘以系数 1.25 计算。

表 4.8 单位工程打(灌)桩工程量

项 目	单位工程打(灌)桩工程量
钢筋混凝土方桩	150 m^3
钢筋混凝土管桩	50 m^3
钢筋混凝土板桩	50 t
钢板桩	50 t
打孔灌注混凝土桩	60 m^3
打孔灌注砂、石桩	60 m^3
钻孔灌注混凝土桩	100 m^3
潜水钻孔灌注混凝土桩	100 m^3

2.工程量计算规则

(1)打预制钢筋混凝土桩的体积(图 4.17)按设计桩长(包括桩尖,不扣除桩尖虚体积)乘以桩截面面积以立方米计算。管桩的空心体积应扣除。若管桩的空心部分设计要求灌注混凝土或其他填充材料时,则应另行立项计算。

定额中已考虑土壤类别、打桩机类别和规格,执行中不换算。

(2)接桩:电焊接桩按设计接头,以个计算。硫磺胶泥接桩按桩截面面积以平方米计算。

(3)送桩:按桩截面面积乘以送桩长度(即打桩架底至桩顶高度或自桩顶面至自然地坪另加 0.5 m)计算。

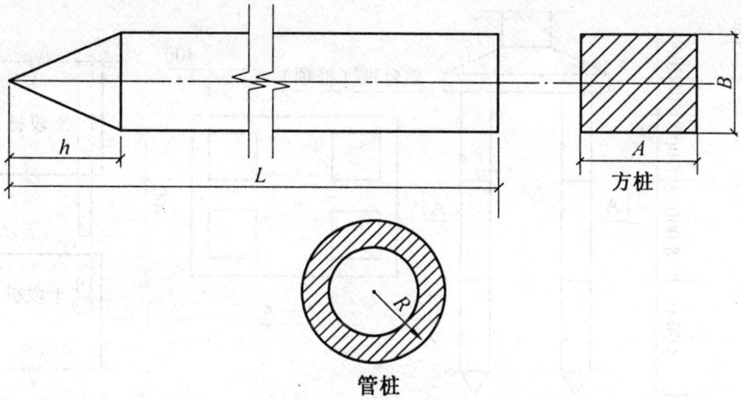

图 4.17 预制桩示意图

(4)打拔钢板桩:按钢板桩重量以吨计算。

(5)打孔灌注桩

① 混凝土桩、砂桩和碎石桩的体积,按设计规定的桩长(包括桩尖,不扣除桩尖虚体积)乘以钢管管箍外径截面面积计算。

② 扩大桩的体积按单桩体积乘以次数计算。

③ 打孔后先埋入预制混凝土桩尖,再灌注混凝土者,桩尖按钢筋混凝土章节计算体积,灌注桩按设计长度(自桩尖顶面至桩顶面高度)乘以钢管管箍外径截面面积计算。

(6)钻孔灌注桩(图 4.18)按设计桩长(包括桩尖,不扣除桩尖虚体积)增加 0.25 m 乘以设计断面面积计算。

图 4.18 现浇钢筋混凝土灌注桩

(7)灌注混凝土桩的钢筋笼制作以设计规定,按钢筋混凝土章节相应项目以吨计算。

(8)打试验桩按相应定额项目的人工、机械乘以系数 2 计算。

(9)泥浆运输工程量,按钻孔体积以立方米计算。

(10)安、拆导向夹具,按设计图上规定的水平延长米计算。

3.计算实例

【示例 4.6】 如图 4.19 所示,求接桩、送桩工程量。

【解】 接桩工程量 $=0.4\times0.4\times2\times4=1.28(m^3)$

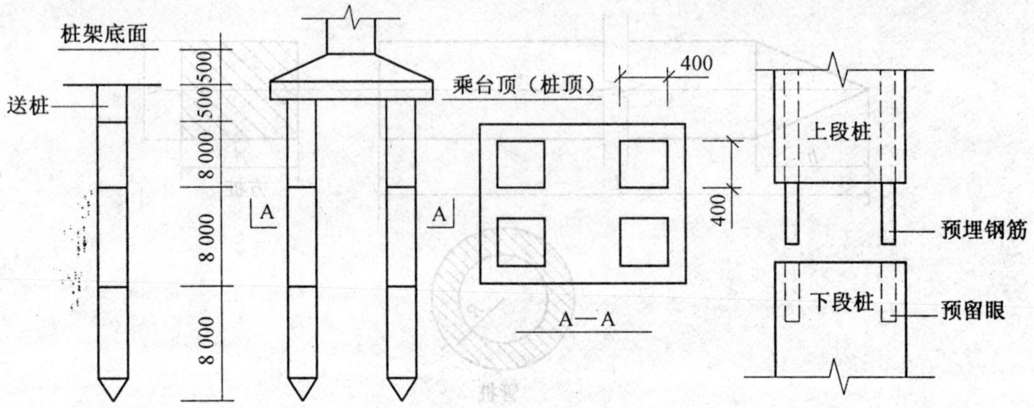

图 4.19　硫磺胶泥接桩示意图

送桩工程量 = $0.4\times0.4\times1.0\times4=0.64(m^3)$

【示例 4.7】　某工程桩桩基础为现场预制混凝土方桩如图 4.20 所示，室外地坪标高 −0.30 m，桩顶标高 −1.80 m，共 150 根，计算与打桩有关的工程量。

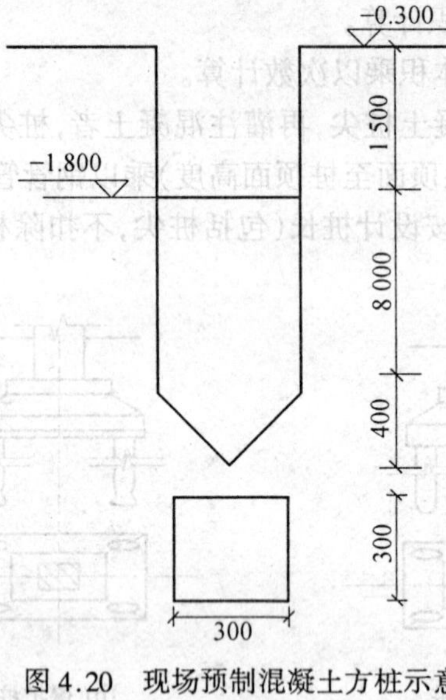

图 4.20　现场预制混凝土方桩示意图

【解】　计算如下：

打桩：桩长 = 桩身 + 桩尖 = $8+0.4=8.40(m)$

$V_{打}=0.3\times0.3\times8.4\times150=113.40(m^3)$

送桩：长度 = $1.50+0.5=2.0(m)$

$V_{送}=0.3\times0.3\times2\times150=27.00(m^3)$

4.4.3　脚手架工程

1.计算规则

(1)脚手架工程量计算一般规则

1)建筑物外墙脚手架，凡设计室外地坪至檐口(或女儿墙上表面)的砌筑高度在1.5 m以下的按单排脚手架计算；砌筑高度在1.5 m以上的或砌筑高度虽不足15 m，但外墙门窗及装饰面积超过外墙表面积60%以上时，均按双排脚手架计算。

采用竹制脚手架时，按双排计算。

2)建筑物内墙脚手架，凡设计室内地坪至顶板下表面(或山墙高度的1/2处)的砌筑高度在3.6 m以下的，按里脚手架计算；砌筑高度超过3.6 m以上时，按单排脚手架计算。

3)石砌墙体，凡砌筑高度超过1.0 m以上时，按外脚手架计算。

4)计算内、外墙脚手架时，均不扣除门、窗洞口、空圈洞口等所占的面积。

5)同一建筑物高度不同时，应按不同高度分别计算。

6)现浇钢筋混凝土框架柱、梁按双排脚手架计算。

7)围墙脚手架，凡室外自然地坪至围墙顶面的砌筑高度在3.6 m以下的，按里脚手架计算；砌筑高度超过3.6 m以上时，按单排脚手架计算。

8)室内天棚装饰面距设计室内地坪在3.6 m以上时，应计算满堂脚手架，计算满堂脚手架后，墙面装饰工程则不再计算脚手架。

9)滑升模板施工的钢筋混凝土烟囱、筒仓，不另计算脚手架。

10)砌筑贮仓，按双排外脚手架计算。

11)贮水(油)池，大型设备基础，凡距地坪高度超过1.2 m以上的，均按双排脚手架计算。

12)整体满堂钢筋混凝土基础，凡其宽度超过3 m以上时，按其底板面积计算满堂脚手架。

(2)砌筑脚手架工程量计算

1)外脚手架按外墙外边线长度，乘以外墙砌筑高度以平方米计算，突出墙外宽度在24 cm以内的墙垛，附墙烟囱等不计算脚手架；宽度超过24 cm以外时按图示尺寸展开计算，并入外脚手架工程量之内。

2)里脚手架按墙面垂直投影面积计算。

3)独立柱按图示柱结构外围周长另加3.6 m，乘以砌筑高度以平方米计算，套用相应外脚手架定额。

(3)现浇钢筋混凝土框架脚手架工程量计算

1)现浇钢筋混凝土柱，按柱图示周长尺寸另加3.6 m，乘以柱高以平方米计算，套用相应外脚手架定额。

2)现浇钢筋混凝土梁、墙，按设计室外地坪或楼板上表面至楼板底之间的高度，乘以梁、墙净长以平方米计算，套用相应双排外脚手架定额。

(4)装饰工程脚手架工程量计算

1)满堂脚手架，按室内净面积计算，其高度在3.6~5.2 m之间时，计算基本层，超过5.2 m时，每增加1.2 m按增加一层计算，不足0.6 m的不计。计算式表示如下：

$$\text{满堂脚手架增加层} = \frac{\text{室内净高度} - 5.2\ \text{m}}{1.2\ \text{m}} \tag{4.11}$$

2)挑脚手架，按搭设长度和层数，以延长米计算。

3)悬空脚手架，按搭设水平投影面积以平方米计算。

4)高度超过3.6 m墙面装饰不能利用原砌筑脚手架时，可以计算装饰脚手架。装饰脚手架按双排脚手架乘以 0.3 计算。

(5)其他脚手架工程量计算

1)水平防护架,按实际铺板的水平投影面积,以平方米计算。

2)垂直防护架,按自然地坪至最上一层横杆之间的搭设高度,乘以实际搭设长度,以平方米计算。

3)架空运输脚手架,按搭设长度以延长米计算。

4)烟囱、水塔脚手架,区别不同搭设高度,以座计算。

5)电梯井脚手架,按单孔以座计算。

6)斜道,区别不同高度以座计算。

7)砌筑贮仓脚手架,不分单筒或贮仓组均按单筒外边线周长,乘以设计室外地坪至贮仓上口之间的高度,以平方米计算。

8)贮水(油)池脚手架,按外壁周长乘以室外地坪至池壁顶面之间高度,以平方米计算。

9)大型设备基础脚手架,按其外形周长乘以地坪至外形顶面边线之间高度,以平方米计算。

10)建筑物垂直封闭工程量按封闭面的垂直投影面积计算。

(6)安全网工程量计算

1)立挂式安全网按架网部分的实挂长度乘以实挂高度计算。

2)挑出式安全网按挑出的水平投影面积计算。

2.计算实例

【示例 4.8】 如图 4.21 所示某建筑的示意图,求外墙脚手架工程量(施工中一般使用钢管脚手架)及内墙脚手架工程量。

【解】 外墙脚手架工程量 $= [(13.2+10.2)\times 2+0.24\times 4]\times(4.8+0.4)+(7.2\times 3+0.24)\times 1.2+[(6+10.2)\times 2+0.24\times 4]\times 4 = 248.35+26.21+133.44 = 408(\text{m}^2)$

内墙脚手架工程量:单排脚手架工程量 $= [(6-0.24)+(3.6\times 2-0.24)\times 2+(4.2-0.24)]\times 4.8 = (5.76+13.92+3.96)\times 4.8 = 113.47(\text{m}^2)$

里脚手架工程量 $= 5.76\times 3.6 = 20.74(\text{m}^2)$

4.4.4 砌筑工程

1.计算规则

(1)砌筑工程量一般规则

① 计算墙体时,应扣除门窗洞口、过人洞、空圈、嵌入墙身的钢筋混凝土柱、梁(包括过梁、圈梁、挑梁)、砖平碹、平砌砖过梁和暖气包壁龛及内墙板头的体积,不扣除梁头、外墙板头、檩头、垫木、木楞头、沿椽木、木砖、门窗走头、砖墙内的加固钢筋、木筋、铁件、钢管及单个面积在 0.3 m² 以下的孔洞等所占的体积,突出墙面的窗台虎头砖、压顶线、山墙泛水、烟囱根、门窗套及三皮砖以内的腰线和挑檐等体积亦不增加。

② 砖垛、三皮砖以上的腰线和挑檐等体积并入墙身体积内计算。

③ 附墙烟囱(包括附墙通风道、垃圾道)按其外形体积计算,并入所依附的墙体积内,不扣除每一个孔洞横截面在 0.1 m² 以下的体积,但孔洞内的抹灰工程量亦不增加。

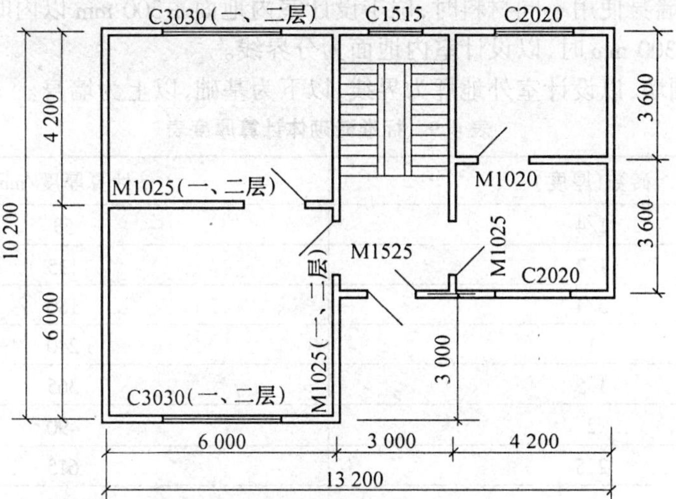

建筑平面图

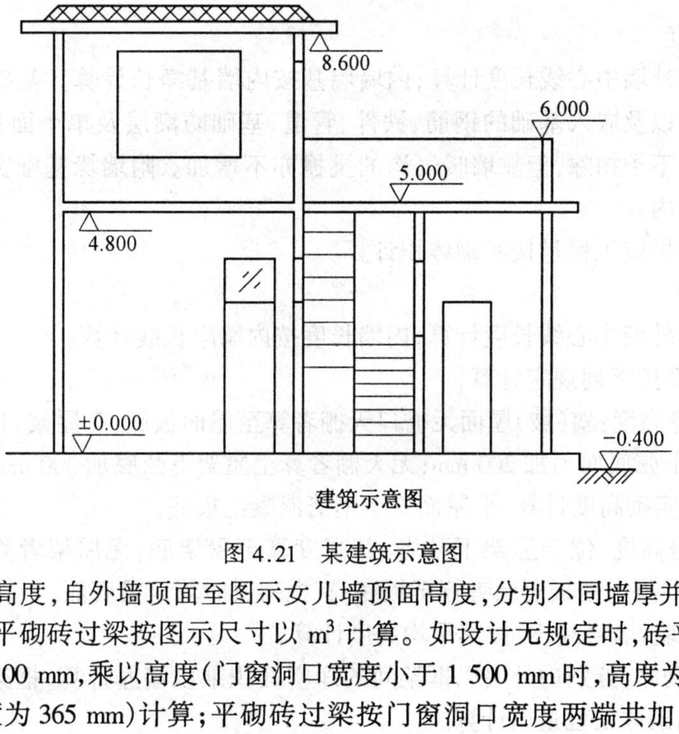

建筑示意图

图4.21 某建筑示意图

④ 女儿墙高度,自外墙顶面至图示女儿墙顶面高度,分别不同墙厚并入外墙计算。

⑤ 砖平碹平砌砖过梁按图示尺寸以 m^3 计算。如设计无规定时,砖平碹按门窗洞口宽度两端共加 100 mm,乘以高度(门窗洞口宽度小于 1 500 mm 时,高度为 240 mm,大于 1 500 mm 时,高度为 365 mm)计算;平砌砖过梁按门窗洞口宽度两端共加 500 mm,高度按 440 mm 计算。

(2)砌体厚度,按如下规定计算

① 标准砖以 240 mm × 115 mm × 53 mm 为准,其砌体计算厚度,按表 4.9 计算。

② 使用非标准砖时,其砌体厚度应按砖实际规格和设计厚度计算。

(3)基础与墙身(柱身)的划分

① 基础与墙(柱)身使用同一种材料时,以设计室内地面为界(有地下室者,以地下室室内设计地面为界),以下为基础,以上为墙(柱)身。

② 基础与墙身使用不同材料时,位于设计室内地面 ± 300 mm 以内时,以不同材料为分界线,超过 ± 300 mm 时,以设计室内地面为分界线。

③ 砖、石围墙,以设计室外地坪为界线,以下为基础,以上为墙身。

表 4.9　标准砖砌体计算厚度表

砖数(厚度)	计算厚度/mm
1/4	53
1/2	115
3/4	180
1	240
1.5	365
2	490
2.5	615
3	740

(4)基础长度

外墙墙基按外墙中心线长度计算;内墙墙基按内墙基净长计算。基础大放脚 T 型接头处的重叠部分以及嵌入基础的钢筋、铁件、管道、基础防潮层及单个面积在 0.31 m^2 以内孔洞所占体积不予扣除,但靠墙暖气沟的挑檐亦不增加。附墙垛基础宽出部分体积应并入基础工程量内。

砖砌挖孔桩护壁工程量按实砌体积计算。

(5)墙的长度

外墙长度按外墙中心线长度计算,内墙长度按内墙净长线计算。

(6)墙身高度按下列规定计算

① 外墙墙身高度:斜(坡)屋面无檐口天棚者算至屋面板底;有屋架,且室内外均有天棚者,算至屋架下弦底面另加 200 mm;无天棚者算至屋架下弦底加 300 mm,出檐宽度超过 600 mm 时,应按实砌高度计算;平屋面算至钢筋混凝土板底。

② 内墙墙身高度:位于屋架下弦者,其高度算至屋架底;无屋架者算至天棚底另加 100 mm;有钢筋混凝土楼板隔层者算至板底;有框架梁时算至梁底面。

③ 内、外山墙,墙身高度:按其平均高度计算。

(7)框架间砌体,分别内外墙以框架间的净空面积乘以墙厚计算,框架外表镶贴砖部分亦并入框架间砌体工程量内计算。

(8)空花墙按空花部分外形体积以立方米计算,空花部分不予扣除,其中实体部分以立方米另行计算。

(9)空斗墙按外形尺寸以立方米计算,墙角、内外墙交接处,门窗洞口立边,窗台砖及屋檐处的实砌部分已包括在定额内,不另行计算,但窗间墙、窗台下、楼板下、梁头下等实砌部分,应另行计算,套零星砌体定额项目。

(10)多孔砖、空心砖按图示厚度以立方米计算,不扣除其孔、空心部分体积。

(11)填充墙按外形尺寸以立方米计算,其中实砌部分已包括在定额内,不另计算。

(12)加气混凝土墙、硅酸盐砌块墙、小型空心砌块墙,按图示尺寸以立方米计算,按设计规定需要镶嵌砖砌体部分已包括在定额内,不另计算。

(13)其他砖砌体

① 砖砌锅台、炉灶,不分大小,均按图示外形尺寸以立方米计算,不扣除各种空洞的体积。

② 砖砌台阶(不包括梯带)按水平投影面积以平方米计算。

③ 厕所蹲台、水槽腿、灯箱、垃圾箱、台阶挡墙或梯带、花台、花池、地垄墙及支撑地楞的砖墩,房上烟囱、屋面架空隔热层砖墩及毛石墙的门窗立边、窗台虎头砖等实砌体积,以立方米计算,套用零星砌体定额项目。

④ 检查井及化粪池不分壁厚均以立方米计算,洞口上的砖平拱碹等并入砌体体积内计算。

⑤ 砖砌地沟不分墙基、墙身合并以立方米计算。石砌地沟按其中心线长度以延长米计算。

(14)砖烟囱

① 筒身,圆形、方形均按图示筒壁平均中心线周长乘以厚度并扣除筒身各种孔洞、钢筋混凝土圈梁、过梁等体积以立方米计算,其筒壁周长不同时可按下式分段计算。

$$V = \sum H \times C \times \pi D \tag{4.12}$$

式中 V—— 筒身体积;

H—— 每段筒身垂直高度;

C—— 每段筒壁厚度;

D—— 每段筒壁中心线的平均直径。

② 烟道、烟囱内衬按不同内衬材料并扣除孔洞后,以图示实体积计算。

③ 烟囱内壁表面隔热层,按筒身内壁并扣除各种孔洞后的面积以平方米计算;填料按烟囱内衬与筒身之间的中心线平均周长乘以图示宽度和筒高,并扣除各种孔洞所占体积(但不扣除连接横砖及防沉带的体积)后以立方米计算。

④ 烟道砌砖:烟道与炉体的划分以第一道闸门为界,炉体内的烟道部分列入炉体工程量计算。

2.计算实例

【示例4.9】 某建筑物平面、立面图如图4.22所示,墙为M2.5混合砂浆,M-1为1 200 mm×2 500 mm,M-2为900 mm×2 000 mm,C-1为1 500 mm×1 600 mm,过梁断面为240 mm×120 mm,长为洞口宽度加500 mm,构造柱断面为240 mm×240 mm,檐口处圈梁断面为240 mm×200 mm,计算其工程量。

【解】 计算如下:

$L_{中} = (3.3 \times 3 + 6) \times 2 - 0.24 \times 4$(构造柱)$= 30.84$(m)

$L_{内} = (6 - 0.24) \times 2 = 11.52$(m)

$S_{外墙} = 30.84 \times [0.45 + 3.2 + 2.9 \times 2 - 0.2$(圈梁)$] = 285.27$(m^2)

$S_{内墙} = 11.52 \times [3.2 + 2.9 \times 2 - 0.13 \times 3$(板厚)$ - 0.2$(圈梁)$] = 96.88$(m^2)

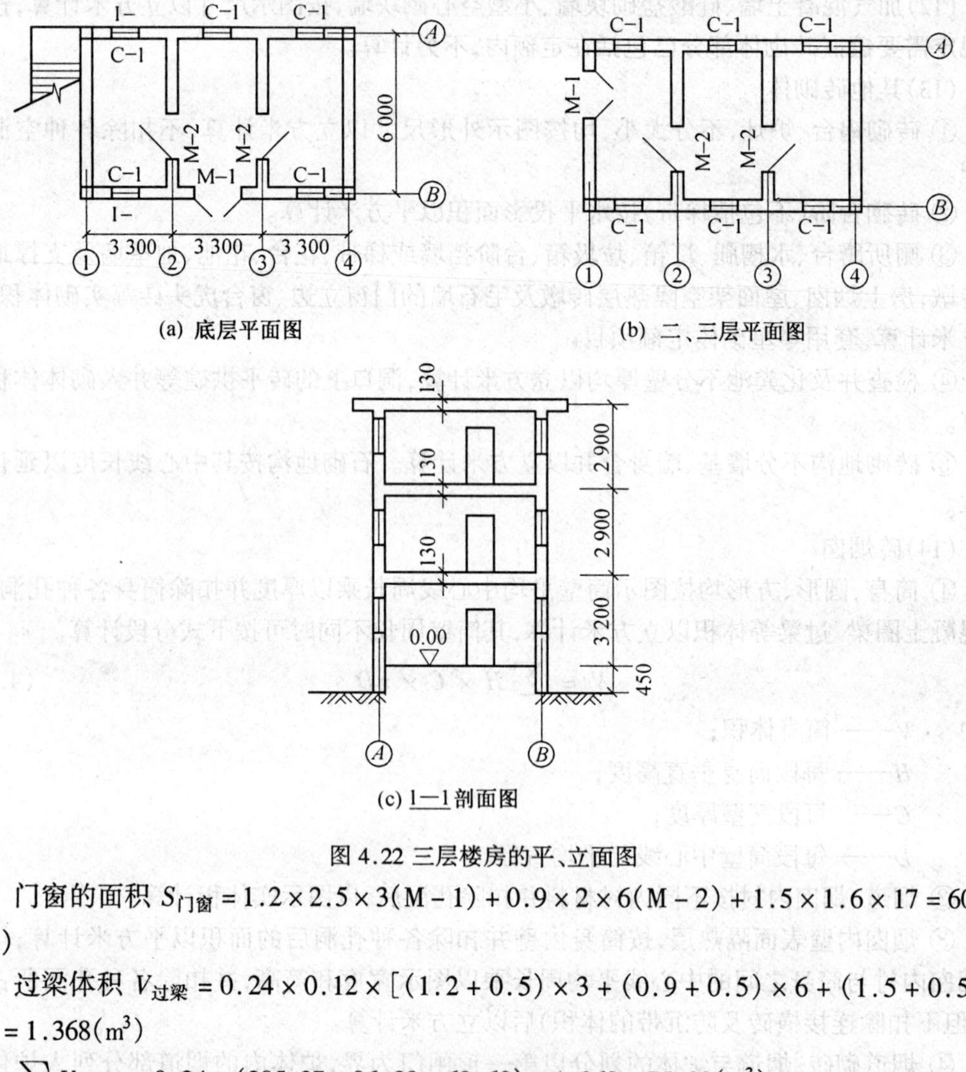

(a) 底层平面图　　(b) 二、三层平面图

(c) 1—1剖面图

图 4.22 三层楼房的平、立面图

门窗的面积 $S_{门窗} = 1.2 \times 2.5 \times 3(M-1) + 0.9 \times 2 \times 6(M-2) + 1.5 \times 1.6 \times 17 = 60.60(m^2)$

过梁体积 $V_{过梁} = 0.24 \times 0.12 \times [(1.2 + 0.5) \times 3 + (0.9 + 0.5) \times 6 + (1.5 + 0.5) \times 17] = 1.368(m^3)$

$$\sum V_{砖墙} = 0.24 \times (285.27 + 96.88 - 60.60) - 1.368 = 75.80(m^3)$$

【示例 4.10】 一单层住宅的平面图及基础断面如图 4.23 所示。其为现浇钢筋混凝土平顶砖墙结构，内外墙墙身高度均按 2.9 m 计算，门窗洞口均用平碹砖过梁。外门 M1 洞口尺寸为 1.0 m×2.0 m，内门 M2 洞口尺寸为 0.9 m×2.2 m，窗洞口尺寸分别为 C1 = 1.1 m×1.5 m、C2 = 1.6 m×1.5 m、C3 = 1.5 m×1.5 m。内外墙均为一砖混水墙，用 M2.5 水泥混合砂浆砌筑。求：①砖墙工程量；②砖平碹工程量；③砖基础工程量。

【解】 (1)应扣除的体积

1)门 M1 洞口：$1.0 \times 2.0 \times 2 \times 0.24 = 0.96(m^3)$

门 M2 洞口：$0.9 \times 2.2 \times 2 \times 0.24 = 0.95(m^3)$

门洞口合计：$0.96 + 0.95 = 1.91(m^3)$

2)窗洞口：$(1.8 \times 2 + 1.1 \times 2 + 1.6 \times 6) \times 1.5 \times 0.24 = 5.544(m^3)$

3)平碹砖过梁：

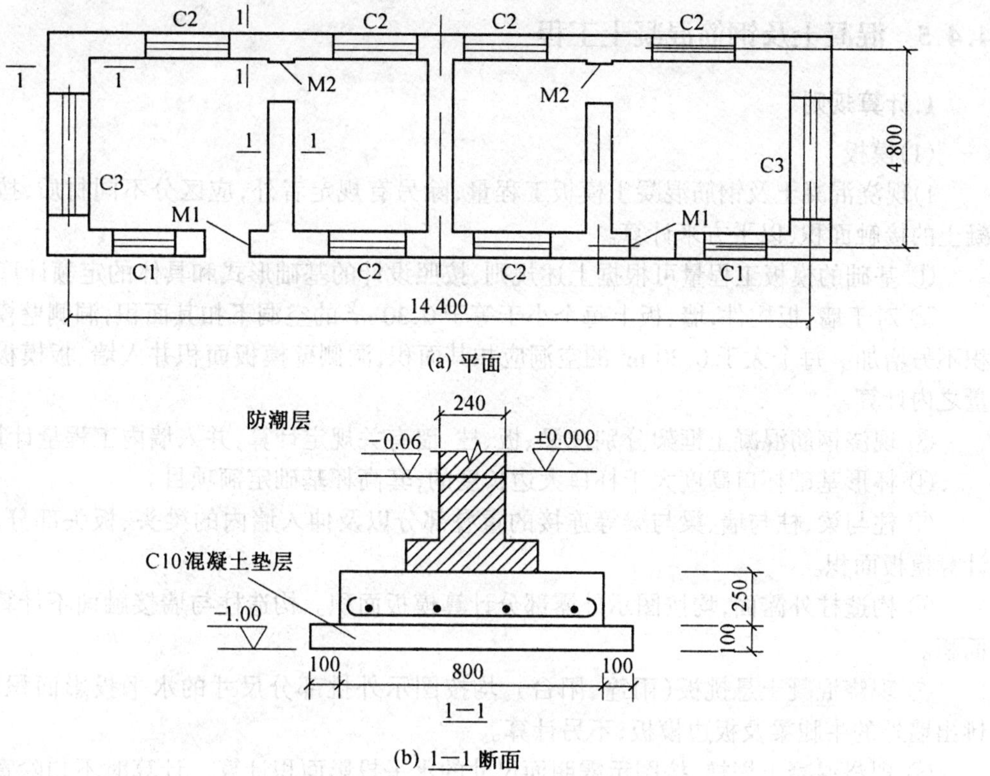

图4.23　单层住宅的平面图及基础断面图

门 M1 = $(1.0+0.1)\times0.24\times0.24\times2=0.127(m^3)$

门 M2 = $(0.9+0.1)\times0.24\times0.24\times2=0.115(m^3)$

门合计：$0.127+0.115=0.242(m^3)$

窗砖过梁：$(1.8+0.1)\times2\times0.365\times0.24+(1.1+0.1)\times2\times0.24\times0.24+(1.6+0.1)\times6\times0.365\times0.24=1.365(m^3)$

4)扣除体积合计：$1.91+5.544+0.242+1.365=9.06(m^3)$

(2)砖墙毛体积

墙长：外墙 $(14.1+4.8)\times2=38.4(m)$

内墙：$(4.8-0.24)\times3=13.68(m)$

总长：$38.4+13.68=52.08(m)$

砖墙毛体积：$52.08\times2.9\times0.24=36.25(m^3)$

(3)工程量

1)一砖混水墙：$36.25-9.06=27.19(m^3)$

2)砖平碹：$0.242+1.365=1.61(m^3)$

3)砖基础：$52.08\times(0.24\times0.65+0.015\ 75)=8.94(m^3)$

其中 0.015 75 为等高式砖基础大放脚面积。

4.4.5 混凝土及钢筋混凝土工程

1.计算规则

(1)模板

1)现浇混凝土及钢筋混凝土模板工程量,除另有规定者外,应区分不同材质,按与混凝土的接触面积,以平方米计算。

① 基础的模板工程量可根据上述规则,按照设计的基础形式和具体的定额计算。

② 对于墙、板构件,墙、板上每个小于等于0.30 m^2 的空洞不扣其面积,洞侧壁模板面积不另增加。每个大于0.30 m^2 的空洞应扣其面积,洞侧壁模板面积并入墙、板模板工程量之内计算。

③ 现浇钢筋混凝土框架分别按梁、板、柱、墙有关规定计算,并入墙内工程量计算。

④ 杯形基础杯口高度大于杯口大边长度的,套高杯基础定额项目。

⑤ 柱与梁、柱与墙、梁与梁等连接的重叠部分以及伸入墙内的梁头、板头部分,均不计算模板面积。

⑥ 构造柱外露面,均按图示外露部分计算模板面积。构造柱与墙接触面不计算模板面积。

⑦ 现浇混凝土悬挑板(雨篷、阳台),均按图示外挑部分尺寸的水平投影面积计算。挑出墙外的牛腿梁及板边模板,不另计算。

⑧ 现浇混凝土楼梯,按图示露明面尺寸的水平投影面积计算。计算时不扣除宽度小于等于500 mm的楼梯井所占面积;楼梯踏步、踏步板平台梁等侧面模板,不另计算。

⑨ 混凝土台阶不包括梯带,按图示台阶尺寸的水平投影面积计算,端头两侧不另计算模板面积。

⑩ 现浇混凝土小型池槽按构件外围体积计算,池槽内、外侧及底部的模板,不另计算。

2)预制钢筋混凝土构件的模板工程量,按以下规定计算。

① 预制钢筋混凝土构件的模板工程量除另有规定者外均按混凝土构件的实体积以立方米计算。

② 小型池槽按外形体积以立方米计算。

③ 预制桩尖按虚体积(不扣除桩尖虚体积部分)计算。

3)构筑物钢筋混凝土模板工程量,按以下规定计算。

① 构筑物工程的模板工程量,除另有规定外,区别现浇、预制和构件类别分别按上述第1)、2)条的有关规定计算。

② 大型池槽等分别按基础、墙、板、梁、柱等有关规定计算并套用有关定额项目。

③ 液压滑升钢模板施工的烟囱、水塔塔身、贮仓等,均按混凝土体积,以立方米计算。

④ 预制倒圆锥形水塔罐壳模板,按混凝土体积,以立方米计算。

(2)钢筋

1)钢筋应区分现浇、预制及不同钢种,分别按设计展开长度乘以单位重量以吨计算。其计算公式为:

① 圆钢及螺纹钢筋:

$$G=(\text{构件长}-\text{保护层}+\text{增加长度})\times n\times N\times g \tag{4.13}$$

式中 n——钢筋的根数;

N——构件的个数;

g——钢筋的每米重量。

② 箍筋:箍筋按构件、弯钩形式的不同,选用相应的计算公式。

2)配筋构造及要求。

① 混凝土保护层:最小保护层厚度应符合设计图中的要求,设计图无明确要求时,按施工质量验收规范的规定执行,见表4.10。

表4.10 混凝土保护层最小厚度

(单位:mm)

环境条件	构件类别	混凝土强度等级		
		C15	C25及C30	≥C30
室内正常环境	板、墙、壳	15		
	梁、柱	25		
露天或室内高湿度环境	板、墙、壳	35	25	15
	梁、柱	45	35	25

② 钢筋的锚固增加长度:是指结构"L"形和"T"形接头处钢筋的锚入长度。当计算中充分利用纵向受拉钢筋时,其锚固长度不小于表4.11规定的数值。

表4.11 纵向受拉钢筋的最小锚固长度 l_a

钢筋类型		混凝土等级强度			
		C15	C20	C25	≥C30
Ⅰ级钢筋		40d	30d	25d	20d
月牙纹	Ⅰ级钢筋	50d	40d	35d	30d
	Ⅱ级钢筋	—	45d	40d	35d
冷拔低碳钢丝		250 mm			

注:表中 d 指钢筋直径。

③ 钢筋接头搭接长度:钢筋接头有焊接接头和非焊接的搭接接头两种形式。钢筋的接头宜优先采用焊接接头。

3)计算钢筋重量时,设计已规定搭接长度者,按规定搭接长度计算;设计未规定搭接长度者,则按规范规定长度计算或根据钢筋损耗率表(表4.12)、预应力钢筋混凝土钢筋及铁件损耗率表(4.13)计算。钢筋损耗率表(表4.12)综合考虑了钢筋的损耗及接头搭接量和搭接用弯钩量,编制预算时不得调整。预应力钢筋混凝土钢筋损耗率没考虑接头搭接量,如发生可按实计算。

表 4.12 现浇、预制钢筋混凝土钢筋损耗率表

规格/mm	损耗率/%
10 以内	3
11～15	9
16～20	10
21～25	11
26～30	18
31～35	20
35 以上	24

表 4.13 预应力钢筋混凝土钢筋及铁件损耗率表

类 型	损耗率/%
预应力钢丝和钢丝束	9
后张预应力钢筋	13
其他预应力钢筋	6
铁件	1

4)为了简化计算,有的地区定额,钢筋的工程量通过混凝土的工程量表示,钢筋工程项目定额表中给出了钢筋和铁件用量。该钢筋和铁件用量如与通过施工图计算得到的用量不同时,允许调整。其调整工程量按下式计算:

$$钢筋(铁件)调整量=图示用量\times(1+损耗率)-定额用量 \tag{4.14}$$

计算所得的钢筋(铁件)调整量按“钢筋(铁件)调整表”执行。

5)有的地区定额规定,钢筋工程量按构件体积乘以相应的钢筋含钢量计算。

6)编制预算时,应按照法定的定额进行计算。

(3)混凝土

1)现浇混凝土工程量,按以下规定计算。

① 现浇混凝土的工程量均按图示尺寸实体积(除另有规定者外)以立方米计算。构件内钢筋、预埋铁件及墙、板中 0.3 m^2 以内的孔洞所占体积均不扣除。

② 基础。

a.人工挖孔桩护井壁混凝土:以护井壁断面积乘以桩身长度计算。

b.混凝土带形基础工程量的计算公式为:

$$V_{带基}=L\times S+V_{TD} \tag{4.15}$$

式中 L—— 带形基础总长度,外墙按中心线长度 $L_中$、内墙按净长线长度 $L_内$;

S—— 带形基础断面面积;

V_{TD}——T 形接头搭接体积。

c.独立基础:独立基础一般分为阶梯式和截锥式两种形状。当独立基础为阶梯式时,

其体积为各阶长方体的长、宽、高相乘后相加。当为截锥式时，其体积为长方体体积和棱台体积之和。

d.杯形基础：杯形基础的体积为两个长方体体积和棱台体积之和再减去一个倒棱台体积。计算公式为：

$$V_{杯} = V_1 + V_2 + V_3 - V_4 \tag{4.16}$$

式中 V_1—— 杯口部分体积；

V_2—— 四棱台部分体积；

V_3—— 基底部分体积；

V_4—— 杯芯部分体积。

e.满堂基础：当带形基础和独立基础不能满足设计强度要求时，往往采用大面积的基础联体，这种基础被称作满堂基础。满堂基础分为有梁式（也称梁板式或片筏式）、无梁式（也称有板式）和箱式三种。

有梁式满堂基础的梁板体积应合并计算，该类基础体积的计算公式为：

$$V = L \times B \times d + \sum S \times l \tag{4.17}$$

式中 V—— 满堂基础体积，m^3；

L—— 基础底板长，m；

B—— 基础底板宽，m；

d—— 基础底板厚，m；

S—— 梁断面面积，m^2；

l—— 梁长，m。

无梁式满堂基础，其倒转的柱头（或柱帽）应列入基础计算。因此，无梁式满堂基础的计算公式为：

$$V = L \times B \times d + \sum V_{柱帽} \tag{4.18}$$

式中 $V_{柱帽}$—— 柱帽体积。

箱式满堂基础应分别按无梁式满堂基础、柱、墙、梁、板有关规定计算，套相应的定额项目。

f.桩承台：按图示尺寸，依据承台不同形状计算桩承台的体积。

g.设备基础：除块体以外，其他类型设备基础分别按基础、梁、柱、板、墙等有关规定，套用相应的定额项目计算。

③ 柱：按图示断面尺寸乘以柱高以立方米计算。柱高按以下规定确定：

a.有梁板柱高应自柱基（或楼板）上表面至上一层楼板上表面之间的高度计算。

b.无梁板柱高应自柱基（或楼板）上表面至柱帽下表面之间的高度计算。

c.框架柱柱高应自柱基上表面至柱顶高度计算。

d.构造柱柱高按全高计算，与砖墙嵌接部分的体积并入柱身体积内计算。

e.依附柱的牛腿，并入相应柱身体积计算。

④ 梁：按图示断面尺寸乘以梁长以立方米计算。梁长按下列规定确定：

a.梁与柱连接时，梁长算至柱侧面。

b.主梁与次梁交接时,次梁长算至主梁侧面。伸入墙内梁头、梁垫体积并入梁体积内计算。

c.梁端与混凝土墙交接时,梁长算至墙侧面。

d.梁端与砖墙交接时,伸入砖墙内的部分(包括梁头和捣制梁垫),并入捣制梁内。

e.过梁、圈梁应分别计算。过梁长度按图示尺寸或按门窗洞口外围宽度共 500 mm 计算。外墙上的圈梁,其长度按中心线长度 L 计算;内墙上的圈梁,其长度按内墙净长线长度 $L_{内}$ 计算。圈梁带挑梁时,以墙的结构外皮为界,伸出墙外部分按挑梁计算,其压入墙身部分按圈梁计算。

⑤ 墙:钢筋混凝土墙的混凝土的工程量按墙长×墙高×墙厚计算。

墙长:外墙按图示中心线长度;内墙按净长度。

墙高:墙与梁平行重叠,算至梁底面;墙与板相交,算至板底面。

应扣除门、窗洞口及每个大于 0.3 m^2 的孔洞体积;墙垛及突出部分并入墙体积内计算。

⑥ 板:按图示面积乘以板厚计算,其中:

a.有梁板的混凝土工程量包括主、次梁与板,为梁、板体积之和。

b.无梁板的混凝土工程量按板和柱帽体积之和计算。

c.平板的混凝土工程量按板的净面积乘以板厚计算。伸入墙内的板头并入板体积内计算。

d.拱板的混凝土工程量按板的净面积乘以板厚计算。

e.现浇挑檐、天沟与板(包括屋面板、楼板)连接时,以外墙面为分界线;与圈梁(包括其他梁)连接时,以梁外边线为分界线。外墙边线以外或梁外边线以外为挑檐、天沟。

f.各类板伸入墙内的板头并入板体积内计算。

⑦ 其他。

a.现浇混凝土楼梯:按水平投影面积计算。定额内已包含休息平台、平台梁、斜梁及楼梯的连接梁;计算时,不扣除宽度小于等于 500 mm 的楼梯井,伸入墙内部分的面积不另增加。

b.阳台、雨篷、悬挑板按伸出外墙的水平投影面积计算。伸出外墙的牛腿不另计算。带反挑檐的雨篷按展开面积并入雨篷内计算。

c.地沟支护、电缆沟支护:以支护的断面积乘以地沟支护、电缆沟支护的长度计算混凝土体积。

d.栏杆、栏板。

栏杆:按净长度以延长米计算,伸入墙内的长度已综合在定额内。

栏板:以立方米计算,伸入墙内的栏板,合并计算。

e.扶手、门框。

扶手:以扶手的断面面积乘以扶手长度计算混凝土体积。

门框:以门框的断面面积乘以门框长度计算混凝土体积。

f.小型构件:小型构件是指每件体积在 0.05 m^3 以内未列项目的混凝土构件,其按图示尺寸以立方米计算混凝土体积。

g.天沟、挑檐、台阶、压顶、小型池槽：按图示尺寸以立方米计算混凝土体积。

h.预制板补现浇板缝时，按平板计算。

2)构筑物混凝土工程量，按以下规定计算。

① 构筑物混凝土除另有规定者外，均按图示尺寸扣除门窗洞口及 0.3 m^2 以上孔洞所占体积以实体体积计算。

② 水塔。

a.筒身与槽底以槽底连接的圈梁底为界，以下为槽底，以上为筒身。

b.筒式塔身及依附于筒身的过梁、雨篷、挑檐等并入筒身体积内计算；柱式塔身、柱、梁合并计算。

c.塔顶及槽底的工程量合并计算。塔顶包括顶板和圈梁，槽底包括底板、挑出斜壁和圈梁。

③ 贮水池：贮水（油）池是地面贮水（油）的容器，由池底、池壁和池盖三部分构成，有的水（油）池中间设有隔墙和柱子。混凝土、钢筋混凝土贮水（油）池的池底、池壁和池盖的混凝土工程量均按图示尺寸以实体积（m^3）计算混凝土的工程量。

a.池底：不分平底、锥底、坡底，均按池底计算。

b.池壁：不分壁基梁、圆形壁、方形壁均按池壁计算。

c.其他项目均按现浇混凝土部分相应项目计算。

3)预制混凝土工程量，按以下规定计算。

① 混凝土的工程量均按图示尺寸实体体积，以立方米计算。不扣除构件内钢筋、铁件及小于 300 mm×300 mm 的孔洞所占体积。

② 预制桩的工程量为其体积，按桩全长（包括桩尖，不扣除桩尖虚体积）乘以桩截面面积（空心桩应扣除孔洞体积）以立方米计算。

③ 混凝土与钢构件组合的构件，混凝土部分按构件实体积以立方米计算，钢构件部分按吨计算，分别套相应的定额项目。

④ 预制钢筋混凝土构件接头灌缝。

a.预制钢筋混凝土构件接头灌缝：包括构件坐浆、灌缝、堵板孔、塞板梁缝等，均按预制钢筋混凝土构件实体积以立方米计算。

b.柱与柱基的灌缝，按首层柱体积计算；首层以上柱灌缝按各层柱体积计算。

c.空心板堵孔的人工、材料，已包括在定额内，如不堵孔时每 10 m^3 空心板体积应扣除 0.23 m^3 预制混凝土块和 2.2 工日。

2.计算实例

【示例 4.11】 如图 4.24 所示，求基础工程量。

【解】 混凝土独立基础 $=[1.2\times1.2\times0.4+(1.2\times1.2+0.6\times0.6+1.2\times0.6)\times0.35\div3]\times6=5.22(m^3)$

混凝土条形基础 $=[1\times0.4+(1+0.4)0.2\div2]\times[(15-1.2)\times3+(15+10-1.2\times2)\times2]=46.76(m^3)$

【示例 4.12】 已知双层箱形基础如图 4.25、4.26 所示，求其工程量。

【解】 计算如下：

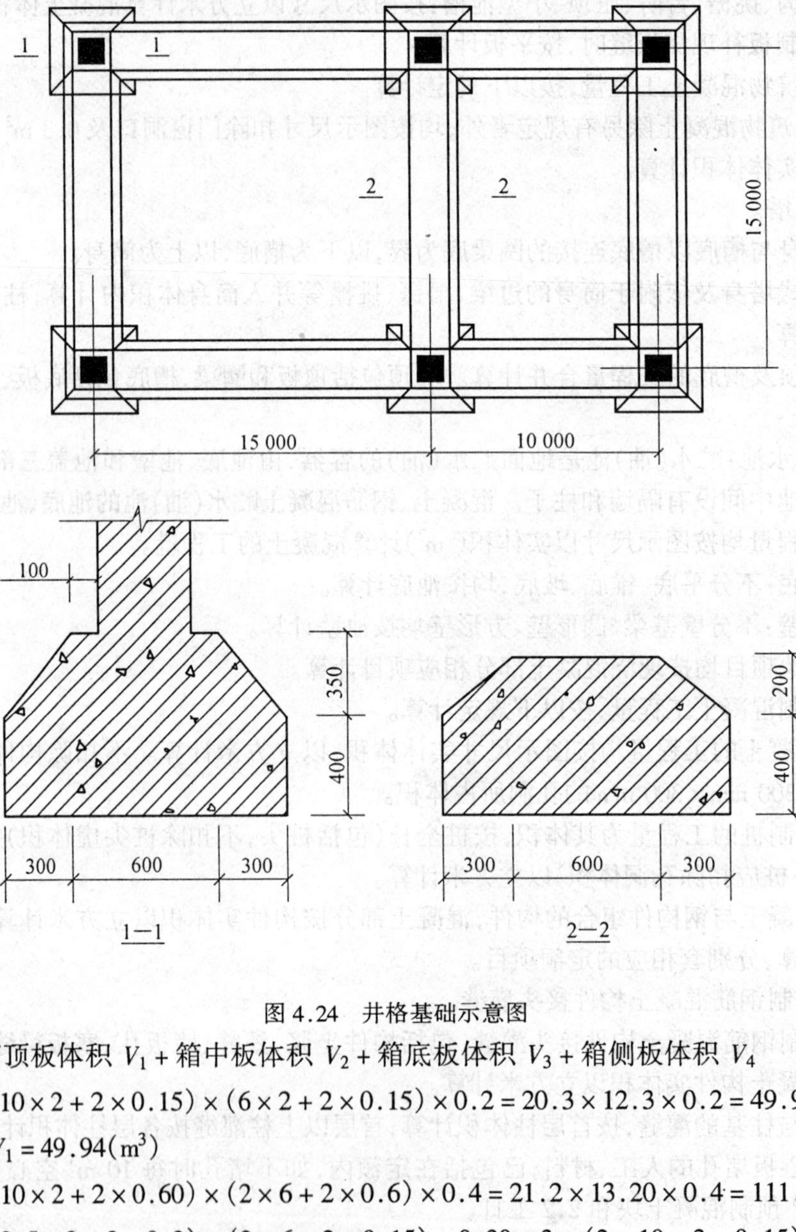

图 4.24　井格基础示意图

V = 箱顶板体积 V_1 + 箱中板体积 V_2 + 箱底板体积 V_3 + 箱侧板体积 V_4

$V_1 = (10\times2+2\times0.15)\times(6\times2+2\times0.15)\times0.2 = 20.3\times12.3\times0.2 = 49.94(\text{m}^3)$

$V_2 = V_1 = 49.94(\text{m}^3)$

$V_3 = (10\times2+2\times0.60)\times(2\times6+2\times0.6)\times0.4 = 21.2\times13.20\times0.4 = 111.94(\text{m}^3)$

$V_4 = (2.5\times2-2\times0.2)\times(2\times6+2\times0.15)\times0.30\times3+(2\times10+2\times0.15)\times(2\times2.5-2\times0.20)\times0.30\times3 = 50.922+84.042 = 134.964(\text{m}^3)$

$V = V_1+V_2+V_3+V_4 = = 2\times49.94+111.94+134.964 = 346.78(\text{m}^3)$

4.4.6　构件运输及安装工程

1.工作内容

(1)构件运输

1)预制混凝土构件运输工作内容：包括设置一般支架(垫木条)、装车绑扎、运输、按规

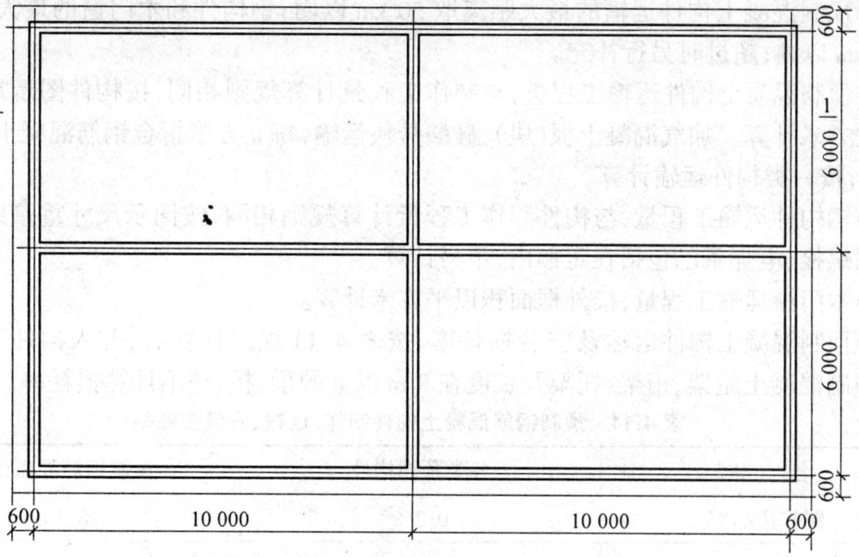

图 4.25　箱形基础平面图

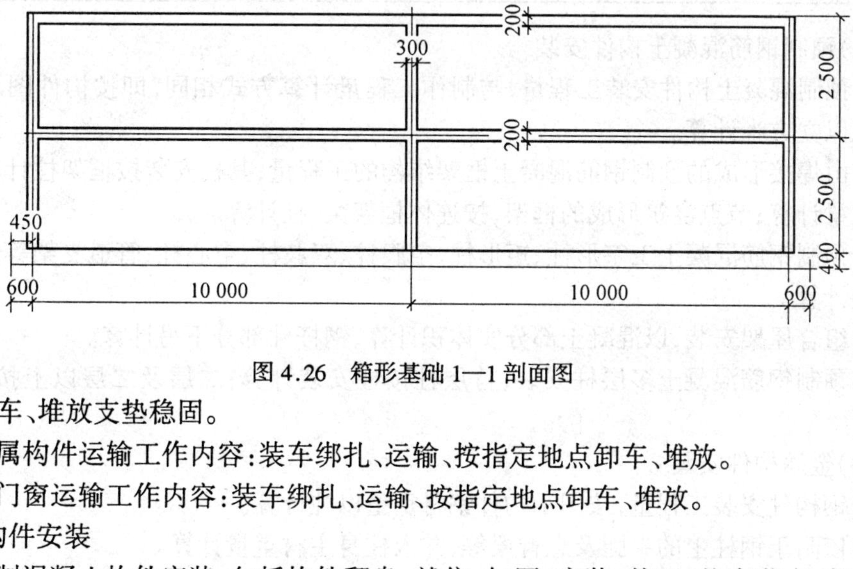

图 4.26　箱形基础 1—1 剖面图

定地点卸车、堆放支垫稳固。

2)金属构件运输工作内容:装车绑扎、运输、按指定地点卸车、堆放。

3)木门窗运输工作内容:装车绑扎、运输、按指定地点卸车、堆放。

(2)构件安装

1)预制混凝土构件安装:包括构件翻身、就位、加固、安装、校正、垫实节点、焊接或紧固螺栓。

2)金属构件安装:包括构件加固、吊装校正、拧紧螺栓、电杆固定、翻身就位。

3)钢屋架、钢网架、钢托架等拼装:包括搭拆拼装台;将工厂制作的榀段拼装成整体、校正、焊接或螺栓固定。

4)钢屋架、钢网架、钢托架等安装:包括构件加固、吊装校正、拧紧螺栓、电杆固定、构件翻身、就位。

2.工程量计算规则

(1)构件运输

1)预制混凝土构件运输的最大距离取 50 km 以内;钢构件和木门窗的最大运输距离取 20 km 以内;超过时另行补充。

2)预制混凝土构件运输工程量,与制作工程量计算规则相同,按构件图示尺寸,以实体积立方米计算。加气混凝土板(块)、硅酸盐块运输,每立方米折合钢筋混凝土构件体积 0.4 m^3,按一类构件运输计算。

3)钢构件运输工程量,与构件制作工程量计算规则相同,按图示尺寸重量以吨计算。安装用螺栓、电焊条已包括在定额内,不另计算。

4)木门窗运输工程量,按外框面积以平方米计算。

5)预制混凝土构件运输及安装损耗率,按表 4.14 规定计算后,并入构件工程量内。其中预制混凝土屋架、桁架、托架及长度在 9 m 以上的梁、板、柱不计算损耗率。

表 4.14 预制钢筋混凝土构件制作、运输、安装损耗率

名　　称	各类预制构件	预制钢筋混凝土桩
制作废品率	0.2%	0.1%
运输堆放损耗	0.8%	0.4%
安装(打桩)损耗	0.5%	1.5%

(2)预制钢筋混凝土构件安装

1)预制混凝土构件安装工程量,与制作工程量计算方式相同,即按构件图示尺寸,按实体积以立方米计算。

2)由焊接形成的预制钢筋混凝土框架结构的工程量,其柱安装按框架柱计算;梁安装按框架梁计算;节点浇筑形成的框架,按连体框架梁、柱计算。

3)预制钢筋混凝土工字形柱、矩形柱、空腹柱、双肢柱、空心柱、管道支架等安装,均按柱安装计算。

4)组合屋架安装,以混凝土部分实体积计算,钢杆件部分不另计算。

5)预制钢筋混凝土多层柱安装,首层柱按柱安装计算;二层及二层以上按柱接柱计算。

(3)金属构件安装

1)钢构件安装工程量,按图示构件钢材重量以吨计算。

2)依附于钢柱上的牛腿及悬臂梁等,并入柱身主材重量计算。

3)金属构件中所用钢板,设计为多边形者,按矩形计算,矩形的边长以设计尺寸中互相垂直的最大尺寸为准。

4.4.7 门窗及木结构工程

(1)各类门、窗制作、安装工程量均按门、窗洞口面积计算。

① 门、窗盖口条、贴脸、披水条,按图示尺寸以延长米计算,执行木装修项目。

② 普通窗上部带有半圆窗的工程量应分别按半圆窗和普通窗计算。其分界线以普通窗和半圆窗之间的横框上裁口线为分界线。

③ 门窗扇包镀锌铁皮,按门、窗洞口面积以平方米计算;门窗框包镀锌铁皮,钉橡皮

条、钉毛毡，按图示门窗洞口尺寸以延长米计算。

(2)铝合金门窗制作、安装，铝合金、不锈钢门窗、彩板组角钢门窗、塑料门窗、钢门窗安装，均按设计门窗洞口面积计算。

(3)卷闸门安装按洞口高度增加 600 mm 乘以门实际宽度以平方米计算。电动装置安装以套计算，小门安装以个计算。

(4)不锈钢片包门框按框外表面面积以平方米计算；彩板组角钢门窗附框安装按延长米计算。

(5)木屋架的制作安装工程量，按以下规定计算

① 木屋架制作安装均按设计截面竣工木料以立方米计算，其后备长度及配制损耗均不另外计算。

② 方木屋架一面刨光时增加 3 mm，两面刨光时增加 5 mm，圆木屋架按屋架刨光时木材体积每立方米增加 0.05 m^3 计算。附属于屋架的夹板、垫木等已并入相应的屋架制作项目中，不另计算；与屋架连接的挑檐木、支撑等，其工程量并入屋架竣工木料体积内计算。

③ 屋架的制作安装应区别不同跨度，其跨度应以屋架上下弦杆的中心线交点之间的长度为准。带气楼的屋架并人所依附屋架的体积内计算。

④ 屋架的马尾、折角和正交部分半屋架，应并入相连接屋架的体积内计算。

⑤ 钢木屋架区分圆、方木，按竣工木料以立方米计算。

(6)圆木屋架连接的挑檐木、支撑等如为方木时，其方木部分应乘以系数 1.7 折合成圆木并入屋架竣工木料内，单独的方木挑檐，按矩形檩木计算。

(7)檩木按竣工木料以立方米计算。简支檩长度按设计规定计算，如设计无规定者，按屋架或山墙中距增加 200 mm 计算，如两端出山，檩条长度算至博风板；连续檩条的长度按设计长度计算，其接头长度按全部连续檩木总体积的 5% 计算。檩条托木已计入相应的檩木制作安装项目中，不另计算。

(8)屋面木基层，按屋面的斜面积计算。天窗挑檐重叠部分按设计规定计算，屋面烟囱及斜沟部分所占面积不扣除。

(9)封檐板按图示檐口外围长度计算，博风板按斜长度计算，每个大刀头增加长度 500 mm。

(10)木楼梯按水平投影面积计算，不扣除宽度小于 300 mm 的楼梯井，其踢脚线、平台和伸入墙内部分，不另计算。

4.4.8　楼地面工程

1.计算规则

(1)垫层

垫层是承重地面或基础的荷载，并将其传递给下面土层的构造层。按使用材料的不同，常用的垫层有灰土、素土、混凝土、炉渣等。其工程量按面积乘以设计厚度以立方米计算。地面垫层面积按主墙间净空面积计算，应扣除凸出地面的构筑物、设备基础、室内铁

道、地沟等所占体积，不扣除柱、垛、间壁墙、附墙烟囱及面积在 0.3 m^2 以内孔洞所占体积；基础垫层按面积乘以垫层宽度计算。其计算公式如下：

$$\text{地面垫层工程量} = \text{主墙间净空面积} \times \text{垫层厚度} - \text{应扣除的体积} = (S_1 - L_{中} \times \text{外墙墙厚} - L_{内} \times \text{内墙墙厚}) \times \text{垫层厚度} - \text{应扣除的体积} \tag{4.19}$$

$$\text{基础垫层工程量} = \text{垫层长度} \times \text{垫层宽度} \times \text{垫层厚度} \tag{4.20}$$

式中 应扣除的体积指凸出地面的构筑物、设备基础、室内铁道、地沟等所占体积；垫层长度取值为，当为条形基础时，外墙下垫层以 L 中、内墙下垫层以垫层间净长度计算，当为独立基础或满堂基础时，按图纸设计长度计算。

(2)整体面层、找平层

整体面层即现浇面层，指大面积整体浇筑而成的楼地面面层。整体面层、找平层均按主墙间净空面积以平方米计算。应扣除凸出地面的构筑物、设备基础、室内管道、地沟等所占面积，不扣除柱、垛、间壁墙、附墙烟囱及面积在 0.3m^2 以内孔洞所占面积，但门洞、空圈、暖气包槽、壁龛的开口部分亦不增加。其计算公式如下：

$$\text{整体面层、找平层工程量} = \text{主墙间净空面积} - \text{地面凸出部分所占面积} \tag{4.21}$$

由计算规则可知，整体面层、找平层工程量即是垫层面积。编制施工图预算时，为减少计算的工作量，其合理的计算顺序应为：先计算整体面层、找平层工程量，再利用此数据计算地面垫层工程量。

(3)块料面层

块料面层指用预制块料铺设而成的楼地面面层。其工程量按图示尺寸实铺面积以平方米计算，门洞、空圈、暖气包槽和壁龛的开口部分的工程量并入相应的面层内计算。

说明：

1)实铺面积指实际铺设的面积，铺多少，算多少。

2)当铺设的块料规格与设计不同时，可以按下式调整块料及砂浆用量。

① 勾缝的块料及砂浆用量

$$\text{块料用量} = \frac{100\ \text{m}^2}{(\text{块料长度} + \text{灰缝}) \times (\text{块料宽度} + \text{灰缝})} \times (1 + \text{损耗率}) \tag{4.22}$$

$$\text{砂浆用量} = (100\ \text{m}^2 - \text{块料净用量} \times \text{每个块料面积}) \times \text{灰缝厚度} \times (1 + \text{损耗率}) \tag{4.23}$$

② 密缝的块料及砂浆用量(假设灰缝等于 0，不计灰缝砂浆)

$$\text{块料用量} = \frac{100\ \text{m}^2}{\text{块料长度} \times \text{块料宽度}} \times (1 + \text{损耗率}) \tag{4.24}$$

(4)楼梯

楼梯面层(包括踏步、平台以及小于 500 mm 宽的楼梯井)按水平投影面积计算，其计算与楼梯的模板、混凝土工程量相同。

(5)踢脚板

踢脚板是为保护墙面清洁而设的一种构造处理。常用的踢脚板有水泥砂浆踢脚板、水磨石踢脚板及木踢脚板等，其工程量按延长米计算，洞口、空圈长度不予扣除，洞口、空圈、垛、附墙烟囱等侧壁长度亦不增加。其计算公式如下：

$$踢脚板工程量 = 内墙面净长度 \tag{4.25}$$

踢脚板设计高度一般为 100 ~ 150 mm。定额中是按 150 mm 编制的，设计不同时，可进行换算。

(6)防滑坡道

1)台阶。台阶面层(包括踏步及最上一层踏步外沿 300 mm)按水平投影面积计算。其计算方法与混凝土台阶的模板及混凝土工程量相同，与台阶相连的平台部分按地面相应项目执行。

2)防滑坡道。防滑坡道按图示尺寸以平方米计算。其计算公式如下：

$$防滑坡道工程量 = 坡道水平投影面积 \tag{4.26}$$

(7)散水、明沟

1)散水。散水按图示尺寸以平方米计算。

说明：散水设置的目的是迅速排除勒脚附近的从屋檐下滴的雨水，防止雨水渗入地基，引起建筑物下沉。其宽度在 1 m 左右，常用工程做法及对应定额项目见表 4.15。

表 4.15　散水常用工程做法及对应定额项目表

工　程　做　法	定额项目名称	计量单位
50 mm 厚 C15 混凝土上撒 1:1 水泥砂浆，压实抹光	混凝土散水	m^2
150 mm 厚 3:7 灰土	3:7 灰土垫层	m^3
素土夯实向外坡 4%	基层	—

注：混凝土散水施工所需的模板费用已包括在混凝土散水定额中，不另计算。

2)明沟。明沟按图示尺寸以延长米计算。其计算公式如下：

$$明沟工程量 = 明沟中心线长 \tag{4.27}$$

(8)栏杆、扶手、防滑条 栏杆、扶手包括弯头长度以延长米计算。

说明：

1)栏杆已包括在扶手定额项目中，不另计算。

2)扶手应按实际长度计算，既要计算斜长部分，也要计算最后一跑楼梯连接的安全栏杆扶手。

2.计算实例

【示例 4.13】 如图 4.27 所示，计算一层水泥豆石浆楼梯面层工程量。

【解】 水泥豆石浆楼梯面层 = $(1.25 \times 2 + 0.5 - 0.24) \times (5 - 0.12) = 23.81(m^2)$

【示例 4.14】 如图 4.28 所示，某螺旋楼梯 $r = 0.6$ m，$R = 1.6$ m，$B = 0.9$ m，$h = 2.5$ m，$H = 10$ m，求楼梯水平投影面积、斜面面积、内边栏杆长、外边栏杆长。

【解】

1.水平投影面积

$$S_{水平} = 3.1416 \times (1.6 + 0.6) \times 0.9 \times (10/2.5) = 24.88(m^2)$$

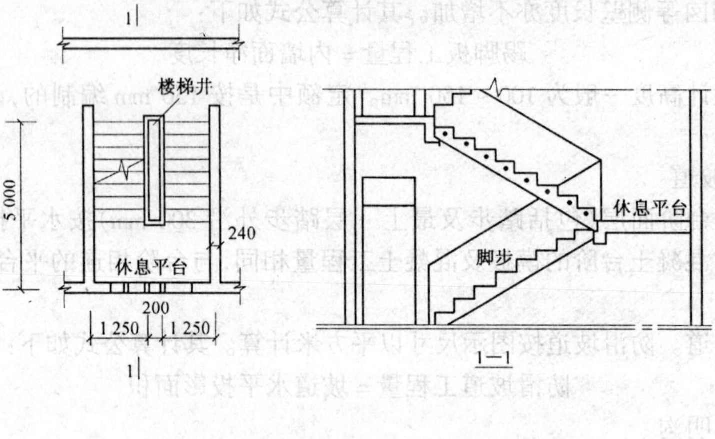

图 4.27 某楼梯示意图

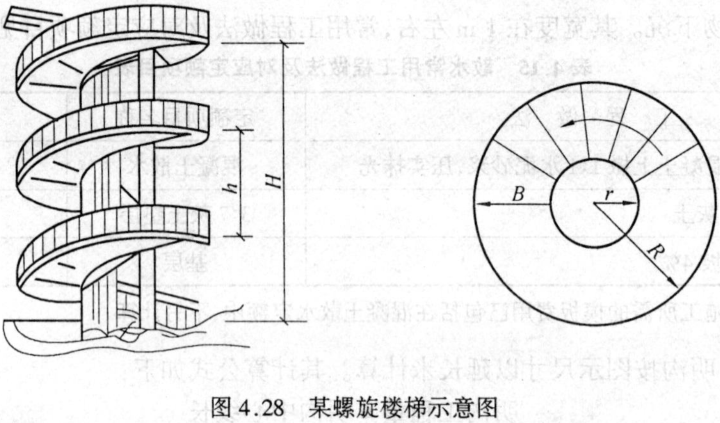

图 4.28 某螺旋楼梯示意图

2.斜面面积

$$S_{斜面} = 0.9 \times 10 \times \sqrt{1 + [(1.6 + 0.6) \times 3.141\ 6 \div 2.5]^2} = 26.46(\mathrm{m}^2)$$

3.内边栏杆长

$$L_{内螺} = 10 \times \sqrt{1 + (2 \times 3.141\ 6 \times 0.6 \div 2.5)^2} = 18.09(\mathrm{m})$$

4.外边栏杆长

$$L_{外螺} = 10 \times \sqrt{1 + (2 \times 3.141\ 6 \times 1.6 \div 2.5)^2} = 41.44(\mathrm{m})$$

4.4.9 屋面及防水工程

1.计算规则

1)瓦屋面,金属压型板(包括挑檐部分)均按图 4.29 中尺寸的水平投影面积乘以屋面坡度系数(见表 4.16),以 m^2 计算。不扣除房上烟囱、风帽底座、风道、屋面小气窗、斜沟等所占面积,屋面小气窗的出檐部分也不增加。

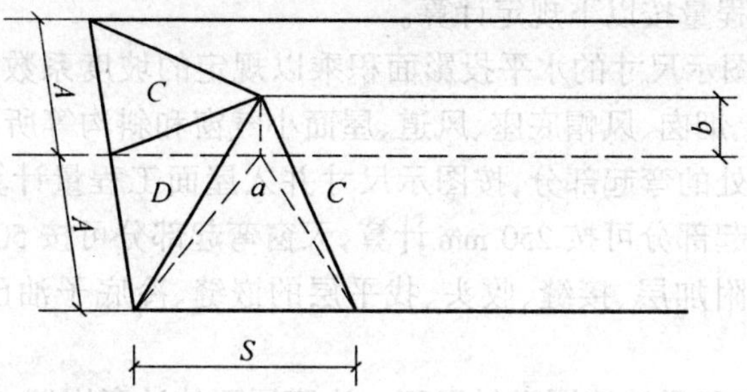

图 4.29　瓦屋面、金属压型板示意图

表 4.16　屋面坡度系数表

坡度 B(A=1)	坡度 B/2A	坡度 角度(α)	延尺系数 (A=1)	隅延尺系数 D (A=1)
1	1/2	45°	1.414 2	1.732 1
0.75	—	36°52′	1.250 0	1.600 8
0.70	—	35°	1.220 7	1.577 9
0.666	1/3	33°40′	1.201 5	1.562 0
0.65	—	33°01′	1.192 6	1.556 4
0.60	—	30°58′	1.166 2	1.536 2
0.577	—	30°	1.154 7	1.527 0
0.55	—	28°49′	1.141 3	1.517 0
0.50	1/4	26°34′	1.118 0	1.500 0
0.45	—	24°14′	1.096 6	1.483 9
0.40	1/5	21°48′	1.077 0	1.469 7
0.35	—	19°17′	1.059 4	1.456 9
0.30	—	16°42′	1.044 0	1.445 7
0.25	—	14°02′	1.030 8	1.436 2
0.20	1/10	11°19′	1.019 8	1.428 3
0.15	—	8°32′	1.011 2	1.422 1
0.125	—	7°8′	1.007 8	1.419 1
0.100	1/20	5°42′	1.005 0	1.417 7
0.083	—	4°45′	1.003 5	1.416 6
0.066	1/30	3°49′	1.002 2	1.451 7

注：1. 两坡排水屋面面积为屋面水平投影面积乘以延尺系数 C。

2. 四坡排水屋面斜脊长度 = A × D（当 S = A 时）。

3. 沿山墙泛水长度 = A × C。

2)卷材屋面,工程量按以下规定计算。

① 卷材屋面按图示尺寸的水平投影面积乘以规定的坡度系数(见表4.16)以平方米计算。但不扣除房上烟囱、风帽底座、风道、屋面小气窗和斜沟等所占的面积,屋面的女儿墙、伸缩缝和天窗等处的弯起部分,按图示尺寸并入屋面工程量计算。如图纸无规定时,伸缩缝、女儿墙的弯起部分可按250 mm计算,天窗弯起部分可按500 mm计算。

② 卷材屋面的附加层、接缝、收头、找平层的嵌缝、冷底子油已计入定额内,不另计算。

3)涂膜屋面的工程量计算同卷材屋面。涂膜屋面的油膏嵌缝、玻璃布盖缝、屋面分格缝,以延长米计算。

4)屋面排水工程量按以下规定计算。

① 铁皮排水按图示尺寸以展开面积计算,如图纸没有注明尺寸时,可按表4.17计算。咬口和搭接等已计入定额项目中,不另计算。

表4.17 铁皮排水单体零件折算表

名称	铁皮排水		
	水落口,檐沟,水斗,漏斗,下水口	天沟,斜沟,天窗窗台泛水,天窗侧面泛水,烟囱泛水,通气管泛水,滴水檐头泛水,滴水	
单位	m^2	m^2	
水落管/m	0.32	天沟/m	1.30
檐沟/m	0.30	斜沟天窗窗台泛水/m	0.50
水斗/个	0.40	天窗侧面泛水/m	0.70
漏斗/个	0.16	烟囱泛水/m	0.80
下水口/个	0.45	通气管泛水/m	0.22
滴水檐头泛水/m	0.24	滴水/m	0.11

② 铸铁、玻璃钢落水管区别不同直径按图示尺寸以延长米计算,雨水口、水斗、弯头、短管以个计算。

5)防水工程工程量按以下规定计算。

① 建筑物地面防水、防潮层,按主墙间净空面积计算,扣除凸出地面的构筑物、设备基础等所占的面积,不扣除柱、垛、间壁墙、烟囱及0.3 m^2以内孔洞所占面积,与墙连接处高度在500 mm以内者按展开面积计算,并入平面工程量内,超过500 mm时,按立面防水层计算。

② 建筑物墙基防水、防潮层、外墙长度按中心线、内墙按净长乘以宽度以平方米计算。

③ 构筑物及建筑物地下室防水层,按实铺面积计算,但不扣除0.3 m^2以内的孔洞面积。平面与立面交接处的防水层,其上卷高度超过500 mm时,按立面防水层计算。

④ 防水卷材的附加层、接缝、收头、冷底子油等人工材料均已计入定额内,不另计算。

⑤ 变形缝按延长米计算。

2.计算实例

【示例 4.15】 有一两坡二毡三油卷材屋面，尺寸如图 4.30 所示。屋面防水层构造层次为：预制钢筋混凝土空心板、1∶2 水泥砂浆找平层、冷底子油一道、二毡三油一砂防水层。计算：(1)当有女儿墙，屋面坡度为 1∶4 时的工程量。(2)当有女儿墙坡度为 2% 时的工程量。(3)当无女儿墙有挑檐，坡度为 2% 时的工程量。

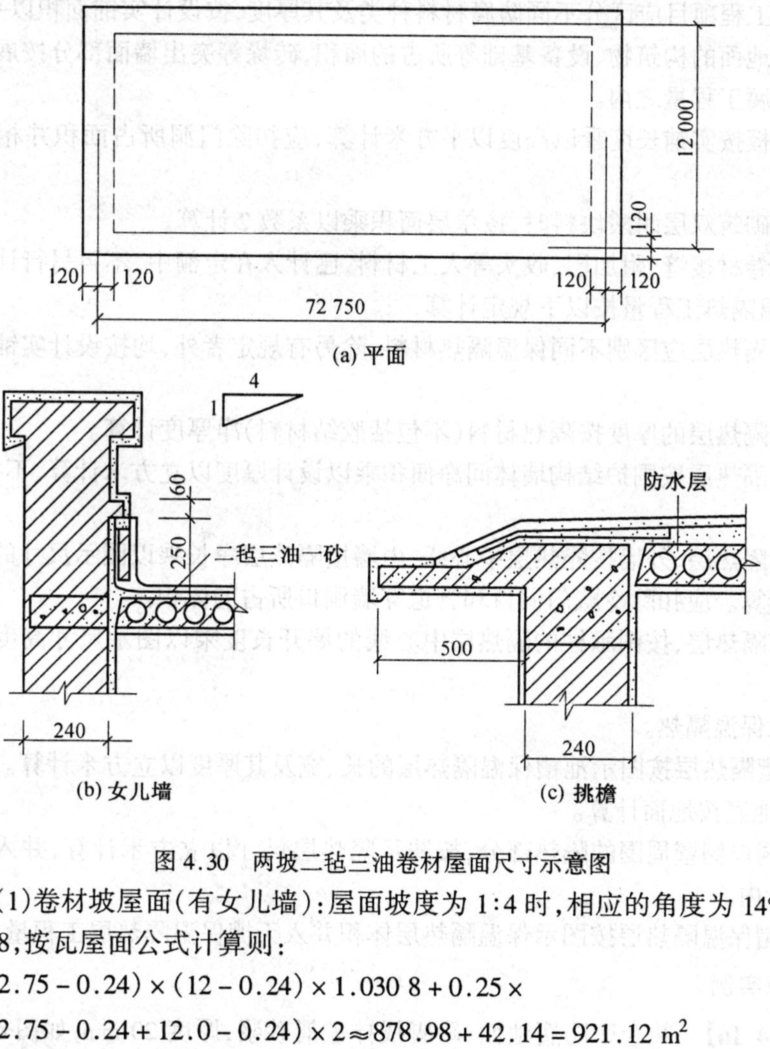

图 4.30　两坡二毡三油卷材屋面尺寸示意图

【解】 (1)卷材坡屋面(有女儿墙)：屋面坡度为 1∶4 时，相应的角度为 14°12′，延迟系数 $c = 1.0308$，按瓦屋面公式计算则：

$$S_{ju} = (72.75 - 0.24) \times (12 - 0.24) \times 1.030\,8 + 0.25 \times (72.75 - 0.24 + 12.0 - 0.24) \times 2 \approx 878.98 + 42.14 = 921.12\ \text{m}^2$$

(2)卷材平屋面：有女儿墙无挑檐，$i = 2\%$，则：

$$S_{ju} = S_1 - \text{女儿墙厚度} \times \text{女儿墙中心线长} + F_{wan}$$

$$S_{ju} = (72.75 - 0.24)(12 - 0.24) + (72.75 + 12 - 0.48) \times 2 \times 0.25 \approx 894.86\ \text{m}^2$$

或 $(72.75 - 0.24)(12 - 0.24) + (72.75 + 12 - 0.48) \times 2 \times 0.24 + (72.25 + 12 - 0.48) \times 2 \times 0.25 \approx 894.86\ \text{m}^2$

(3)卷材平屋面：无女儿墙有挑檐，$i = 2\%$，则：

$$S_{ju} = S_1 + (L_{外} + 4 \times \text{檐宽}) \times \text{檐宽}$$

$$S_{ju} = (72.75 - 0.24)(12 - 0.24) + [(72.75 + 12 + 0.48) \times 2 + 4 \times 0.5] \times 0.5 \approx 979.63\ m^2$$

4.4.10 防腐、保温、隔热工程

1.计算规则

(1)防腐工程量按以下规定计算

1)防腐工程项目应区分不同防腐材料种类及其厚度,按设计实铺面积以平方米计算。应扣除凸出地面的构筑物、设备基础等所占的面积,砖垛等突出墙面部分按展开面积计算并入墙面防腐工程量之内。

2)踢脚板按实铺长度乘以高度以平方米计算,应扣除门洞所占面积并相应增加侧壁展开面积。

3)平面砌筑双层耐酸块料时,按单层面积乘以系数2计算。

4)防腐卷材接缝、附加层、收头等人工材料,已计入在定额中,不再另行计算。

(2)保温隔热工程量按以下规定计算

1)保温隔热层应区别不同保温隔热材料,除另有规定者外,均按设计实铺厚度以立方米计算。

2)保温隔热层的厚度按隔热材料(不包括胶结材料)净厚度计算。

3)地面隔热层按围护结构墙体间净面积乘以设计厚度以立方米计算,不扣除柱、垛所占的体积。

4)墙体隔热层,外墙按隔热层中心线、内墙按隔热层净长乘以图示尺寸的高度及厚度以立方米计算。应扣除冷藏门洞口和管道穿墙洞口所占的体积。

5)柱包隔热层,按图示柱的隔热层中心线的展开长度乘以图示尺寸高度及厚度以立方米计算。

6)其他保温隔热。

① 池槽隔热层按图示池槽保温隔热层的长、宽及其厚度以立方米计算。其中池壁按墙面计算,池底按地面计算。

② 门洞口侧壁周围的隔热部分,按图示隔热层尺寸以立方米计算,并入墙面的保温隔热工程量内。

③ 柱帽保温隔热层按图示保温隔热层体积并入天棚保温隔热层工程量内。

2.计算实例

【示例4.16】 某仓库防腐地面、踢脚线抹铁屑砂浆,厚度20 mm,如图4.31所示,计算防腐砂浆工程量。

【解】 1)地面防腐砂浆工程量 $= (8.40 - 0.24) \times (5.00 - 0.24) = 38.84\ m^3$

2)踢脚线防腐砂浆工程量 $= [(8.4 - 0.24 + 0.24 \times 4 + 5.00 - 0.24) \times 2 - 1.00 + 0.12 \times 2] \times 0.3 = 8.1\ m^3$

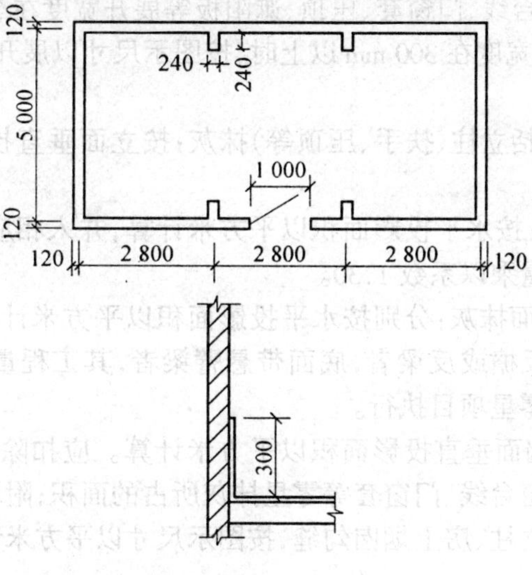

图4.31　某仓库示意图

4.4.11　装饰工程

1.计算规则

(1)墙、柱面装饰工程

1)内墙面和内墙裙抹灰。

① 内墙面抹灰:按内墙间图示净长度乘以室内净高以平方米计算。

a.内墙抹灰面积应扣除门窗洞口和空圈所占面积;不扣除踢脚板、挂镜线、每个小于等于0.3 m^2 的孔洞、墙与构件交接处的面积;不增加门窗洞口侧壁的面积;墙垛和附墙烟囱侧壁的面积与内墙抹灰工程量合并计算。

b.内墙面抹灰的长度,以主墙间图示净长尺寸计算。

c.内墙面抹灰的高度按如下规定计算:

(a)无墙裙的,其高度由室内地面或楼面算至顶棚底。

(b)有墙裙的,其高度由墙裙算至顶棚底。

(c)钉板条顶棚的内墙面抹灰,其高度由室内地面或楼面算至顶棚底面另加100 mm。

② 内墙裙抹灰面积,按内墙净长线乘以室内高度以平方米计算。应扣除门窗洞口和空圈所占面积,门窗洞口和空圈侧壁的面积不另增加,墙垛和附墙烟囱侧壁的面积并入墙裙抹灰工程量内计算。

2)外墙面抹灰。

① 外墙面抹灰面积,按外墙面的垂直投影面积以平方米计算。应扣除门窗洞口、空圈、外墙裙和大于0.3 m^2 的孔洞所占的面积;门窗洞口及空圈侧壁的面积也不增加。附墙垛、梁、柱侧面抹灰面积并入外墙面抹灰工程量内计算。栏板、栏杆、挑檐、窗台线、门窗套、压顶、扶手、遮阳板、池槽、雨篷、突出墙外的周边腰线等,另按相应规定计算。

② 外墙裙抹灰面积,按其长度乘以高度计算。应扣除门窗洞口、空圈、外墙裙和大于0.3 m^2 的孔洞所占的面积;门窗洞口及空圈侧壁的面积也不增加。

③ 挑檐、腰线、窗台线、门窗套、压顶、遮阳板等展开宽度在 300 mm 以内者，按装饰线以延长米计算，如展开宽度在 300 mm 以上时，按图示尺寸以展开面积计算，套零星抹灰定额项目。

④ 栏板、栏杆(包括立柱、扶手、压顶等)抹灰：按立面垂直投影面积乘以系数 2.2 以平方米计算。

⑤ 阳台底面抹灰：按水平投影面积以平方米计算，并入相应顶棚抹灰面积内。阳台如带悬臂梁者其工程量乘以系数 1.30。

⑥ 雨篷底面或顶面抹灰：分别按水平投影面积以平方米计算，并入相应顶棚抹灰面积内。若雨篷顶面带反檐或反梁者，底面带悬臂梁者，其工程量均乘以系数 1.20。雨篷外边线按相应装饰或零星项目执行。

⑦ 墙面勾缝：按墙面垂直投影面积以平方米计算。应扣除墙裙和墙面抹灰面积；不扣除门窗洞口、腰线、窗台线、门窗套等零星抹灰所占的面积；附墙柱和门窗洞口侧面的勾缝面积也不增加。独立柱、房上烟囱勾缝，按图示尺寸以平方米计算。

3)外墙装饰抹灰。

① 外墙各种装饰抹灰，按图示尺寸实抹面积以平方米计算。应扣除门窗洞口、空圈所占的面积，门窗洞口及空圈侧壁的面积不另增加。

② 装饰抹灰中的挑檐、天沟、腰线、窗台线、门窗套、压顶、栏杆、栏板、遮阳板、雨篷周边等均按图示尺寸展开面积以平方米计算，并入相应的外墙抹灰工程量内。

4)独立柱抹灰。

① 一般抹灰、装饰抹灰、镶贴块料，均按结构断面周长乘以柱高以平方米计算。

② 柱面装饰，按柱外围饰面尺寸乘以柱高以平方米计算。

5)块料面层。

① 墙面贴块料面层，均按图示尺寸实抹面积以平方米计算。

② 墙裙，以高度在 1 500 mm 以内为准；超过 1 500 mm 时按墙面计算；高度低于 300 mm时按踢脚板计算。

6)隔墙、幕墙。

① 木隔墙、墙裙、护壁板，均按图示尺寸长度乘以高度，按实铺面积以平方米计算。

② 玻璃隔墙，按上横档顶面至下横档底面之间高度乘以宽度(两边立梃外边线之间)以平方米计算。

③ 浴厕木隔断，按下横档底面至上横档顶面之间高度乘以图示长度以平方米计算，门扇面积并入隔断面积内计算。

④ 铝合金、轻钢隔墙、幕墙，按四周框外围面积以平方米计算。

7)各种“零星项目”，均按图示尺寸展开面积以平方米计算。

(2)顶棚装饰工程

1)顶棚抹灰。

① 顶棚抹灰，按主墙间净面积以平方米计算。不扣除间壁墙、垛、柱、附墙烟囱、检查口和管道所占的面积。带梁顶棚，梁两侧面抹灰面积，并入顶棚抹灰工程量内计算。

② 密肋梁和井字梁顶棚抹灰面积，按展开面积以平方米计算。

③ 顶棚抹灰如带有装饰线时，应区别按三道线以内或五道线以内以延长米计算工程

量。其中线角的道数以一个突出的棱角为一道线。

④ 檐口顶棚抹灰,按檐口出墙宽度乘以檐口长度以平方米计算,并入顶棚抹灰工程量内计算。

⑤ 顶棚中的折线、灯槽线、圆弧形线、拱形线等艺术形式的抹灰,其工程量均按展开面积计算。

2)顶棚龙骨。各种吊顶顶棚龙骨按主墙间净空面积以平方米计算,不扣除间壁墙、检查口、附墙烟囱、垛、柱和管道所占的面积。但顶棚中的折线、迭落等圆弧形、高低吊灯槽等面积也不展开计算。

3)顶棚面装饰。

① 顶棚装饰面积,按主墙间实铺面积以平方米计算,不扣除间壁墙、检查口、附墙烟囱、附墙垛和管道所占的面积。应扣除独立柱及与顶棚相连的窗帘盒所占的面积。

② 顶棚中的折线、迭落等圆弧形、拱形、高低吊灯槽及其他艺术形式顶棚面层均按展开面积计算。

(3)油漆、喷涂、裱糊工程

1)楼地面、顶棚面、墙、柱、梁面的喷(刷)涂料、抹灰面油漆及裱糊工程,均按楼地面、顶棚面、墙、柱、梁面装饰工程相应的工程量计算规则计算。

2)木材面油漆、金属面油漆及抹灰面油漆、涂料的工程量,分别按下列各表(表4.18~表4.26)所列计算方法计算。

表4.18　单层木门工程量系数表

项目名称	系　　数	工程量计算方法
单层木门	1.00	按单面洞口面积
双层(一板一纱)木门	1.36	
双层(单裁口)木门	2.00	
单层全玻门	0.83	
木百页门	1.25	
厂库大门	1.10	

表4.19　单层木窗工程量系数表

项目名称	系　　数	工程量计算方法
单层玻璃门	1.00	按单面洞口面积
双层(一玻一纱)窗	1.36	
双层(单裁口)窗	2.00	
三层(二玻一纱)窗	2.60	
单层组合窗	0.83	
双层组合窗	1.13	
木百叶窗	1.50	

表 4.20　木扶手(不带拖板)工程量系数表

项目名称	系　数	工程量计算方法
木扶手(不带拖板)	1.00	延长米
木扶手(带拖板)	2.60	
窗帘盒	2.04	
封檐板、顺水板	1.74	
挂衣板、黑板框	0.52	
生活园地框、挂镜线、窗帘棍	0.35	

表 4.21　木地板工程量系数表

项目名称	系　数	工程量计算方法
木地板、木踢脚线	1.00	长×宽
木楼梯(不包括底面)	2.60	水平投影面积

表 4.22　其他木材面工程量系数表

项目名称	系　数	工程量计算方法
木板、纤维板、胶合板顶棚、檐口	1.00	长×宽
清水板条顶棚、檐口	1.07	
木方格吊顶顶棚	1.20	
吸音板、墙面、顶棚面	0.87	
鱼鳞板墙	2.48	
木护墙、墙裙	0.91	
窗台板、筒子板、盖板	0.82	
暖气罩	1.28	
屋面板(带檩条)	1.11	斜长×宽
木间壁、木隔断	1.90	单面外围面积
玻璃间壁露明墙筋	1.65	
木栅栏、木栏杆(带扶手)	1.82	
木屋架	1.79	跨度(长)×中高×1/2
衣柜、壁柜	0.91	投影面积(不展开)
零星木装修	0.87	展开面积

表 4.23　单层钢门窗工程量系数表

项目名称	系　数	工程量计算方法
单层钢门窗	1.00	洞口面积
双层(一玻一纱)钢门窗	1.48	
钢百叶钢门	2.74	
半截百叶钢门	2.22	
满钢门或包铁皮门	1.63	
钢折叠门	2.30	
射线防护门	2.96	框(扇)外围面积
厂库房平开、推拉门	1.70	
铁丝网大门	0.81	
间壁	1.85	长×宽
平板屋面	0.74	斜长×宽
瓦垄板屋面	0.89	
排水、伸缩缝盖板	0.78	展开面积
吸气罩	1.63	水平投影面积

表 4.24　其他金属面工程量系数表

项目名称	系　数	工程量计算方法
钢屋架、天窗架、挡风架、屋架梁、支撑、檩条	1.00	重量(t)
墙架(空腹式)	0.50	
墙架(格板式)	0.82	
钢柱、吊车梁、花式梁、柱、空花构件	0.63	
操作台、走台、制动梁、钢梁车挡	0.71	
钢栅栏门、栏杆、窗栅	1.71	
钢爬梯	1.18	
轻型屋架	1.42	
踏步式钢扶梯	1.05	
零星铁件	1.32	

表 4.25　平板屋面涂刷磷化、锌黄底漆工程量系数表

项目名称	系　数	工程量计算方法
平板屋面	1.00	斜长×宽
瓦垄板屋面	1.20	
排水、伸缩缝盖板	1.05	展开面积
吸气罩	2.20	水平投影面积
包镀锌铁皮门	2.20	洞口面积

表 4.26 抹灰面工程量系数表

项目名称	系数	工程量计算方法
槽形底板、混凝土折板	1.30	长×宽
有梁底板	1.10	
密肋、井字梁底板	1.50	
混凝土平板式楼梯底	1.30	洞口面积

2.计算实例

【示例 4.17】 如图 4.32、图 4.33 所示，已知做法：内墙 1∶1∶6 混合砂浆抹灰 $\delta=15$ mm，1∶1∶4 混合砂浆抹灰 $\delta=5$ mm。求内墙抹灰混合砂浆的工程量。

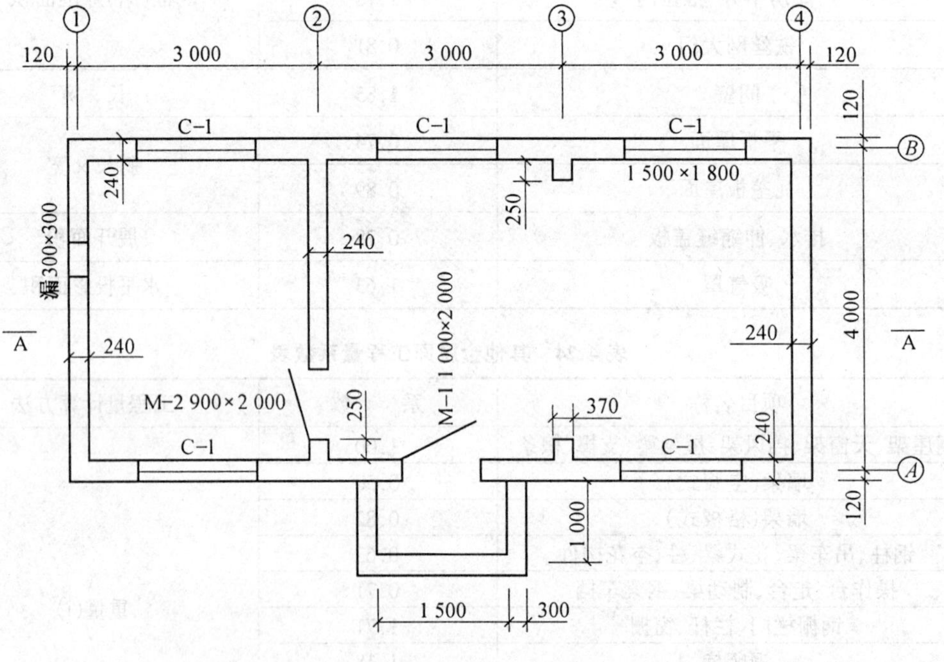

图 4.32 某建筑平面示意图

【解】 内墙抹混合砂浆工程量计算如下：

工程量 $=(6-0.12\times2+0.25\times2+4-0.12\times2)\times2\times(3+0.1)-1.5\times1.8\times3-1\times2-0.9\times2+(3.0.12\times2+4-0.12\times2)\times2\times3.6-1.5\times1.8\times2-0.9\times2\times1=89.97(\text{m}^2)$

【示例 4.18】 某砖结构工程如图 4.34 所示，内墙面抹 1∶2 水泥砂浆打底，1∶3 石灰砂浆找平层，麻刀石灰浆面层，空 20 mm 厚。内墙裙采用 1∶3 水泥砂浆打底（19 mm 厚），1∶2.5水泥砂浆面层（6 mm 厚），计算墙面一般抹灰工程量。

【解】 内墙面抹灰工程量 $=[(4.6\times3-0.24\times2+0.12\times2)\times2+(5.50-0.24)\times4]\times(3.90-0.10-0.90)-1.10\times(2.70-0.90)\times3-1.60\times1.70\times4=122.84(\text{m}^2)$

内墙裙工程量 $=[(4.60\times3-0.24\times2+0.12\times2)\times2+(5.50-0.24)\times4-1.10\times3]\times0.90=40.37(\text{m}^2)$

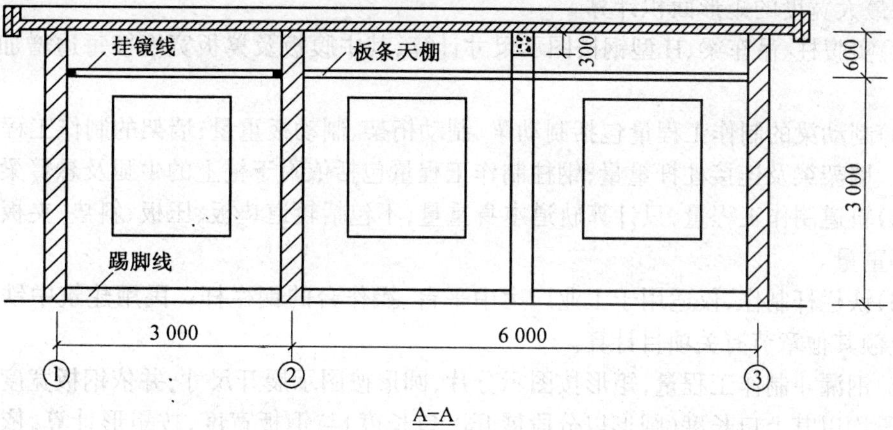

图 4.33　某建筑剖面示意图

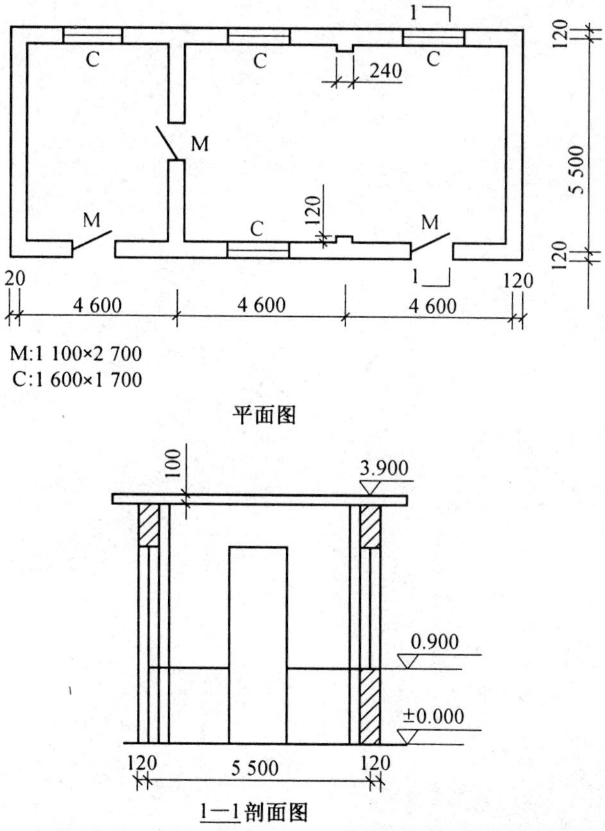

图 4.34　某砖结构工程示意图

4.4.12　金属结构制作工程

(1)金属结构制作按图示钢材尺寸以吨计算,不扣除孔眼、切边的重量,焊条、铆钉、螺栓等重量,已包括在定额内不另计算。在计算不规则或多边形钢板重量时,均以其最大对角线乘最大宽度的矩形面积计算。

(2)实腹柱、吊车梁、H型钢按图示尺寸计算，其中腹板及翼板宽度按每边增加25 mm计算。

(3)制动梁的制作工程量包括制动梁、制动桁架、制动板重量；墙架的制作工程量包括墙架柱、墙架梁及连接柱杆重量；钢柱制作工程量包括依附于柱上的牛腿及悬臂梁重量。

(4)轨道制作工程量，只计算轨道本身重量，不包括轨道垫板、压板、斜垫、夹板及连接角钢等重量。

(5)铁栏杆制作，仅适用于工业厂房中平台、操作台的钢栏杆。民用建筑中铁栏杆等按本定额其他章节有关项目计算。

(6)钢漏斗制作工程量，矩形按图示分片，圆形按图示展开尺寸，并依钢板宽度分段计算，每段均以其上口长度(圆形以分段展开上口长度)与钢板宽度，按矩形计算，依附漏斗的型钢并入漏斗重量内计算。

第5章　工程结算和竣工决算

5.1　工程竣工结算

1.工程结算

工程结算是指项目竣工后，承包方按照合同约定的条款和结算方式，向业主结清双方往来款项。工程结算在项目施工中通常需要发生多次，一直到整个项目全部竣工验收，还需要进行最终建筑产品的工程竣工结算。从而完成最终建筑产品的工程造价的确定和控制。在此主要阐述工程备料款、工程价款和完工后的结算（工程竣工结算）。

2.工程价款结算的方式

按照现行规定，我国工程价款结算根据不同情况，可以采取多种方式。

(1)按月结算

采取旬末或月中预支，月终结算，竣工后清算的办法。即每月月末由承包方提出已完工程月报表以及工程款结算清单、交现场监理工程师审查签证并经过业主确认后，办理已完工程的工程价款月终结算。跨年度竣工的工程，在年终进行工程盘点，办理年度结算。目前，我国建安工程项目中，多数采用按月结算的办法。

(2)竣工后一次结算

当建设项目或单位工程全部建安工程建设期在12个月以内时，或工程承包合同价值在100万元以下者，可采取工程价款每月月中预支，竣工后一次性结算的方式。

(3)分段结算

对当年开工，但当年不能竣工的单位工程或单项工程，可按工程形象进度，划分不同阶段进行结算。分段结算可按月预支工程款，分段划分标准由各部门、自治区、直辖市、计划单列市规定。

(4)目标结算

是在工程合同中，将承包工程内容分解成不同的控制界面，以业主验收控制界面作为支付工程价款的前提条件，换言之，是将合同中的工程内容分解为不同的验收单元，当承包商完成单元工程内容并经业主验收后，业主支付构成单元工程内容的工程价款。

在目标结算方式下，承包商要得到工程款，必须履行合同约定的质量标准完成界面内的工程内容；否则承包商会遭受损失。

目标结算方式中，对控制界面的设定应明确描述，以便量化和质量控制，同时也要适应项目资金的供应周期和支付频率。

3.工程预付款及其计算

我国目前工程承发包中，大多工程实行包工包料，即承包商必须有一定数量的备料周转金。通常在工程承包合同中,会明确规定发包方(甲方)在开工前拨付给承包方(乙方)一定数额的工程预付备料款。该预付款构成承包商为工程项目储备主要材料、构件所需要的流动资金。

我国《建筑工程施工合同示范文本》规定,甲、乙双方应当在专门条款内约定甲方向乙方预付工程款的时间及数额,开工后按约定的时间和比例逐次扣回。预付时间应不迟于约定的开工日期前7天。若甲方不按约定预付,乙方在约定预付时间7天后向甲方发出要求预付的通知,甲方收到通知后仍不能按要求预付,乙方可在发出通知后7天停止施工,甲方应从约定应付之日起向乙方支付应付款的贷款利息,并承担违约责任。

建设部颁布的《招标文件范本》中明确规定,工程预付款仅用于乙方支付施工开始时与本工程有关的动员费用。如乙方滥用此款,甲方有权立即收回。在乙方向甲方提交金额等于预付款数额(甲方认可的银行开出)的银行保函后,甲方按规定的金额和规定的时间向乙方支付预付款,在甲方全部扣回预付款之前,该银行保函将一直有效。当预付款被甲方扣回时,银行保函金额相应递减。

(1)预付备料款的限额

预付备料款的限额可由以下主要因素决定:主要材料(包括外购构件)占工程造价的比重;材料储备期;施工工期。

对于施工企业常年应备的备料款限额,可按下列公式计算:

$$\text{备料款限额}=\frac{\text{年度承包工程总值}}{\text{年度施工日历天数}}\times\text{主要材料所占比重}\times\text{材料储备天数} \tag{5.1}$$

一般情况建筑工程不得超过当年建安工作量(包括水、电、暖)的30%;安装工程按年安装工程量的10%;材料所占比重较大的安装工程按年计划产值的15%左右拨付。

实际工程中,备料款的数额,也可根据各工程类型、合同工期、承包方式以及供应体制等不同条件来确定。如像工业项目中钢结构和管道安装所占比重较大的工程,其主要材料所占比重比一般安装工程高,故备料款的数额亦相应提高。

(2)备料款的扣回

由于发包方拨付给承包方的备料款属于预支性质,在工程进行中,随着工程所需主要材料储备的逐步减少,应以抵充工程价款的方式陆续扣回。其扣款方式有2种:

1)可从未施工工程尚需要的主要材料以及构件的价值相当于备料款数额时起扣,从每次结算工程价款中,按材料比重扣抵工程价款,在竣工前全部扣清。备料款起扣点按以下公式计算:

$$T=P-\frac{M}{N} \tag{5.2}$$

式中 T——起扣点,即预付备料款开始扣回时的累计完成工作量金额;

M——预付备料款的限额;

N——主材比重;

P——承包工程价款总额。

$$N(\text{主材比重})=\text{主要材料费}\div\text{工程承包合同造价} \tag{5.3}$$

2)建设部《招标文件范本》中明确规定,在乙方完成金额累计达到合同总价的10%

后。由乙方开始向甲方还款,甲方从每次应付给的金额中,扣回工程预付款,甲方至少在合同规定的完工期前3个月将工程预付款的总计金额按逐次分摊的办法扣回,当甲方一次付给乙方的余额少于规定扣回的金额时,其差额应转入下一次支付中作为债务结转。甲方不按规定支付工程预付款,乙方按《建设工程施工合同文本》第21条享有权利。

4.工程进度款的支付

建安企业在工程施工中,按照每月形象进度或者控制界面等完成的工程数量计算各项费用,向业主办理工程进度款的支付(即中间结算)。

以按月结算为例,现行的中间结算办法是,施工企业在旬末或月中向业主提出预支工程款账单,预支一旬或半月的工程款,月终再提出工程款结算账单和已完工程月报表,收取当月工程价款,并通过银行结算,按月进行结算,并对现场已完工程进行盘点,有关资料要提交监理工程师和建设单位审查签证。多数情况下是以施工企业提出的统计进度月报表为支取工程款的凭证,即工程进度款。其支付步骤如图5.1所示。

图5.1 工程进度款支付步骤

工程进度款支付过程中,需遵循如下要求:

(1)工程量的确认

参照FIDIC条款的规定,工程量的确认应做到以下方面。

1)乙方应按约定的时间,向工程师提交已完工程量的报告。工程师接到报告后7天内按设计图纸核实已完工程量(以下称计量),并在计量前24小时通知乙方,乙方为计量提供便利条件并派人参加。乙方不参加计量,甲方自行进行,计量结果有效,作为工程价款支付的依据。

2)工程师收到乙方报告后7天内未进行计算,从第8天起,乙方报告中开列的工程量即视为已被确认,作为工程价款支付的依据。工程师不按约定时间通知乙方,使乙方不能参加计量,计量结果无效。

3)工程师对乙方超出设计图纸范围或因自身原因造成返工的工程量,不予计量。

(2)合同收入的组成

财政部制定的《企业会计准则——建造合同》中对合同收入的组成内容进行了解释。合同收入包括2部分内容:

1)合同中规定的初始收入,即建造承包商与客户在双方签订的合同中最初商订的合同总金额,它构成合同收入的基本内容。

2)因合同变更、索赔、奖励等构成的收入,这部分收入并不构成合同双方在签订合同时已在合同中商定的合同总金额,而是在执行合同过程中由于合同变更、索赔、奖励等原因而形成的追加收入。

(3)工程进度款支付

国家工商行政管理总局、建设部颁布的《建设工程施工合同文本》中对工程进度款支付作了如下规定：

1)工程进度款在双方计量确认后14天内，甲方应向乙方支付工程进度款。同期用于工程上的甲方供应材料设备的价款以及按约定时间甲方应按比例扣回的预付款，同期结算。

2)符合规定范围的合同价款的调整，工程变更调整的合同价款及其他条款中约定的追加合同价款，应与工程进度款同期调整支付。

3)甲方超过约定的支付时间不付工程进度款，乙方可向甲方发出要求付款通知，甲方收到乙方通知后仍不能按要求付款，可与乙方协商签订延期付款协议，经乙方同意后可延期支付。协议须明确延期支付时间和从甲方计量签字后第15天起计算应付款的贷款利息。

4)甲方不按合同约定支付工程进度款，双方又未达成延期付款协议，导致施工无法进行，乙方可停止施工，由甲方承担违约责任。

5.工程保修金(尾留款)的预留

按规定，工程项目总造价中须预留一定比例的尾款作为质量保修金，等到工程项目保修期结束时最后拨付。对于尾款的扣除，通常采取2种方法：

1)当工程进度款拨付累计额达到该建筑安装工程造价的一定比例(一般为95%～97%)时，停止支付，预留造价部分作为尾留款。

2)我国颁布的《招标文件范本》中规定，尾留款(保留金)的扣除，可以从甲方向乙方第一次支付的工程进度款开始，在每次乙方应得的工程款中扣留投标书附录中规定金额作为保留金，直至保留金总额达到投标书附录中规定的限额为止。

6.工程竣工结算及其审查

(1)工程竣工结算的含义及要求

工程竣工结算指施工企业按照合同规定的内容全部完成所承包的工程，经验收质量合格，并符合合同要求之后，对照原设计施工图，根据增减变化内容，编制调整预算，作为向发包单位进行最终工程价款结算。

《建设工程施工合同文本》中对竣工结算作了如下规定：

1)工程竣工验收报告经甲方认可后28天内，乙方向甲方递交竣工结算报告和完整的结算资料，甲乙双方按照协议书约定的合同价款及专用条款约定的合同价款调整内容，进行工程竣工结算。

2)甲方收到乙方递交的竣工结算报告及结算资料后28天内进行核实，给予确认或提出修改意见。甲方确认竣工结算报告后通知经办银行向乙方支付工程竣工结算价款。乙方收到竣工结算价款后14天内将竣工工程交付甲方。

3)甲方收到竣工结算报告及结算资料后28天内无正当理由不支付工程竣工结算价款，从第29天起按乙方同期向银行贷款利率支付拖欠工程价款的利息，并承担违约责任。

4)甲方收到竣工结算报告及结算资料后28天内不支付工程竣工结算价款，乙方可以催告甲方支付结算价款。甲方在收到竣工结算报告及结算资料后56天内仍不支付的，乙方可以与甲方协议将该工程折价，也可以由乙方申请人民法院将该工程依法拍卖，乙方就该工程折价或者拍卖的价款优先受偿。

5)工程竣工验收报告经甲方认可后28天内,乙方未能向甲方递交竣工结算报告及完整的结算资料,造成工程竣工结算不能正常进行或工程竣工结算价款不能及时支付,甲方要求交付工程的,乙方应当交付;甲方不要求交付工程的,乙方承担保管责任。

6)甲乙双方对工程竣工结算价款发生争议时,按争议的约定处理。

对当年开工、当年竣工的工程,只需要办理一次性结算。跨年度的工程,在年终办理一次年终结算,将未完工程结转到下一年度,此时竣工结算等于各年度结算的总和。

办理工程价款竣工结算的一般公式为:

$$\text{竣工结算工程价款} = \text{预算(或概算)或合同价款} + \text{施工过程中预算或合同价款调整数额} - \text{预付及已结算工程价款} \tag{5.4}$$

(2)工程竣工结算的编制原则

1)已具备结算条件:竣工图纸完整无误,竣工报告及所有验收资料完整无误。业主或委托工程建设监理单位对结算项目逐一核实,是否符合设计及验收规范要求,不符合不予结算,需返工的,应返工后结算。

2)实事求是,正确确定造价。乙方要有对国家负责的态度认真编制竣工结算。

(3)工程竣工结算的作用

1)工程竣工结算可作为考核业主投资效果,核定新增固定资产价值的依据。

2)工程竣工结算亦可作为双方统计部门确定建安工作量和实物量完成情况的依据。

3)工程竣工结算还可作为造价部门经建设银行终审定案,确定工程最终造价,实现双方合同约定的责任依据。

4)工程竣工结算可作为承包商确定最终收入,进行经济核算,考核工程成本的依据。

(4)工程竣工结算的编制依据

1)原施工图预算及其工程承包合同。

2)竣工报告和竣工验收资料,如像基础竣工图和隐蔽资料等。

3)经设计单位签证后的设计变更通知书、图纸会审记要、施工记录、业主委托监理工程师签证后的工程量清单。

4)预算定额及其有关技术、经济文件。

(5)工程竣工结算的编制内容

1)工程量增减调整。这是编制工程竣工结算的主要部分,即所谓量差,就是说所完成的实际工程量与施工图预算工程量之间的差额。量差主要表现为:

① 设计变更和漏项。因实际图纸修改和漏项等而产生的工程量增减,该部分可依据设计变更通知书进行调整。

② 现场工程更改。实际工程中施工方法出现不符、基础超深等均可根据双方签证的现场记录,按照合同或协议的规定进行调整。

③ 施工图预算错误。在编制竣工结算前,应结合工程的验收和实际完成工程量情况,对施工图预算中存在的错误予以纠正。

2)价差调整。工程竣工结算可按照地方预算定额或基价表的单价编制,因当地造价部门文件调整发生的人工、计价材料和机械费用的价差均可以在竣工结算时加以调整。

未计价材料则可根据合同或协议的规定,按实调整价差。

3)费用调整。属于工程数量的增减变化,需要相应调整安装工程费的计算;属于价差的因素,通常不调整安装工程费,但要计入计费程序中,换言之,该费用应反映在总造价中;属于其他费用,如像大型机械进出场费用、停窝工费用等,应根据各地区定额和文件规定,一次结清,分摊到工程项目中去。

(6)工程竣工结算的编制方式

1)以施工图预算为基础编制竣工结算。对增减项目和费用等,经业主或业主委托的监理工程师审核签证后,编制的调整预算。

2)包干承包结算方式编制竣工结算。这种方式实际上是按照施工图预算加系数包干编制的竣工结算。依据合同规定,如未发生包干范围以外的工程增减项目,包干造价就是最终结算造价。

3)以房屋建筑平方米造价为基础编制竣工结算。这种方式是双方根据施工图和有关技术经济资料,经计算确定出每平方米造价,在此基础上,按实际完成的平方米数量进行结算。

4)以投标的造价为基础编制竣工结算。如果工程实行招、投标时,承包方可对报价采取合理浮动。通常中标一方根据工期、质量、奖惩、双方所承担的责任签订工程合同,对工程实行造价一次性包干。合同所规定的造价就是竣工结算造价。在结算时只需将双方在合同中约定的奖惩费用和包干范围以外的增减工程项目列入,并作为"合同补充说明"进入工程竣工结算。

7.工程竣工结算的审查

工程竣工结算审查是竣工结算阶段的一项重要工作。审查工作通常由业主、监理公司或审计部门把关进行。审核内容通常有以下几方面:

(1)核对合同条款。主要针对工程竣工是否验收合格,竣工内容是否符合合同要求,结算方式是否按合同规定进行;套用定额、计费标准、主要材料调差等是否按约定实施。

(2)审查隐蔽资料和有关签证等是否符合规定要求。

(3)审查设计变更签证是否符合手续程序,是否已加盖公章。

(4)根据施工图核实工程量。

(5)审核各项费用计取是否准确。主要从费率、价差调整、计算基础、系数计算、计费程序等方面着手进行。

5.2 工程竣工决算

1.建设项目竣工决算和分类

建设项目竣工决算指在竣工验收交付使用阶段,由建设单位编制的建设项目从筹建到竣工投产或使用全过程的全部实际支出费用的经济文件。该文件是竣工验收报告的重要组成部分。

国家规定,所有新建、扩建、改建和恢复项目竣工后均要编制竣工决算。根据建设项目规模的大小,可分大、中型建设项目竣工决算和小型建设项目竣工决算两大类。

施工企业在竣工后,也要编制单位工程(或单项工程)竣工成本决算,用作预算和实际成本的核算比较,以便总结经验,提高管理水平。但两者在概念和内容上存在着不同。

2.竣工决算的作用

(1)竣工决算是国家对基本建设投资实行计划管理的重要手段

根据国家基本建设投资的规定,在批准基本建设项目计划任务书时,可依据投资估算来估计基本建设计划投资额。在确定基本建设项目设计方案时,可依据设计概算决定建设项目计划总投资最高数额。在施工图设计时,可编制施工图预算,用以确定单项工程或单位工程的计划价格,同时规定其不得超过相应的设计概算。因此,竣工决算可反映固定资产计划完成情况以及节约或超支原因,从而控制投资费用。

(2)竣工决算是竣工验收的主要依据

我国基本建设程序规定,对于批准的设计文件规定的工业项目经负荷运转和试生产,生产出合格产品,民用项目符合设计要求,能够正常使用时,应及时组织竣工验收工作,并全面考核建设项目,按照工程不同情况,由负责验收小组或委员会进行验收。

(3)竣工决算是确定建设单位新增固定资产价值的依据

竣工决算时需要详细计算建设项目所有的建筑工程费、安装工程费、设备费和其他费用等新增固定资产总额及流动资金,以作为建设管理部门向企、事业使用单位移交财产的依据。

(4)竣工决算是基本建设成果和财务情况的综合反映

建设项目竣工决算包括项目从筹建到建成投产(或使用)的全部费用。除了采用货币形式表示基本建设的实际成本和有关指标外,同时包括建设工期、工程量和资产的实物量以及技术经济指标。并综合了工程的年度财务决算,全面反映了基本建设的全部建设成果和财务状况的主要情况。

3.竣工决算的编制依据

竣工决算的编制依据主要如下。

(1)建设项目计划任务书和有关文件。

(2)建设项目总概算书以及单项工程综合概算书。

(3)建设项目设计图纸以及说明,其中包括总平面图、建筑工程施工图、安装工程施工图以及相关资料。

(4)设计交底或者图纸会审纪要。

(5)招、投标标底、工程承包合同以及工程结算资料。

(6)施工记录或者施工签证以及其他工程中发生的费用记录,如像工程索赔报告和记录、停(交)工报告等。

(7)竣工图以及各种竣工验收资料。

(8)设备、材料调价文件和相关记录。

(9)历年基本建设资料和历年财务决算及其批复文件。

(10)国家和地方主管部门颁布的有关建设工程竣工决算的文件和有关资料。

4.竣工决算的内容

竣工决算的内容包括竣工财务决算说明书、竣工财务决算报表、工程竣工图和工程造价比较分析4部分。其中,前两部分又称建设项目竣工财务决算,是竣工决算的核心内容和主要组成部分。

(1)竣工决算报告说明书

竣工决算报告说明书概括了竣工工程建设成果和经验,是全面考核分析工程投资与造价的书面总结,也是竣工决算报告的重要组成部分,主要内容如下。

1)建设项目概况及评价。

2)会计财务的处理、财产物资情况及债权债务的清偿情况。

3)资金节余、基建结余资金等的上交分配情况。

4)主要财务和技术经济指标的分析、计算情况。

5)基本建设项目管理以及决算中存在的问题与建议。

6)需要说明的其他事项。

(2)竣工财务决算报表

根据国家财政部于2002年9月出台的财建[2002]394号关于《印发基本建设财务管理规定》的通知以及财基字[1998]498号文《基本建设项目竣工财务决算报表》和《基本建设项目竣工财务决算报表填表说明》的通知,建设项目竣工财务决算报表格式有建设项目竣工财务决算审批表;大、中型建设项目概况表;大、中型建设项目竣工财务决算表;大、中型建设项目交付使用资产总表;建设项目交付使用资产明细表等(略)。小型建设项目竣工财务决算报表包括建设项目竣工财务决算审批表;小型建设项目竣工财务决算总表;建设项目交付使用资产明细表等。

(3)工程竣工图

工程竣工图是真实的记录和反映各种建筑物、构筑物等情况的技术文件,它是工程交工验收、维护、改建和扩建的依据,是国家的重要技术档案。对竣工图的要求如下。

1)根据原施工图未变动的,由施工单位在原施工图上加盖"竣工图"图章标志后,即可作为竣工图。

2)施工过程中尽管发生了一些设计变更,但可以将原施工图加以修改补充作为竣工图的,可以不重新绘制,由施工单位负责在原施工图(必须是新蓝图)上注明修改的部分,并附以设计变更通知单和施工说明,加盖"竣工图"图章标志后作为竣工图。

3)凡结构形式改变、平面布置改变、工艺变化、项目改变以及有其他重大改变时,不宜再在原施工图上修改、补充者,应重新绘制改变后的竣工图。属设计原因造成的,由设计单位负责重新绘制;属施工原因造成的,由施工单位负责重新绘制;属其他原因造成的,由建设单位自行绘制或委托设计单位绘图,施工单位负责在新图上加盖"竣工图"图章标志。并附以记录和说明,作为竣工图。

4)为满足竣工验收和竣工决算需要,应绘制能反映竣工工程全部内容的工程设计平面示意图。

(4)工程造价比较分析

在竣工决算报告中必须对控制工程造价所采取的措施、效果及其动态的变化进行认真地比较分析，总结经验教训。批准的概算是考核工程造价的依据，分析时，可先对比整个项目的总概算，然后将建安工程费、设备工器具费和工程建设其他费用逐一与竣工决算表中所提供的实际数据和相关资料及批准的概算、预算指标、实际的工程造价进行对比分析，以确定竣工项目造价是超支还是节约，并在对比的基础上，总结经验，找出超支和节约的具体环节及其原因，提出改进措施。实际工作中，主要分析以下内容。

1）主要实物工程量。对于实物工程量出入比较大的情况，必须查明原因。

2）主要材料消耗量。考核主要材料消耗量，要按照竣工决算表中所列明的三大材料实际超概算的消耗量，查明是在工程的哪个环节超出量最大，再进一步查明超耗的原因。

3）考核建设单位管理费、措施费和间接费的取费标准。建设单位管理费、措施费和间接费的取费标准必须符合国家和各地有关规定，将竣工决算报表中所列建设单位管理费与概预算中的建设单位管理费进行对比分析，依次查明多列或漏列的费用项目，确定其费用偏差数额，并分析原因。

5.竣工决算书的编制步骤和方法

(1)收集、整理和分析有关资料

收集和整理出一套较为完整、准确的相关资料，是编制竣工决算的必要条件。在工程进行的过程中应注意保存和收集资料。在竣工验收阶段则要系统地整理出所有技术资料、工程结算经济文件、施工图纸和各种变更与签证资料，分析其准确性。

(2)清理各项账务、债务和结余物资

在收集、整理和分析资料过程中，应注意建设工程从筹建到竣工投产(或使用)的全部费用的各项账务、债权及债务的清理，既要核对账目，又要查点库存实物的数量，做到账物相等、相符；对结余的各种材料、工器具和设备要逐项清点核实，妥善管理，且按照规定及时处理、收回资金；对各种往来款项要及时进行全面清理，为编制竣工决算提供准确的数据依据。

(3)填写竣工决算报表

依照建设项目竣工决算报表的内容，根据编制依据中有关资料进行统计或计算各个项目的数量，并将其结果填入相应表格栏目中，完成所有报表的填写。这是编制工程竣工决算的主要工作。

(4)编写建设工程竣工决算说明书

根据建设项目竣工决算说明的内容、要求以及编制依据材料和填写在报表中的结果编写说明。

(5)上报主管部门审查

建设项目竣工决算的文件，由建设单位负责组织人员编制，在竣工建设项目办理验收使用一个月之内完成。

以上编写的文字说明和填写的表格经核对无误，可装订成册，即可作为建设项目竣工文件。并报主管部门审查，同时把其中财务成本部分送交开户银行签证。竣工决算在上报主管部门的同时，抄送设计单位，大、中型建设项目的竣工决算还需抄送财政部、建设银行总行和省、市、自治区财政局和建设银行分行各一份。

建设项目竣工决算编制的一般程序如图5.2所示。

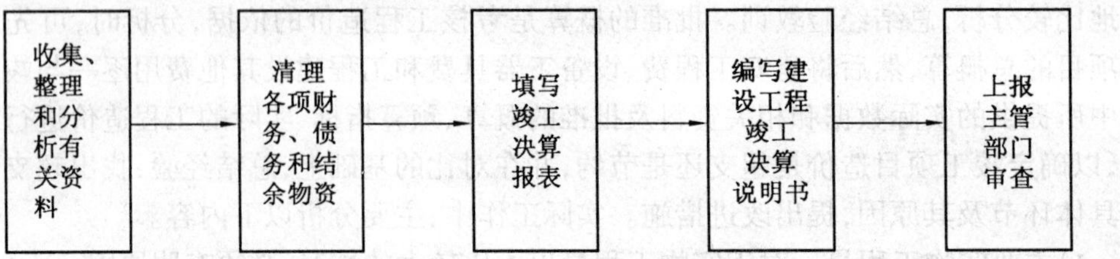

图 5.2　建设项目竣工决算编制程序

6.新增资产的确定

竣工决算作为办理交付使用财产价值的依据,因此,正确核定新增资产的价值,不但有利建设项目交付使用后的财务管理,而且还可作为建设项目经济后评价的依据。

(1)新增资产的分类

根据财务制度和企业会计准则的新规定,新增资产可按照资产的性质分为固定资产、流动资产、无形资产、递延资产和其他资产 5 大类。

1)固定资产。固定资产指使用期限超过一年,单位价值在规定标准以上,并且在使用过程中保持原有物质形态的资产,包括房屋以及机电设备、建筑物、运输设备、工具器具等,不同时具备以上两个条件的资产为低值易耗品,应列入流动资产范围内,如企业自身使用的工具、器具、家具等。

2)流动资产。流动资产指可以在一年内或超过一年的一个营业周期内变现或者运用的资产,包括现金以及各种存货、应收及预付款项等。

3)无形资产。无形资产指企业长期使用但没有实物形态的资产,包括专利权、著作权、非专利技术、商誉等。

4)其他资产。其他资产指具有专门用途,但不参加生产经营的经国家批准的特种物质、银行冻结存款和冻结物质、涉及诉讼的财产等。

(2)新增固定资产价值的确定

1)新增固定资产的含义。新增固定资产亦称交付使用的固定资产,是投资项目竣工投产后所增加的固定资产价值,是以价值形态表示的固定资产投资最终成果的综合性指标。其内容包括以下方面。

① 已经投入生产或交付使用的建筑安装工程造价。

② 达到固定资产标准的设备工器具的购置费用。

③ 增加固定资产价值的其他费用,包括土地征用以及迁移补偿费、联合试运转费、勘察设计费、项目可行性研究费、报废工程损失、施工机构迁移费、建设单位管理费等。

2)新增固定资产价值的核算。新增固定资产是工程建设项目最终成果的体现,核定其价值和完成情况,是加强工程造价全过程管理工作的重要方面。单项工程建成后,经过有关部门验收鉴定合格,正式移交生产或使用,即应计算其新增固定资产价值。一次性交付生产或使用的工程一次计算新增固定资产价值,分期分批交付生产或使用的工程,应分期分批计算新增固定资产价值。计算时应注意以下几种情况。

① 新增固定资产价值的计算应以单项工程为对象。

② 对于为提高产品质量,改善劳动条件,节约材料消耗、保护环境而建设的附属辅助

工程,只要全部建成,正式验收或交付使用后就要计入新增固定资产价值。

③ 对于单项工程中不构成生产系统,但能独立发挥效益的非生产性工程,如食堂、住宅、医务所、托儿所、生活服务网点等,在建成并交付使用后,也要计算新增固定资产价值。

④ 凡购置达到固定资产标准不需要安装的设备、工器具,应在交付使用后计人新增固定资产价值。

⑤ 属于新增固定资产的其他投资,应随同受益工程交付使用时一并计入。

3)交付使用财产成本计算。交付使用财产的成本应按照如下内容计算。

① 建筑物、构筑物、管道、线路等固定资产的成本包括建筑工程成本和应分摊的待摊投资。

② 动力设备和生产设备等固定资产的成本包括需要安装设备的采购成本、安装工程成本、设备基础支柱等建筑工程成本或砌筑锅炉以及各种特殊炉的建设工程成本、应分摊的待摊投资。

③ 运输设备及其他不需要安装的设备、工具、器具、家具等固定资产一般仅计算采购成本,不分摊“待摊投资”。

4)待摊投资的分摊方法。增加固定资产的其他费用,如果是属于整个建设项目或两个以上单项工程的,在计算新增固定资产价值时,应在各单项工程中按照比例分摊。在分摊时,什么费用应由什么工程负担,又有具体的规定。一般情况下,建设单位管理费按建筑工程、安装工程、需要安装设备价值总额按比例分摊;土地征用费、勘察设计费则只按照建筑工程造价分摊。

(3)流动资产价值的确定

1)货币性资金。货币资金就是现金、银行存款和其他货币资金(包括在外埠存款、还未收到的在途资金、银行汇票和本票等资金),一律按照实际入账价值核定计入流动资产。

2)应收及预付款项。应收及预付款项包括应收票据、应收账款、其他应收款、预付货款和待摊费用。通常情况下,应收以及预付款项按企业销售商品、产品或提供劳务时的实际成交金额入账核算。

3)各种存货应当按照取得时的实际成本计价。存货的形成,主要有外购和自制2个途径。外购的,可按照买价加运输费、装卸费、保险费、途中合理损耗、入库前加工、整理及挑选费用以及缴纳的税金等计价;自制的,可按制造过程中的各项实际支出计价。

(4)无形资产价值的确定

无形资产指企业长期使用但没有实物形态的资产,包括专利权、商标权、著作权、土地使用权、非专利技术、商誉等。无形资产的计价,原则上应按照取得时的实际成本计价。企业取得无形资产的途径不同,所发生的支出不一样,无形资产的计价也不相同。新财务制度按照如下原则来确定无形资产的价值。

1)无形资产的计价原则。

① 投资者将无形资产作为资本金或者合作条件投入的,按照评估确认或合同协议约定的金额计价。

② 购入的无形资产,按照实际支付的价款计价。

③ 企业自创并依法申请取得的,可按照开发过程中的实际支出计价。

④ 企业接受捐赠的无形资产按照发票账单所持金额或者同类无形资产市场价作价。

⑤ 无形资产计价入账后，应在其有限使用期内分期摊销。

2)无形资产的计价方法。

① 专利权的计价。专利权分自创和外购两类。自创专利权，其价值为开发过程中的实际支出，主要包括专利的研究开发费用、专利登记费用、专利年费和法律诉讼费等各项费用。专利转让时(包括购入和卖出)，其费用主要包括转让价格和手续费。由于专利是具有专有性并能带来超额利润的生产要素，因而其转让价格不按照其成本估价，而是根据其所能带来的超额收益估价。

② 非专利技术的计价。若该技术是自创的，通常不得作为无形资产入账，自创过程中发生的费用，新财务制度允许作当期费用处理，原因是非专利技术自创时难以确定是否成功，这样处理符合稳定性原则。购入非专利技术时，应由法定评估机构确认后再进一步估价，一般通过其生产的收益估价，其思路同专利权的计价方法。

③ 商标权的计价。若是自创的，尽管商标设计、制作注册和保护、广告宣传都花费一定的费用，但其一般不作为无形资产入账，而是直接作为销售费用计入当期损益。只有当企业购入和转让商标时，才需要对商标权计价。商标权的计价一般根据被许可方新增的收益来确定。

④ 土地使用权的计价。根据取得土地使用权的方式，计价有2种情况：一是业主向土地管理部门申请土地使用权并为之支付一笔出让金，在这种情况下，应作为无形资产进行核算；二是业主获得土地使用权是原先通过行政划拨的，此时就不能作为无形资产核算，只有在将土地使用权有偿转让、出租、抵押、作价入股和投资、按规定补交土地出让价款时，才能作为无形资产核算。

(5)递延资产价值的确定

递延资产是指不能全部计入当年损益，应在以后年度内分期摊销的各项费用，包括开办费、租入固定资产的改良支出等。

1)开办费的计价。开办费指在筹建期间发生的费用，包括筹建期间人员工资、办公费、差旅费、培训费、印刷费、注册登记费以及不计入固定资产和无形资产构建成本的汇兑损益、利息等支出。根据新财务制度的规定，除了筹建期间不计入资产价值的汇兑净损失外，开办费从企业开始经营月份的次月起，按照不短于5年的期限平均摊入管理费用。

2)以经营租赁方式租入的固定资产改良工程支出的计价。应在租赁有效期限内分期摊入制造费用或者管理费用中。

(6)其他资产计价

其他资产包括特准储备物资等，主要以实际入账价值核算。

第6章 工程量清单编制与投标报价

6.1 工程量清单概述

1.工程量清单计价的概念

工程量清单计价应包括按招标文件规定,完成工程量清单所列项目的全部费用,包括分部分项工程费、措施项目费、其他项目费和规费、税金。其中,分部分项工程费是指完成分部分项工程量所需的实体项目费用。措施项目费是指分部分项工程费以外,为完成工程项目施工,发生于该工程施工前和施工过程中的技术、生活、安全等方面的非工程实体项目所需的费用。其他项目费是指分部分项工程费以外,该工程项目施工中可能发生的其他费用。工程量清单计价应采用综合单价计价。

工程量清单计价包括3个层面的含义:投标人根据招标人提供的工程量清单进行自主报价;招标人编制标底;承发包双方确定工程量清单合同价款、调整工程竣工结算等活动。如图6.1所示为工程量清单计价概念示意图。

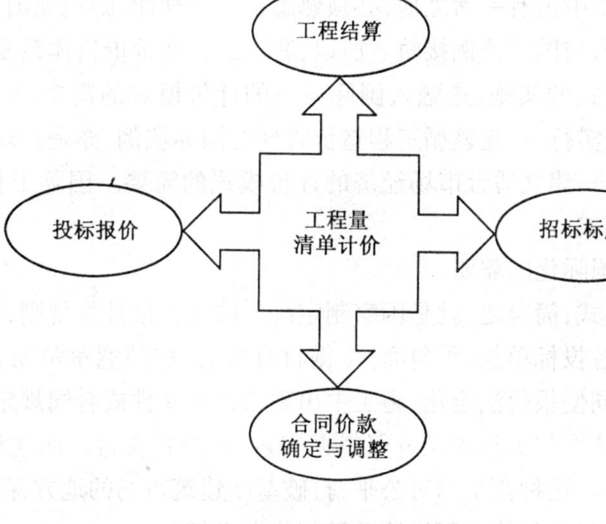

图6.1 工程量清单计价概念示意图

狭义地讲工程量清单计价是在建设工程招标投标过程中,招标人依据计价规范统一的规定提供工程数量,并由投标人按照工程量清单进行自主报价,且经评审低价中标的工程造价的计价方式。

广义地讲,工程量清单计价是工程建设项目在进行招标、投标时,无论标底编制、投标报价、合同价款的确定以及工程完工后进行的竣工结算等诸多建设活动,一律实行工程量清单计价模式计价。

(1)工程量清单标底价

我国《招标投标法》规定,在招标工程中如果设有标底,则评标时应参考标底,标底的参考价值,决定着标底的编制应具有一定的强制性。换言之,该强制性体现出标底编制需要按工程造价主管部门指定的相关计价办法实行。标底的编制必须既符合计价规范的要求和建设部令第 107 号《建设工程施工发包与承包计价管理办法》第六条的要求,又要考虑企业或地方消耗量定额与计价规范接轨的需要。其标底价采用公式(6.1)计算:

$$标底价 = 工程成本价 + 利润 + 税金 \tag{6.1}$$

(2)工程量清单投标报价

投标报价是依据招标文件关于工程量清单和相关规定,施工现场具体情况和施工组织设计(施工方案),并依据企业消耗量定额和市场价格信息,或者参考当地造价部门发布的社会平均消耗量定额进行编制。其投标报价组合如下:

$$投标报价 = 分部分项工程费 + 措施费 + 其他项目费 + 规费 + 税金 \tag{6.2}$$

2.工程量清单计价的意义

(1)与国际惯例接轨的需要

自从我国加入 WTO 以后,全球经济一体化的趋势促使国内经济更多地融入世界经济中。在建筑业,许多国际资本进一步进入我国工程建筑市场,因此使得我国工程建筑市场竞争日益激烈。而我国建筑市场必然会更多地走向世界。因此,要想顺利进入国际建筑市场,在强大的竞争对手中占有一席之地,必须熟悉其运作规律、游戏规则,以便适应建筑市场行业管理发展趋势,与国际惯例接轨。所以,我国工程造价价格体系发生的剧烈变化以及工程量清单计价模式的实施,是融入国际先进的计价模式的需要;是时代发展的需要。工程量清单计价的实行,正是遵循工程造价管理的国际惯例,亦是实现我国工程造价管理改革的终极目标——建立适合市场经济的计价模式的需要。国际工程招、投标必须采用工程量清单计价形式。

(2)建筑市场化和国际化的需要

市场经济的计价模式,简言之,就是国家制定统一的工程量计算规则,在招标时,由招标方提供工程量清单,各投标单位(承包商)依据自身实力,按照竞争策略自主报价,业主择优定标,采用工程合同使报价法定化,施工中出现与招标文件或合同规定不符合的情况或工程量发生变化时,依据相关技术经济资料据实索赔,调整支付。而这种计价模式,实质上就是一种国际惯例。这种竞争相对公平,打破垄断建筑市场的地方保护主义,不允许排斥潜在的投标人。市场化促使工程量清单计价势在必行。

在国际上,工程量清单计价方法是通用的原则,是大多数国家所采用的工程计价方式。为适应在建筑行业方面的国际交流,实现国际化,我国在加入 WTO 谈判中,在建设领域方面作了多项承诺,并拟废止部门规章、规范性文件 12 项,拟修订部门规章、规范性文件 6 项。并在适当的时候,允许设立外商投资建筑企业,外商投资建筑企业一经成立,便有权在中国境内承包建筑工程,形成国际性竞争。

(3)降低工程造价和节约投资需要

对于国有资金和国有控股的投资项目,在充分竞争的基础上确定的工程造价,有着相应的合理性,可防止国有资产流失,使投资效益得到最大的发挥,并且也增加了招标、投标的透明度,进一步体现出招标过程中公平、公正、公开的三公原则,以防暗箱操作,利于遏制腐败的产生。此外,因为招标的原则是合理低价中标,因此施工企业在投标报价时,就要掌握一个合理的临界点,这就是既要报价最低,又要有一定的利润空间。这样必将促使企业采取一切手段提高自身竞争能力,如在施工中采用新的工艺技术、新的材料去降低工程成本,增加利润,以便在同行业中保持领先地位。

3.工程量清单计价的作用

(1)利于规范建设市场管理行为

虽然工程量清单计价形式上只是要求招标文件中列出工程量表,但在具体计价过程中涉及造价构成、计价依据、评标办法等一系列问题,这些与定额预结算的计价形式有着根本的区别,所以说工程量清单计价又是一种全新的计价形式。计价规范附录中工程量清单项目以及计算规则的项目名称表现的是工程实体项目,项目名称明确清晰,工程量计算规则简洁,尤其还列有项目特征和工程内容。编制工程量清单时易于确定其具体项目名称和投标报价。《计价规范》不仅适应市场定价机制,亦是规范建设市场秩序的治本措施之一。实行工程量清单计价,并将其作为招标文件和合同文件的重要组成部分,可规范招标人的计价行为,从技术上避免在招标中弄虚作假,从而确保工程款的支付。

(2)利于造价管理机构职能转变

工程量清单计价模式的实施,促使我国从业人员转变以往单一的管理方式和业务适应范围,有利于提高造价工程师的素质和职能部门人员的业务水平和管理思路,转变管理模式,从而逐渐成为既懂技术又懂管理的复合型人才。全面提高我国工程造价管理水平。

(3)利于控制建设项目投资

采用现行的施工图预算形式,业主对因设计变更、工程量增减所引起的工程造价变化不敏感,当竣工结算时会发现这些变化对项目投资的影响非常重大。采用工程量清单计价方式,在进行设计变更时,可即刻得知其对工程造价的影响,业主此时可根据投资情况,做出正确的抉择,可合理利用建设资源和有效控制建设投资。

4.工程量清单计价特点

(1)统一性

工程量清单编制与报价,全国统一采用综合单价形式。工程量清单编制与报价在我国作为一种全新的计价模式,同以往采用的传统定额加费用的计价方法比较,内容有相当大的不同。其综合单价中包含了工程直接费、工程间接费、利润等。如此综合后,工程量清单报价更为简捷,更适合招、投标需要。

(2)规范性

工程量清单计价要求招、投标人根据市场行情和自身实力编制标底与报价。通过采用计价规范,约束建筑市场行为。其规则和工程量清单计价方法均是强制性的,工程建设诸方必须遵守。具体表现在规定全部使用国有资金或以国有资金投资为主的大、中型建设工程应按照计价规范执行；并且明确了工程量清单是招标文件的组成部分；此外，规定了招标人在编制工程量清单时应实施项目编码、项目名称、计量单位、工程量计算规则等四统一；同时，采用规定的标准格式来表述。

建筑工程的招、投标，在相当程度上是单价的竞争，倘若采用以往单一的定额计价模式，就不可能体现竞争，因此，工程量清单编制与报价打破了工程造价形成的单一性和垄断性，反映出高低不等的多样性。

(3)法令性

工程量清单计价具有合同化的法定性。从其统一性和规范性均反映出其法制特征，许多发达国家经验表明，合同管理在市场机制运行中作用非常重大。通过竞争形成的工程造价，以合同形式确定，合同约束双方在履约过程中的行为，工程造价要受到法律保护，不得任意更改，如果违反了游戏规则，将受到法律质疑或制裁。

(4)竞争性

《计价规范》中的措施项目，在工程量清单中只列“措施项目”一栏，具体采用什么措施，如模板、脚手架、临时设施、施工排水等详细内容由投标人根据企业的施工组织设计，视具体情况报价，为企业留有相应的竞争空间；此外，《计价规范》中人工、材料和施工机械没有具体的消耗量，而将工程消耗量定额中的工、料、机价格和利润、管理费全面放开，由市场供求关系自行确定价格。投标企业可依据企业定额和市场价格信息，也可参照建设行政主管部门发布的社会平均消耗量定额进行报价，就是说《计价规范》将定价权交给了企业。

5.工程量清单计价与传统定额计价的区别

(1)计价形式不同

其单位工程造价构成形式不同，工程量清单计价与传统定额计价在工程造价构成上是存在着相当大的差异的，按定额计价时单位工程造价由直接工程费、间接费、利润、税金构成，计价时先计算直接费，再以直接费(或其中的人工费)为基数计算出间接费用、利润、税金等各项费用，汇总为单位工程造价。工程量清单计价时，造价由工程量清单费用(=∑清单工程量×项目综合单价)、措施项目清单费用、其他项目清单费用、规费、税金5部分构成，作这种划分的考虑是将施工过程中的实体性消耗和措施性消耗分开，对于措施性消耗费用只列出项目名称，由投标人根据招标文件要求和施工现场情况、施工方案自行确定，从而体现出以施工方案为基础的造价竞争；对于实体性消耗费用，则列出具体的工程数量，投标人要报出每个清单项目的综合单价，以便在投标中比较。

(2)分项工程单价构成不同

按照传统定额计价规定，分项工程单价是工料单价，只包括人工、材料、机械费用。而工程量清单计价中分项工程单价一般为综合单价。除了人工、材料、机械费，还包含管理费(现场管理费和企业管理费)、利润和相应的风险金等。实行综合单价有利于工程价款的支付、工程造价的调整及其工程结算。同时避免了因为“取费”产生的纠纷。综合单价中的直接工程费、利润等由投标人根据本企业实际支出及利润预期、投标策略确定，是施工企业实际成本费用的反映，是工程的个别价格。综合单价的报价是诸多个别计价、市场竞争的过程。

(3)单位工程项目划分不同

按定额计价的工程项目划分即预算定额中的项目划分，一般土建定额有几千个项目，其划分原则是按工程的不同部位、不同材料、不同工艺、不同施工机械、不同施工方法和材料规格型号进行划分，且十分详细。工程量清单计价的工程项目划分较之定额项目的划分有较大的综合性，新规范中土建工程只有177个项目，考虑了工程部位、材料、工艺特征，但不考虑具体的施工方法或措施，如人工或机械、机械的不同型号等。同时对于同一项目不再按阶段或过程分为几项，而是综合在一起，如像混凝土，可将同一项目的搅拌(制作)、运输、安装、接头灌缝等综合为一项，门窗也可以将制作、运输、安装、刷油、五金等综合到一起，这样能够减少原来定额对于施工企业工艺方法选择的限制，报价时有更多的自主性。工程量清单中的量应该是综合的工程量，而不是按定额计算的“预算工程量”。综合的量有利于企业自主选择施工方法并以此为基础竞价，也能使企业摆脱对定额的依赖，逐渐建立起企业内部报价以及管理企业定额和企业价格的体系。

(4)计价依据不同

这是清单计价和按定额计价的最根本区别。按定额计价的唯一依据就是定额，而工程量清单计价的主要依据是企业定额，包括企业生产要素消耗量标准、材料价格、施工机械配备及管理状况、各项管理费支出标准等。目前可能多数企业没有企业定额，但随着工程量清单计价形式的推广和报价实践的增加，企业将逐步建立起自身的定额和相应的项目单价，当企业都能根据自身状况和市场供求关系报出综合单价时，企业自主报价、市场竞争(通过招投标)定价的计价格局也将形成，这也正是工程量清单所要促成的目标。工程量清单计价的本质是要改变政府定价模式，建立起市场形成造价机制，只有计价依据个别化，这一目标才能实现。

6.2 分部分项工程量清单

分部分项工程量清单是指构成拟建工程实体的全部分项实体项目名称和相应数量的明细清单。

分部分项工程量清单应包括项目编码、项目名称、计量单位和工程数量。“计价规范”规定:分部分项工程量清单应根据附录规定的统一项目编码、项目名称、计量单位和工程量计算规则进行编制。

1.项目编码

项目编码按“计价规范”规定，采用五级编码，12位阿拉伯数字表示，一至九位为统一编码，即必须依据规范设置。其中一、二位(一级)为附录顺序码，三、四位(二级)为专业工程顺序码，五、六位(三级)为分部工程顺序码，七、八、九位(四级)为分项工程顺序码，十至十二位(五级)为清单项目名称顺序码,第五级编码应根据拟建工程量清单项目名称设置,同一招标工程的项目,编码不得有重码。

(1)第一、二位,附录顺序码

附录 A 编码为 01;附录 B 编码为 02;附录 C 编码为 03;附录 D 编码为 04;附录 E 编码为 05。

(2)第三、四位,专业工程顺序码

以建筑工程为例,建筑工程共分八项专业工程,相当于八章。

(A.1)土(石)方工程,编码 0101。

(A.2)桩与地基基础工程,编码 0102。

(A.3)砌筑工程,编码 0103。

(A.4)混凝土及钢筋混凝土工程,编码 0104。

(A.5)厂库房大门、特种门、木结构工程,编码 0105。

(A.6)金属结构工程,编码 0106。

(A.7)屋面及防水工程,编码 0107。

(A.8)防腐、隔热、保温工程,编码 0108。

(3)第五、六位,分部工程顺序码(相当于章中的节)

以砌筑工程为例:

砖基础,编码 010301。

砖砌体,编码 010302。

砖构筑物,编码 010303。

砖块砌体,编码 010304。

石砌体,编码 010305。

砖散水、地平、地沟,编码 010306。

(4)第七、八、九位,分项工程顺序码

以混凝土桩为例:

强制钢筋混凝土桩,编码 010201001。

接桩,编码 010201002。

混凝土灌注桩,编码 010201003。

(5)第十至十二位,清单项目名称顺序码

当同一标段(或合同段)的一份工程量清单中含有多个单项或单位(以下简称单位)工程且工程量清单是以单位工程为编制对象时,在编制工程量清单时应特别注意对项目编码十至十二位的设置不得有重码的规定。例如一个标段(或合同段)的工程量清单中含有三个单位工程,每一单位工程中都有项目特征相同的实心砖墙砌体,在工程量清单中又需反映三个不同单位工程的实心砖墙砌体工程量时,此时工程量清单应以单位工程为编制对象,则第一个单位工程的实心砖墙的项目编码应为 010302001001,第二个单位工程的实心砖墙的项目编码应为 010302001002,第三个单位工程的实心砖墙的项目编码应为 010302001003,并分别列出各单位工程实心砖墙的工程量。

2. 项目名称

分部分项工程量清单项目应按"计价规范"规定统一项目名称进行设置，具体划分时应考虑三个因素，一是附录中的项目名称；二是附录中的项目特征和所完成的工程内容多少；三是拟建工程的实际情况。清单编制人在编制工程量清单时，要以附录中的项目名称为主体，同时考虑该项目的规格、种类等特征要求，结合拟建工程的实际情况，使其工程量清单项目名称具体化、细化。

(1)项目名称

"计价规范"中，项目名称一般是以"工程实体"命名的。如水泥砂浆楼地面、筏片基础、矩形柱、圈梁等。应该注意：附录中的项目名称所表示的工程实体，有些是可用适当的计量单位计算的简单完整的分项工程，如砌筑砖墙；也有些项目名称所表示的工程实体是分项工程的组合，如块料楼地面就是由楼地面垫层、找平层、防水层、面层铺设等分项工程组成。

在进行工程量清单项目设置时，切记不可只考虑附录中的项目名称，忽视附录中的项目特征，造成工程量清单项目的丢项、错项或重复列项。比如附录中清单项目现浇混凝土基础就包括其下的垫层内容，如某建筑物基础为 C30 钢筋混凝土筏片基础，垫层为 C10 无筋混凝土垫层，编制工程量清单时，分项工程量清单项目名称应列为"钢筋混凝土筏片基础"，混凝土垫层不能再列项，只能把垫层厚度及强度等级等特征在项目名称栏内描述出来，供投标人核算工程量及准确报价之用。

(2)项目特征

项目特征是指分部分项工程的主要特征，如挖土方中要描述土壤的类别、挖土的平均厚度、弃土的运距等。附录中的项目特征是提示工程量清单编制人应在工程量清单项目名称栏内描述项目的哪些特征，以便投标人核算工程量及准确报价。

项目特征应根据工程的实际情况来定，若附录中未列的项目特征，拟建工程中有的，编制清单项目时，在项目名称栏内应补充进去；而实际工程中不存在的，而附录中已列出的，在编制清单时，要在项目名称栏内删掉。其格式见表 6.1。

表 6.1　分部分项工程清单

工程名称：××××

序号	项目编号	项目名称	项目特征描述	计量单位	工程数量	金额/元		
						综合单价	合价	其中：暂估价
1	020101001001	楼地面工程	水泥砂浆楼地面 200 mm 厚 1:2 水泥砂浆面层素水泥浆结合层一道 60 mm 厚 C15 混凝土垫层 150 mm 厚 3:7 灰土垫层	m^2	2 850			

(3)缺项补充

随着科学技术的发展,新材料、新技术、新的施工工艺将伴随出现,因此"计价规范"规定,在编制工程量清单时,凡附录中的缺项,编制人可做补充。补充项目应填写在工程量清单相应分部分项工程项目之后,且应在项目编码栏中以"补"字表示,并应报省、自治区、直辖市工程造价管理机构备案。

3.计量单位

"计价规范"规定,分部分项工程量清单中的计量单位应按附录中统一规定的计量单位确定,如挖土方的计量单位为立方米,楼地面工程工程量计量单位为平方米,钢筋工程计量单位为吨等。当计量单位有两个或两个以上时,应根据所编工程量清单项目的特征要求,选择最适合表现该项目特征并方便计量的单位。

4.工程数量

工程数量的计算,应按"评价规范",规定的统一计算规则进行计量,工程数量的有效位数应遵守下列规定:

(1)以"吨"为单位,应保留小数点后三位数字,第四位四舍五入。

(2)以"立方米""平方米""米"为单位,应保留小数点后两位数字,第三位四舍五入。

(3)以"个""项"等为单位,应取整数。

6.3 措施项目清单

措施项目清单是指为完成工程项目施工,发生于该工程施工前和施工过程中技术、生活、安全等方面的非工程实体项目的明细清单。

1.措施项目清单的列项

(1)措施清单项目的列项(参照表6.2列项)

表6.2 通用措施项目一览表

序号	项目名称
1	安全文明施工(含环境保护、文明施工、安全施工、临时设施)
2	夜间施工
3	二次搬运
4	冬雨季施工
5	大型机械设备进出场及安拆
6	施工排水
7	施工降水
8	地上、地下设施,建筑物的临时保护设施
9	已完工程及设备保护

(2)措施项目清单内容的补充

措施项目的具体设置,应根据拟建工程的实际情况设置,如发生了参照表中未列的项目,工程量清单编制人可作补充,补充项目应列在清单项目的最后,并在序号栏中以"补"字表示。措施项目清单中所列的措施项目均以"一项"提出,即以"项"为计量单位,相应数量为"1"。

2.措施项目清单的列项条件

表6.2中的措施项目的列项条件见表6.3。

3.注意事项

措施项目清单为可调整清单,投标人对招标文件中所列项目,可根据企业自身特点作适当的变更增加。投标人要对拟建工程可能发生的措施项目和措施费用作通盘考虑,清单计价一经报出,即被认为是包括了所有应该发生的措施项目的全部费用,如果报出的清单中没有列项,且施工中有必须发生的项目,业主有权认为其已经综合在分部分项工程量清单的综合单价中,将来措施项目发生时投标人不得以任何借口提出索赔与调整。

表6.3　措施项目的列项条件

序号	项目名称	措施项目发生的条件
1	安全文明施工	正常情况下都要发生
2	已完工程及设备保护	
3	二次搬运	
4	地上、地下设施建筑物的临时保护设施	
5	大型机械设备进出场及安拆	施工方案中有大型机具的使用方案,拟建工程必须使用大型机具
6	夜间施工	拟建工程有必须连续施工的要求,或工期紧张有夜间施工的倾向
7	施工排水、降水	依据水文地质资料,拟建工程的地下施工深度低于地下水位

6.4　其他项目清单

其他项目清单是指除分部分项工程量清单、措施项目清单外的由于招标人的特殊要求而设置的项目清单。

1.其他项目清单的内容

(1)暂列金额的定义是非常明确的,只有按照合同约定程序实际发生后,才能成为中标人应得金额,纳入合同结算价款中。扣除实际发生金额后的暂列金额余额仍属于招标人所有。设立暂列金额并不能保证合同结算价格就不会再出现超过合同价格的情况,是否超出合同价格完全取决于工程量清单编制人对暂列金额预测的准确性,以及工程建设过程是否出现了其他事先未预测到的事件。

(2)暂估价是指招标阶段直至签订合同协议时,招标人在招标文件中提供的用于支付必然要发生但暂时不能确定价格的材料以及需另行发包的专业工程金额。其类似于FIDIC合同条款中的Prime Cost Items,在招标阶段预见肯定要发生,只是因为标准不明确或者需要由专业承包人完成,暂时无法确定其价格或金额。

一般而言,为方便合同管理和计价,需要纳入分部分项工程量清单项目综合单价中的暂估价则最好只是材料费,以方便投标人组价。以"项"为计量单位给出的专业工程暂估价一般应是综合暂估价,应当包括除规费、税金以外的管理费、利润等。本规范正是按照这一思路设置条文的。

(3)计日工是为了解决现场发生的零星工作的计价而设立的。国际上常见的标准合同条款中,大多数都设立了计日工(Daywork)计价机制。计日工以完成零星工作所消耗的人工工时、材料数量、机械台班进行计量,并按照计日工表中填报的适用项目的单价进行计价支付。计日工适用的所谓零星工作一般是指合同约定之外的或者因变更而产生的、工程量清单中没有相应项目的额外工作,尤其是那些时间不允许事先商定价格的额外工作。计日工为额外工作和变更的计价提供了一个方便快捷的途径。

(4)总承包服务费是为了解决招标人在法律、法规允许的条件下进行专业工程发包以及自行采购供应材料、设备时,要求总承包人对发包的专业工程提供协调和配合服务(如分包人使用总包人的脚手架、水电接剥等);对供应的材料、设备提供收、发和保管服务以及对施工现场进行统一管理;对竣工资料进行统一汇总整理等发生并向总承包人支付的费用。招标人应当预计该项费用并按投标人的投标报价向投标人支付该项费用。

2.注意事项

其他项目清单中由招标人填写的项目名称、数量、金额,投标人(或标底编制人)不得随意改动,且对投标人部分,招标人提出的项目与数量必须进行报价。如果不报价,招标人有权认为投标人就未报价内容要无偿为自己服务。当投标人认为招标人列项不全时,投标人可自行增加列项,并确定本项目的工程量及计价。

6.5 规费、税金项目清单

1.规费的组成及计算

(1)规费

规费是指政府和有关部门规定必须缴纳的费用,简称规费。

规费包括以下内容。

1)工程排污费:是指施工现场按规定缴纳的排污费用。

2)工程定额测定费:是指按规定支付工程造价(定额)管理部门的定额测定费。

3)养老保险统筹基金:是指企业按规定向社会保障主管部门缴纳的职工基本养老保险(社会统筹部分)。

4)待业保险费:是指企业按照国家规定缴纳的待业保险金。

5)医疗保险费:是指企业按规定向社会保障主管部门缴纳的职工基本医疗保险费。

(2)计算规费费率

根据本地区典型工程发承包价的分析资料综合取定规费计算中所需数据。

1)每万元发承包价中人工费含量和机械费含量。

2)人工费占直接工程费的比例。

3)每万元发承包价中所含规费缴纳标准的各项基数。

规费费率的计算公式:

① 以直接工程费为计算基础:

规费费率(%)=[(∑规费缴纳标准×每万元发承包价计算基数)/每万元承发包价中的人工费含量]×人工费占直接工程费比例(%)　(6.3)

② 以人工费为计算基础:

规费费率(%)=[(∑规费缴纳标准×每万元发承包价计算基数)/每万元承发包价中的人工费含量]×100%　(6.4)

③ 以人工费和机械费合计为计算基础:

规费费率(%)=[(∑规费缴纳标准×每万元发承包价计算基数)/每万元承发包价中的人工费和机械费含量]×100%　(6.5)

规费费率一般以当地政府或有关部门制定的费率标准执行。

(3)规费计算

规费计算按下列公式执行:

规费=计算基数×规费费率(%)　(6.6)

投标人在投标报价时,规费的计算,一般按国家及有关部门规定的计算公式及费率标准计算。

2.税金的组成及计算

税金是指国家税法规定的应计入建筑安装工程造价内的营业税、城市维护建设税及教育费附加。

税金计算公式为:

税金=(税前造价+利润)×税率(%)　(6.7)

税率,按现行税法规定:

(1)纳税地点在市区的企业:

$$税率(\%)=[1/(1-3\%-3\%\times7\%-3\%\times3\%)]-1 \quad (6.8)$$

(2)纳税地点在县城、镇的企业:

$$税率(\%)=[1/(1-3\%-3\%\times5\%-3\%\times3\%)]-1 \quad (6.9)$$

(3)纳税地点不在市区、县城、镇的企业:

$$税率(\%)=[1/(1-3\%-3\%\times1\%-3\%\times3\%)]-1 \quad (6.10)$$

投标人在投标报价时,税金的计算,一般按国家及有关部门规定的计算公式及税率标准计算。

3.规费、税金项目清单与计价表

规费、税金项目清单与计价表如表 6.4。

表 6.4 规费、税金项目清单与计价表

工程名称：××××

序号	项目名称	计算基础	费率/%	金额/元
1	规费			
1.1	工程排污费			
1.2	社会保障费			
(1)	养老保险费			
(2)	失业保险费			
(3)	医疗保险费			
1.3	住房公积金			
1.4	危险作业 意外伤害保险			
1.5	工程定额测定费			
2	税金	分部分项工程费＋措施项目费＋ 其他项目费＋规费		
		合计		

6.6 工程量清单表格

6.6.1 计价表格组成

1.封面

(1)工程量清单

(2)招标控制价

(3)投标总价

(4)竣工结算总价

______________工程

工程量清单

招　标　人：______________　　　　工程造价咨询人：______________

（单位盖章）　　　　（单位资质专用章）

法定代表人或其授权人：______________　　　　法定代表人或其授权人：______________

（签字或盖章）　　　　（签字或盖章）

编　制　人：______________　　　　复　核　人：______________

（造价人员签字或盖章）　　　　（造价工程师签字或盖章）

编制时间：　　年　　月　　日　　　　复核时间：　　年　　月　　日

______________工程

招标控制价

招标控制价（小写）：______________________

（大写）：______________________

招　标　人：______________　　　　工程造价咨询人：______________

（单位盖章）　　　　（单位资质专用章）

法定代表人或其授权人：______________　　　　法定代表人或其授权人：______________

（签字或盖章）　　　　（签字或盖章）

编　制　人：______________　　　　复　核　人：______________

（造价人员签字或专用盖章）　　　　（造价工程师签字或盖专用章）

编制时间：　　年　　月　　日　　　　复核时间：　　年　　月　　日

投标总价

招　　标　　人：____________________

工　程　名　称：____________________

投标总价(小写)：____________________

（大写）：____________________

投　　标　　人：____________________

（单位盖章）

法定代表人
或其授权人：____________________

（签字或盖章）

编　　制　　人：____________________

（造价人员签字或专用章）

编制时间：　　年　　月　　日

____________________工程

竣工结算总价

中标价(小写)：__________　　（大写）：__________

结算价(小写)：__________　　（大写）：__________

发包人：__________　　承包人：__________　　工程造价
咨　询　人：__________

（单位盖章）　　（单位盖章）　　（单位资质专用章）

法定代表人
或其授权人：__________　　法定代表人
或其授权人：__________　　法定代表人
或其授权人：__________

（签字或盖章）　　（签字或盖章）　　（签字或盖章）

编　制　人：__________　　核　对　人：__________

（造价人员签字盖专用章）　　（造价工程师签字盖专用章）

编制时间：　　年　　月　　日　　复核时间：　　年　　月　　日

2.总说明

总说明见表 6.5。

表 6.5　总说明

工程名称：　　　　　　　　　　　　　　　　　　　　第　　页 共　　页

3.汇总表

(1)工程项目招标控制价/投标报价汇总表 见表 6.6。

(2)单项工程招标控制价/投标报价汇总表 见表 6.7。

(3)单位工程招标控制价/投标报价汇总表 见表 6.8。

(4)工程项目竣工结算汇总表 见表 6.9。

(5)单项工程竣工结算汇总表 见表 6.10。

(6)单位工程竣工结算汇总表 见表 6.11。

表 6.6 工程项目招标控制价/投标报价汇总表

工程名称：　　　　　　　　　　　　　　　　　　　　　　　　第　页共　页

序号	单项工程名称	金额(元)	其中		
			暂估价(元)	安全文明施工费(元)	规费(元)

注：本表适用于工程项目招标控制价或投标报价的汇总。

表 6.7 单项工程招标控制价/投标报价汇总表

工程名称: 第 页 共 页

序号	单项工程名称	金额(元)	其中		
			暂估价(元)	安全文明施工费(元)	规费(元)

注:本表适用于单项工程招标控制价或投标报价的汇总。暂估价包括分部分项工程中的暂估价和专业工程暂估价。

表 6.8 单位工程招标控制价/投标报价汇总表

序号	汇 总 内 容	金额(元)	其中:暂估价(元)
1	分部分项工程		
1.1			
1.2			
1.3			
1.4			
1.5			
2	措施项目		
2.1	安全文明施工费		
3	其他项目		
3.1	暂列金额		
3.2	专业工程暂估价		
3.3	计日工		
3.4	总承包服务费		
4	规费		
5	税金		
招标控制价合计 = 1 + 2 + 3 + 4 + 5			

注:本表适用于单位工程招标控制价或投标报价的汇总。如无单位工程划分,单项工程也使用本表汇总。

表 6.9　工程项目竣工结算汇总表

序号	单项工程名称	金额(元)	其　　中	
			安全文明施工费(元)	规费(元)
	合　　计			

表 6.10　单项工程竣工结算汇总表

序号	单项工程名称	金额(元)	其　中	
			安全文明施工费(元)	规费(元)
	合　计			

表 6.11　单位工程竣工结算汇总表

工程名称:　　　　　　　　　　　　标段:　　　　　　　　　　第　页共　页

序号	汇 总 内 容	金额(元)
1	分部分项工程	
1.1		
1.2		
1.3		
1.4		
1.5		
2	措施项目	
2.1	安全文明施工费	
3	其他项目	
3.1	专业工程结算价	
3.2	计日工	
3.3	总承包服务费	
3.4	索赔与现场签证	
4	规费	
5	税金	
竣工结算总价合计 = 1 + 2 + 3 + 4 + 5		

注:如无单位工程划分,单项工程也使用本表汇总。

4.分部分项工程量清单表

(1)分部分项工程量清单与计价表 见表6.12。

(2)工程量清单综合单价分析表 见表6.13。

表6.12　分部分项工程量清单与计价表

序号	项目编码	项目名称	项目特征描述	计量单位	工程量	金额(元)		
						综合单价	合价	其中：暂估价
本页小计								
合　计								

注：根据建设部、财政部发布的《建设安装工程费用组成》(建标[2003]206号)的规定，为计取规费等的使用，可在表中增设其中："直接费""人工费"或"人工费＋机械费"。

表 6.13 工程量清单综合单价分析表

项目编码				项目名称				计量单位			
清单综合单价组成明细											
定额编号	定额名称	定额单位	数量	单价				合价			
				人工费	材料费	机械费	管理费和利润	人工费	材料费	机械费	管理费和利润
人工单价		小计									
元/工日		未计价材料费									
清单项目综合单价											
材料费明细	主要材料名称、规格、型号					单位	数量	单价（元）	合价（元）	暂估单价（元）	暂估合价（元）
	其他材料费							—		—	
	材料费小计							—		—	

注：1. 如不使用省级或行业建设主管部门发布的计价依据，可不填定额项目、编号等。

2. 招标文件提供了暂估单价的材料，按暂估的单价填入表内“暂估单价”栏及“暂估合价”栏。

5. 措施项目清单表

(1) 措施项目清单与计价表（一）见表 6.14。

(2) 措施项目清单与计价表（二）见表 6.15。

表 6.14　措施项目清单与计价表(一)

工程名称:　　　　　　　　　　　　标段:　　　　　　　　　　　第　页共　页

序号	项目名称	计算基地	费率/%	金额/元
1	安全文明施工费			
2	夜间施工费			
3	二次搬运费			
4	冬雨季施工			
5	大型机械设备进出场及安拆费			
6	施工排水			
7	施工降水			
8	地上、地下设施、建筑物的临时保护设施			
9	已完工程及设备保护			
10	各专业工程的措施项目			
11				
12				
合　计				

注:1.本表适用于以“项”计价的措施项目。

2.根据建设部、财政部发布的《建设安装工程费用组成》(建标[2003]206号)的规定,“计算基础”可为“直接费”或“人工费+机械费”。

表6.15　措施项目清单与计价表(二)

工程名称：　　　　　　　　　　　　　　　　标段：　　　　　　　第　　页共　　页

序号	项目编码	项目名称	项目特征描述	计量单位	工程量	金额/元	
						综合单价	合　价
本页小计							
合　　计							

注：本表适用于以综合单价形式计价的措施项目。

6.其他项目清单表

(1)其他项目清单与计价汇总表 见表6.16。

(2)暂列金额明细表 见表6.17。

(3)材料暂估单价表 见表6.18。

(4)专业工程暂估价表 见表6.19。

(5)计日工表 见表6.20。

(6)总承包服务费计价表 见表6.21。

(7)索赔与现场签证计价汇总表 见表6.22。

(8)费用索赔申请(核准)表 见表6.23。

(9)现场签证表 见表6.24。

表6.16 其他项目清单与计价汇总表

工程名称: 标段: 第 页共 页

序号	项目名称	计量单位	金额/元	备 注
1	暂列金额			明细详见表-12-1
2	暂估价			
2.1	材料暂估价		—	明细详见表-12-2
2.2	专业工程暂估价			明细详见表-12-3
3	计日工			明细详见表-12-4
4	总承包服务费			明细详见表-12-5
5				
合 计				—

注:材料暂估单价进入清单项目综合单价,此处不汇总。

表6.17 暂列金额明细表

工程名称： 标段： 第 页 共 页

序号	项目名称	计量单位	暂定金额/元	备 注
1				
2				
3				
4				
5				
6				
7				
8				
9				
10				
11				
合 计				—

注：此表由招标人填写，如不能详列，也可只列暂定金额总额，投标人应将上述暂列金额计入投标总价中。

表 6.18　材料暂估单价表

工程名称：　　　　　　　　　　　　标段：　　　　　　　　　　　　第　页　共　页

序号	材料名称、规格、型号	计量单位	单价/元	备　注

注：1.此表由招标人填写，并在备注栏说明暂估价的材料拟用在哪些清单项目上，投标人应将上述材料暂估单价计入工程量清单综合单价报价中。

2.材料包括原材料、燃料、构配件以及按规定应计入建筑安装工程造价的设备。

表6.19 专业工程暂估价表

工程名称: 标段: 第 页 共 页

序号	工程名称	工程内容	金额/元	备 注
合 计				—

注:此表由招标人填写,投标人应将上述专业工程暂估价计入投标总价中。

表 6.20　计日工表

工程名称：　　　　　　　　　　　　　　标段：　　　　　　　　　　　　　　第　　页 共　　页

编号	项目名称	单位	暂定数量	综合单价	
一	人　工				
1					
2					
3					
4					
人工小计					
二	材　料				
1					
2					
3					
4					
5					
6					
材料小计					
三	施工机械				
1					
2					
3					
4					
施工机械小计					
总　计					

注：此表项目名称、数量由招标人填写，编制招标控制价时，单价由招标人按有关计价规定确定；投标时，单价由投标人自主报价，计入投标总价中。

表 6.21　总承包服务费计价表

工程名称：　　　　　　　　　　　标段：　　　　　　　　　　　第　页 共　页

序号	项目名称	项目价值/元	服务内容	费率/%	金额/元
1	发包人发包专业工程				
2	发包人供应材料				
合　计					

表 6.22　索赔与现场签证计价汇总表

工程名称：　　　　　　　　　　　　　标段：　　　　　　　　　　　　　第　页共　页

序号	签证及索赔项目名称	计量单位	数量	单价/元	合价/元	索赔及签证依据
本页小计						—
合　计						—

注：签证及索赔依据是指经双方认可的签证单和索赔依据的编号。

表 6.23　费用索赔申请(核准)表

工程名称：　　　　　　　　　　　　　　标段：　　　　　　　　　　　　　　编号：

<table>
<tr><td colspan="2">致：____(发包人全称)
根据施工合同条款第________条的约定，由于________原因，我方要求索赔金额(大写)________元，(小写)________元，请予核准。
附：1.费用索赔的详细理由和依据；
2.索赔金额的计算；
3.证明材料。
承包人(章)
承包人代表________
日　　期________</td></tr>
<tr><td>复核意见：
根据施工合同条款第________条的约定，你方提出的费用索赔申请经复核：
□不同意此项索赔，具体意见见附件。
□同意此项索赔，索赔金额的计算，由造价工程师复核。
监理工程师________
日　　期________</td><td>复核意见：
根据施工合同条款第________条的约定，你方提出的费用索赔申请复核，索赔金额为(大写)________元，(小写)________元。
造价工程师________
日　　期________</td></tr>
<tr><td colspan="2">审核意见：
□不同意此项索赔。
□同意此项索赔，与本期进度款同期支付。
发包人(章)
发包人代表________
日　　期________</td></tr>
</table>

注：1.在选择栏中的“□”内作标识“√”。

2.本表一式四份，由承包人填报，发包人、监理人、造价咨询人、承包人各存一份。

表 6.24 现场签证表

工程名称： 标段： 编号：

<table>
<tr><td>施工部位</td><td></td><td>日期</td><td></td></tr>
<tr><td colspan="4">致：____(发包人全称)
根据________(指令人姓名)　　年　月　日的指令或你方________(或监理人)　年　月　日的书面通知，我方要求完成此项工作应支付价款金额为(大写)________元，(小写)________元，请予核准。
附：1.签证事由及原因；
2.附图及计算式。

承包人(章)
承包人代表________
日　　期________</td></tr>
<tr><td colspan="2">复核意见：
你方提出的此项签证申请经复核：
□不同意此项签证，具体意见见附件。
□同意此项签证，签证金额的计算，由造价工程师复核。

监理工程师________
日　　期________</td><td colspan="2">复核意见：
□此项签证按承包人中标的计日工单价计算，金额为(大写)________元，(小写)________元。
□此项签证因无计日工单价，金额为(大写)________元，(小写)________元。

造价工程师________
日　　期________</td></tr>
<tr><td colspan="4">审核意见：
□不同意此项签证。
□同意此项签证，价款与本期进度款同期支付。

发包人(章)
发包人代表________
日　　期________</td></tr>
</table>

注：1.在选择栏中的"□"内作标识"√"。

2.本表一式四份，由承包人在收到发包人(监理人)的口头或书面通知后填写，发包人、监理人、造价咨询人、承包人各存一份。

7.规费、税金项目清单与计价表

规费、税金项目清单与计价表见表 6.25。

表 6.25 规费、税金项目清单与计价表

工程名称：　　　　　　　　　　　　标段：　　　　　　　　　　　第　　页 共　　页

序号	项 目 名 称	计算基础	费率/%	金额/元
1	规费			
1.1	工程排污费			
1.2	社会保障费			
(1)	养老保险费			
(2)	失业保险费			
(3)	医疗保险费			
1.3	住房公积金			
1.4	危险作业意外伤害保险			
1.5	工程定额测定费			
2	税金	分部分项工程费+措施项目费+其他项目费+规费		
合 计				

注：根据建设部、财政部发布的《建筑安装工程费用组成》（建标[2003]206 号）的规定，“计算基础”可为“直接费”“人工费”或“人工费+机械费”。

8.工程款支付申请(核准)表

工程款支付申请(核准)表6.26。

表6.26 工程款支付申请(核准)表

工程名称： 标段： 编号：

致：________________________________(发包人全称)

我方于______至______期间已完成了______工作,根据施工合同的约定,现申请支付本期的工程款额为(大写)______元,(小写)______元,请予核准。

序号	名　　称	金额/元	备　注
1	累计已完成的工程价款		
2	累计已实际支付的工程价款		
3	本周期已完成的工程价款		
4	本周期完成的计日工金额		
5	本周期应增加和扣减的变更金额		
6	本周期应增加和扣减的索赔金额		
7	本周期应抵扣的预付款		
8	本周期应扣减的质保金		
9	本周期应增加或扣减的其他金额		
10	本周期实际应支付的工程价款		

承包人(章)

承包人代表______

日　　期______

复核意见：

□与实际施工情况不相符,修改意见见附件。

□与实际施工情况相符,具体金额由造价工程师复核。

监理工程师______

日　　期______

复核意见：

你方提出的支付申请经复核,本期间已完成工程款额为(大写)______元,(小写)______元,本期间应支付金额为(大写)______元,(小写)______元。

造价工程师______

日　　期______

审核意见：

□不同意。

□同意,支付时间为本表签发后的15天内。

发包人(章)

发包人代表______

日　　期______

注:1.在选择栏中的"□"内作标识"√"。

2.本表一式四份,由承包人填报,发包人、监理人、造价咨询人、承包人各存一份。

6.6.2 计价表格使用规定

(1)工程量清单与计价宜采用统一格式

各省、自治区、直辖市建设行政主管部门和行业建设主管部门可根据本地区、本行业的实际情况,在本规范计价表格的基础上补充完善。

(2)工程量清单的编制应符合下列规定

1) 工程量清单编制使用表格包括:工程量清单、表6.5、表6.12、表6.14、表6.15、表6.16(不含表6.22~表6.24)、表6.25。

2) 封面应按规定的内容填写、签字、盖章,造价员编制的工程量清单应有负责审核的造价工程师签字、盖章。

3) 总说明应按下列内容填写。

①工程概况:建设规模、工程特征、计划工期、施工现场实际情况、自然地理条件、环境保护要求等。

②工程招标和分包范围。

③工程量清单编制依据。

④工程质量、材料、施工等的特殊要求。

⑤其他需要说明的问题。

(3)招标控制价、投标报价、竣工结算的编制应符合下列规定

1) 使用表格。

①招标控制价使用表格包括:招标控制价、表6.5、表6.6、表6.7、表6.8、表6.12、表6.13、表6.14、表6.15、表6.16(不含表6.22~表6.24)、表6.25。

②投标报价使用的表格包括:投标总价、表6.5、表6.6、表6.7、表6.8、表6.12、表6.13、表6.14、表6.15、表6.16(不含表6.22~表6.24)、表6.25。

③竣工结算使用的表格包括:竣工结算总价、表6.5、表6.9、表6.10、表6.11、表6.12、表6.13、表6.14、表6.15、表6.16、表6.17、表6.18。

2)封面应按规定的内容填写、签字、盖章,除承包人自行编制的投标报价和竣工结算外,受委托编制的招标控制价、投标报价、竣工结算若为造价员编制的,应有负责审核的造价工程师签字、盖章以及工程造价咨询人盖章。

3)总说明应按下列内容填写。

①工程概况:建设规模、工程特征、计划工期、合同工期、实际工期、施工现场及变化情况、施工组织设计的特点、自然地理条件、环境保护要求等。

②编制依据等。

(4)投标人应按招标文件的要求,附工程量清单综合单价分析表。

(5)工程量清单与计价表中列明的所有需要填写的单价和合价,投标人均应填写,未填写的单价和合价,视为此项费用已包含在工程量清单的其他单价和合价中。

6.7 标底价格的编制

1.标底的编制原则和依据

(1)编制标底应遵循原则

工程标底是招标人控制投资,确定招标工程造价的重要手段,在计算时要求科学合理、计算准确。标底应当参考国务院和省、自治区、直辖市人民政府建设行政主管部门制定的工程造价计价办法和计价依据以及其他有关规定,根据市场价格信息,由招标单位或委托有相应资质的招标代理机构和工程造价咨询单位以及监理单位等中介组织进行编制。

在标底的编制过程中,应该遵循以下原则。

1)根据国家公布的统一工程项目划分、统一计量单位、统一计算规则以及施工图纸、招标文件,并参照国家、行业或地方批准发布的定额和国家、行业、地方规定的技术标准规范,以及生产要素市场价格确定工程量和编制标底。

2)按工程项目类别计价。

3)标底作为建设单位的期望价格,应力求与市场的实际变化吻合,要有利于竞争和保证工程质量。

4)标底应由工程直接费、间接费、利润、税金等组成,一般应控制在批准的总概算(或修正概算)及投资包干的限额内。

5)标底应考虑人工、材料、设备、机械台班等价格变化因素,还应包括不可预见费(特殊情况)、预算包干费、措施费(赶工措施费、施工技术措施费)、现场因素费用、保险以及采用固定价格的工程的风险金等。工程要求优良的还应增加相应的费用。

6)一个工程只能编制一个标底。

7)标底编制完成后,直至开标时,所有接触过标底价格的人员均负有保密责任,不得泄漏。

(2)标底价格编制的依据

工程标底的编制主要需要以下基本资料和文件。

1)国家的有关法律、法规以及国务院和省、自治区、直辖市人民政府建设行政主管部门制定的有关工程造价的文件、规定。

2)工程招标文件中确定的计价依据和计价办法,招标文件的商务条款,包括合同条件中规定由工程承包方应承担义务而可能发生的费用,以及招标文件的澄清、答疑等补充文件和资料。在标底价格计算时,计算口径和取费内容必须与招标文件中有关取费等的要求一致。

3)工程设计文件、图纸、技术说明及招标时的设计交底,按设计图纸确定的或招标人提供的工程量清单等相关基础资料。

4)国家、行业、地方的工程建设标准,包括建设工程施工必须执行的建设技术标准、规范和规程。

5)采用的施工组织设计、施工方案、施工技术措施等。

6)工程施工现场地质、水文勘探资料,现场环境和条件及反映相应情况的有关资料。

7)招标时的人工、材料、设备及施工机械台班等要素市场价格信息,以及国家或地方有关政策性调价文件的规定。

2.标底的编制程序

当招标文件中的商务条款一经确定,即可进入标底编制阶段。工程标底的编制程序如下。

(1)确定标底的编制单位

标底由招标单位自行编制或委托经建设行政主管部门批准具有编制标底资格和能力的中介机构代理编制。

(2)收集编制资料

1)全套施工图纸及现场地质、水文、地上情况的有关资料。

2)招标文件。

3)领取标底价格计算书、报审的有关表格。

(3)参加交底会及现场勘察

标底编、审人员均应参加施工图交底、施工方案交底以及现场勘察、招标预备会,便于标底的编、审工作。

(4)编制标底

编制人员应严格按照国家的有关政策、规定,科学公正地编制标底价格。

(5)审核标底价格

3.标底价格的编制方法

《建筑工程施工发包与承包计价管理办法》(中华人民共和国建设部第107号令)第五条中规定,施工图预算、招标标底、投标报价由成本、利润和税金构成。在编制时分部分项工程量单价可以是直接费单价也可以是综合单价。

我国目前建设工程施工招标标底的编制,主要采用定额计价和工程量清单计价来编制。

(1)以定额计价法编制标底

定额计价法编制标底采用的是分部分项工程量的直接费单价(或称为工料单价法),仅仅包括人工、材料、机械费用。直接费单价根据其所含价格和费用标准的不同,又可以分为单位估价法和实物估价法两种。

1)单位估价法。其具体做法是根据施工图纸及技术说明,按照预算定额规定的分部分项工程子目,逐项计算出工程量,再套用定额单价(或单位估价表)确定直接费,然后按规定的费用定额确定其他直接费、现场经费、间接费、计划利润和税金,还要加上材料调价系数和适当的不可预见费,汇总后即为标底的基础。

单位估价法编制标底的步骤如图6.2所示。

单位估价法实施中,也可以采用工程概算定额,对分项工程子目作适当的归并和综

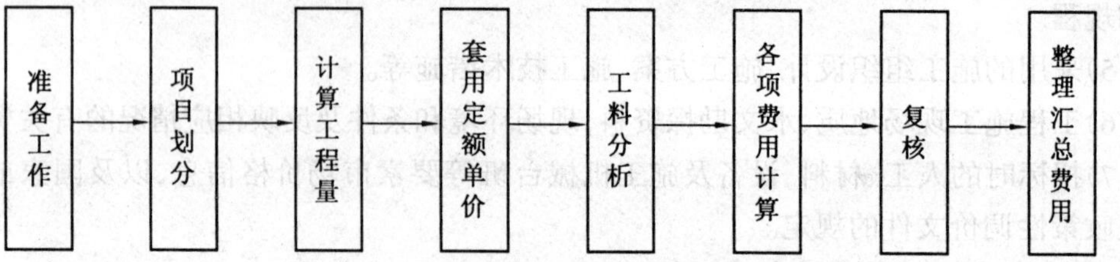

图 6.2　单位估价法编制标底的步骤示意图

合,使标底价格的计算有所简化。采用概算定额编制标底,通常适用于初步设计或技术设计阶段进行招标的工程。在施工图阶段招标,也可按施工图计算工程量,按概算定额和单价计算直接费,既可提高计算结果的准确性,又可减少工作量,节省人力和时间。

2)实物量法。用实物量法编制标底,主要先用计算出的各分项工程的实物工程量,分别套取预算定额中的工、料、机消耗指标,并按类相加,求出单位工程所需的各种人工、材料、施工机械台班的总消耗量,然后分别乘以当时当地的人工、材料、施工机械台班市场单价,求出人工费、材料费、施工机械使用费,再汇总求和。对于其他直接费、现场经费、间接费、计划利润和税金等费用的计算则根据当时当地建筑市场的供求情况给予具体确定。

实物量编制法与单位估价法相似,最大的区别在于两者在计算人工费、材料费、施工机械费及汇总三者费用之和方法不同。

① 实物量法计算人工、材料、施工机械使用费,是根据预算定额中的人工、材料、机械台班消耗量与当时当地人工、材料和机械台班单价相乘汇总得出。采用当时当地的实际价格,能较好地反映实际价格水平,工程造价准确度较高。从长远角度看,人工、材料、机械的实物消耗量应根据企业自身消耗水平来确定。

② 实物量法在计算其他各项费用,如其他直接费、现场经费、间接费、计划利润、税金等时将间接费、计划利润等相对灵活的部分,根据建筑市场的供求情况,随行就市,浮动确定。

因此,实物量法是与市场经济体制相适应的并以预算定额为依据的标底编制方法。

(2)以工程量清单计价法编制标底

工程量清单计价的单价按所综合的内容不同,可以划分为 3 种形式。

1)工料单价:单价仅仅包括人工费、材料费和机械使用费,故又称为直接费单价。

2)完全费用单价:单价中除了包含直接费外,还包括现场经费、其他直接费和间接费等全部成本。

3)综合单价法:所谓综合单价即分部分项工程的完全单价,综合了直接工程费、间接费、有关文件规定的调价、利润或者包括税金以及采用固定价格的工程所测算的风险金等全部费用。

工程量清单计价法的单价采用的主要是综合单价。

用综合单价编制标底价格,要根据统一的项目划分,按照统一的工程量计算规则计算工程量,形成工程量清单。接着,估算分项工程综合单价,该单价是根据具体项目分别估算的。综合单价确定以后,填入工程量清单中,再与各部分分项工程量相乘得到合价,汇总之后即可得到标底价格。

这种方法与上述方法的显著区别主要在于:间接费、利润等是一个用综合管理费分摊到分项工程单价中,从而组成分项工程综合单价,某分项工程综合单价乘以工程量即为该分项工程合价,所有分项工程合价汇总后即为该工程的总价。

(3)编制标底价格需考虑的其他因素

编制一个合理、可靠的标底价格还必须在此基础上考虑以下因素。

1)标底必须适应目标工期的要求,对提前工期因素有所反映。应将目标工期对照工期定额,按提前天数给出必要的赶工费和奖励,并列入标底。

2)标底必须适应招标方的质量要求,对高于国家验收规范的质量因素有所反映。标底中对工程质量的反映,应按国家相关的施工验收规范的要求作为合格的建筑产品,按国家规范来检查验收。但招标方往往还提出要达到高于国家验收规范的质量要求,为此,施工单位要付出比合格水平更多的费用。

3)标底必须适应建筑材料采购渠道和市场价格的变化,考虑材料差价因素,并将差价列入标底。

4)标底必须合理考虑招标工程的自然地理条件和招标工程范围等因素。将地下工程及"三通一平"等招标工程范围内的费用正确地计入标底价格。由于自然条件导致的施工不利因素也应考虑计入标底。

5)标底价格应根据招标文件或合同条件的规定,按规定的工程发承包模式,确定相应的计价方式,考虑相应的风险费用。

6.8　投标价格的编制

1.投标计价的原则和计算依据

(1)投标报价的原则

投标报价的编制主要是投标单位对承建招标工程所要发生的各种费用的计算。在进行投标计算时,必须首先根据招标文件进一步复核工程量。作为投标计算的必要条件,应预先确定施工方案和施工进度,此外,投标计算还必须与采用的合同形式相协调。报价是投标的关键性工作,报价是否合理直接关系到投标的成败。

1)以招标文件中设定的发承包双方责任划分,作为考虑投标报价费用项目和费用计算的基础;根据工程发承包模式考虑投标报价的费用内容和计算深度。

2)以施工方案、技术措施等作为投标报价计算的基本条件。

3)以反映企业技术和管理水平的企业定额作为计算人工、材料和机械台班消耗量的基本依据。

4)充分利用现场考察、调研成果、市场价格信息和行情资料,编制基价,确定调价方法。

5)报价计算方法要科学严谨,简明适用。

(2)投标报价的计算依据

1)招标单位提供的招标文件。

2)招标单位提供的设计图纸、工程量清单及有关的技术说明书等。

3)国家及地区颁发的现行建筑、安装工程预算定额及与之相配套执行的各种费用定额规定等。

4)地方现行材料预算价格、采购地点及供应方式等。

5)因招标文件及设计图纸等不明确经咨询后由招标单位书面答复的有关资料。

6)企业内部制定的有关取费、价格等的规定、标准。

7)其他与报价计算有关的各项政策、规定及调整系数等。

在标价的计算过程中,对于不可预见费用的计算必须慎重考虑,不要遗漏。

(3)投标报价的编制方法

1)以定额计价模式投标报价。一般是采用预算定额来编制,即按照定额规定的分部分项工程子目逐项计算工程量,套用定额基价或根据市场价格确定直接费,然后再按规定的费用定额计取各项费用,最后汇总形成标价。这种方法在我国大多数省市现行的报价编制中比较常用。

2)以工程量清单计价模式投标报价。这是与市场经济相适应的投标报价方法,也是国际通用的竞争性招标方式所要求的。一般是由标底编制单位根据业主委托,将拟建招标工程全部项目和内容按相关的计算规则计算出工程量,列在清单上作为招标文件的组成部分,供投标人逐项填报单价,计算出总价,作为投标报价,然后通过评标竞争,最终确定合同价。工程量清单报价由招标人给出工程量清单,投标者填报单价,单价应完全依据企业技术、管理水平等企业实力而定,以满足市场竞争的需要。

采取工程量清单综合单价计算投标报价时,投标人填入工程量清单中的单价是综合单价,应包括人工费、材料费、机械费、其他直接费、间接费、利润、税金以及材料差价及风险金等全部费用,将工程量与该单价相乘得出合价,将全部合价汇总后即得出投标总报价。分部分项工程费、措施项目费和其他项目费用均采用综合单价计价。工程量清单计价的投标报价构成。工程量清单计价的投标报价由分部分项工程费、措施项目费和其他项目费用构成。

① 分部分项工程费是指完成“分部分项工程量清单”项目所需的费用。投标人负责填写分部分项工程量清单中的金额一项。金额按照综合单价填报。分部分项工程量清单中的合价等于工程数量和综合单价的乘积。

② 措施项目费是指分部分项工程费以外,为完成该工程项目施工必须采取的措施所需的费用。投标人负责填写措施项目清单中的金额。措施项目清单中的措施项目包括通用项目、建筑工程、措施项目、安装工程措施项目和市政工程措施项目等四类。措施项目清单中费用金额也是一个综合单价,包括人工费、材料费、机械费、管理费、利润、风险因素等项目。

③ 其他项目费指的是分部分项工程费和措施项目费用以外,该工程项目施工中可能发生的其他费用。其他项目清单包括的项目分为招标人部分和投标人部分工程量清单计价模式下的投标总价。具体如图 6.3 所示。

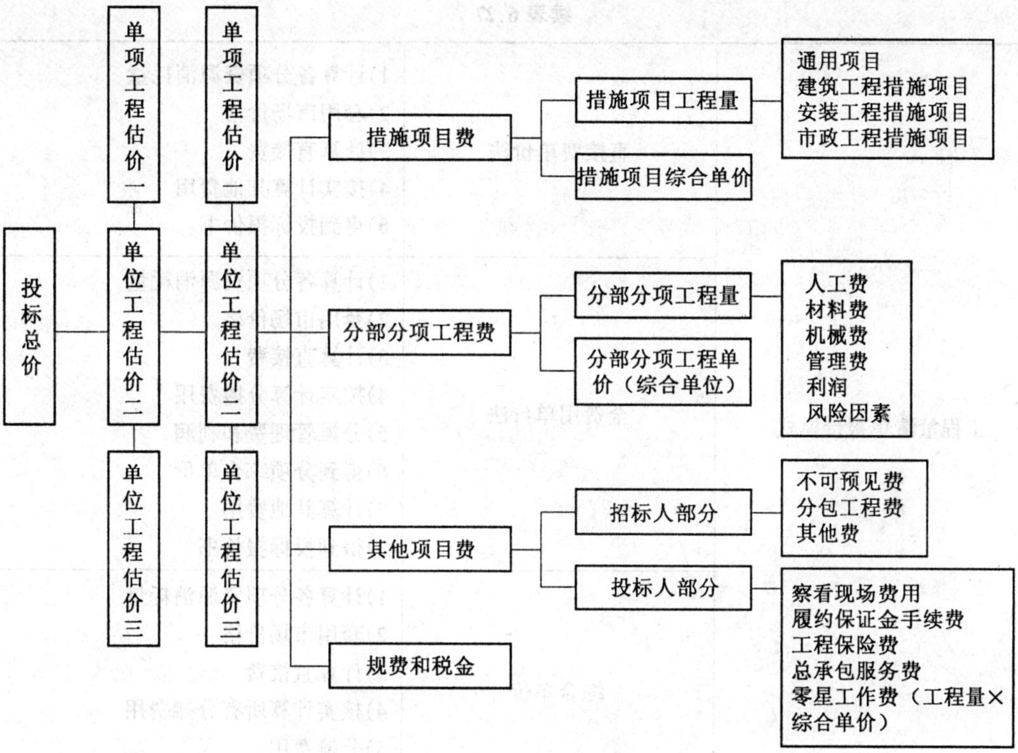

图6.3　工程量清单计价模式下的投标总价构成

④ 规费和税金。

3)我国工程造价改革的总体目标是客观以市场形成价格为主的价格体系。但目前尚处于过渡时期,今后一两年内,我国工程造价管理模式将会出现一个前所未有的多种模式并存的局面,一般来说,工程项目投标报价方面存在着如下几种基本模式(见表6.27)。

表6.27　我国投标报价的模式

现行报价模式	单位估价法	1)计算工程量 2)查套定额单价 3)计算直接费 4)计算取费 5)得到投标报价书
	实物量法	1)计算工程量 2)查套定额消耗量 3)套用市场价格 4)计算直接费 5)计算取费 6)得到投标报价书

续表 6.27

工程量清单报价模式	直接费单价法	1)计算各分项资源消耗量 2)套用市场价格 3)计算直接费 4)按实计算其他费用 5)得到投标报价书
	全费用单价法	1)计算各分项资源消耗量 2)套用市场价格 3)计算直接费 4)按实计算分摊费用 5)分摊管理费和利润 6)得到分项综合单价 7)计算其他费用 8)得到投标报价书
	综合单价	1)计算各分项资源消耗量 2)套用市场价格 3)计算直接费 4)核实计算所有分摊费用 5)分摊费用 6)得到投标报价书

2.投标报价的编制程序

(1)复核或计算工程量

工程招标文件中若提供有工程量清单,投标价格计算之前,要对工程量进行校核。若招标文件中没有提供工程量清单,则必须根据图纸计算全部工程量。如招标文件对工程量的计算方法有规定,应按照规定的方法进行计算。

(2)确定单价,计算合价

在投标报价中,复核或计算各个分部分项工程的实物工程量以后,就需要确定每一个分部分项工程的单价,并按照招标文件中工程量表的格式填写报价,一般是按照分部分项工程量内容和项目名称填写单价与合价。

计算单价时,应将构成分部分项工程的所有费用项目都归入其中。人工、材料、机械费用应该是根据分部分项工程的人工、材料、机械消耗量及其相应的市场价格计算而得。一般来说,承包企业应建立自己的标准价格数据库,并据此计算工程的投标价格。在应用单价数据库针对某一具体工程进行投标报价时,需要对选用的单价进行审核评价与调整,使之符合拟投标工程的实际情况,反映市场价格的变化。

在投标价格编制的各个阶段,投标价格一般以表格的形式进行计算。

(3)确定分包工程费

来自分包人的工程分包费用是投标价格的一个重要组成部分,有时总承包人投标价格中的相当部分来自于分包工程费。因此，在编制投标价格时需要有一个合适的价格来衡量分包人的价格，需要熟悉分包工程的范围，对分包人的能力进行评估。

(4)确定利润

利润指的是承包人的预期利润，确定利润取值的目标是考虑既可以获得最大的可能利润，又要保证投标价格具有一定的竞争性。投标报价时承包人应根据市场竞争情况确定在该工程上的利润率。

(5)确定风险费

风险费对承包商来说是一个未知数，如果预计的风险没有全部发生，则可能预计的风险费有剩余，这部分剩余和计划利润加在一起就是盈余；如果风险费估计不足，则由盈利来补贴。在投标时应该根据该工程规模及工程所在地的实际情况，由有经验的专业人员对可能的风险因素进行逐项分析后确定一个比较合理的费用比率。

(6)确定投标价格

如前所述，将所有的分部分项工程的合价汇总后就可以得到工程的总价，但是这样计算的工程总价还不能作为投标价格，因为计算出来的价格可能重复也可能会漏算，也有可能某些费用的预估有偏差等等，因而必须对计算出来的工程总价作某些必要的调整。调整投标价格应当建立在对工程盈亏分析的基础上，盈亏预测应用多种方法从多角度进行，找出计算中的问题以及分析可以通过采取哪些措施降低成本、增加盈利，确定最后的投标报价。图6.4为工程投标报价编制的一般程序。

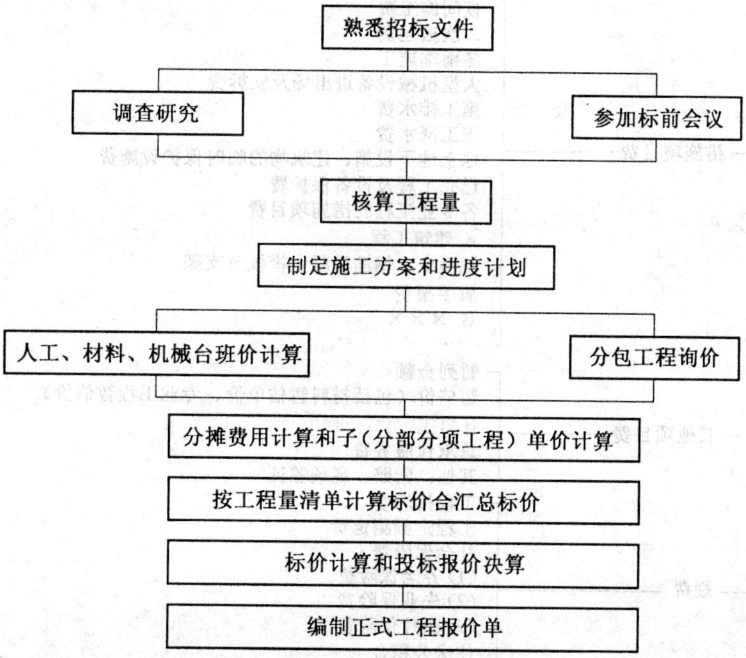

图6.4　工程投标报价编制程序

第 7 章　工程量清单计价方法

7.1　工程量清单计价方法

按"计价规范"规定:工程量清单计价应包括按招标文件规定,完成工程量清单所列项目的全部费用,包括分部分项工程费、措施项目费、其他项目费和规费、税金。其费用构成如图 7.1 所示。

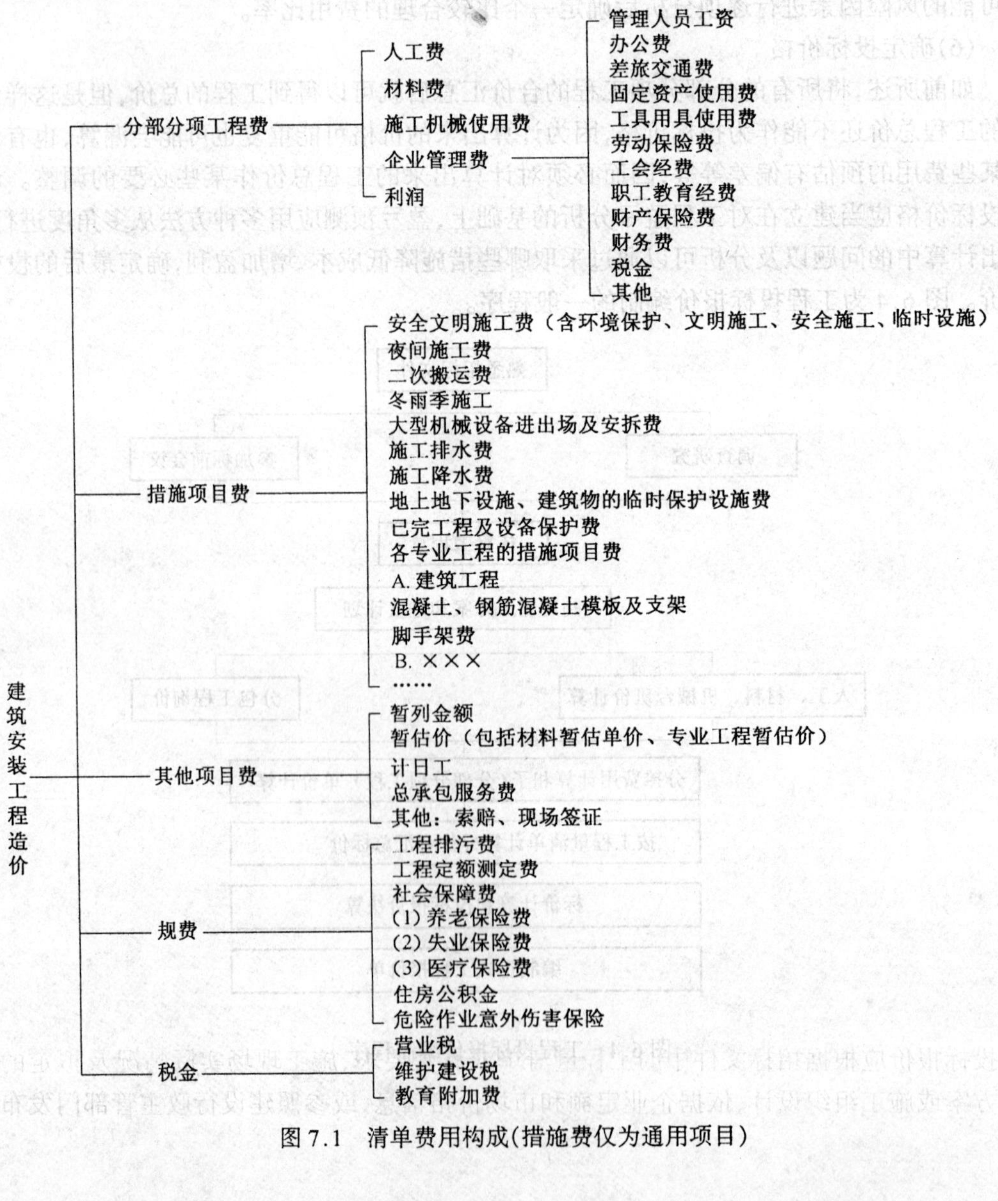

图 7.1　清单费用构成(措施费仅为通用项目)

1.分部分项工程费

分部分项工程费即完成招标文件中所提供的分部分项工程量清单项目所需的费用。分部分项工程量清单计价应采用综合单价计价。

综合单价指完成工程量清单中一个规定计量单位项目所需的人工费、材料费、施工机械使用费、管理费和利润,并考虑风险因素增加的费用。即

分部分项工程综合单价 = 人工费 + 材料费 + 施工机械使用费 + 管理费 + 利润 (7.1)

分部分项工程工程量清单计价合计 = $\sum$(分部分项工程综合单价 × 相应工程量) (7.2)

(1)人工费、材料费、施工机械使用费

人工费、材料费、施工机械使用费在费用项目构成中属于直接工程费项目,其计算方法见表7.1。

表7.1 人工费、材料费、施工机械使用费构成及计算表

费用名称	含 义	构成内容	计算方法
人工费	指直接从事建筑安装工程施工的生产工人开支的各项费用	1)基本工资 2)工资性补贴 3)生产工人辅助工资 4)职工福利费 5)生产工人劳动保护费	人工费 = $\sum$(工日消耗量 × 日工资单价)
材料费	指施工过程中耗费的构成工程实体的原材料、辅助材料、构配件、零件、半成品的费用	1)材料原价(或供应价格) 2)材料运杂费 3)运输损耗费 4)采购及保管费 5)检验试验费	材料费 = $\sum$(材料消耗量 × 材料基价) + 检验试验费
机械费	指施工机械作业所发生的机械使用费以及机械安拆费和场外运费	1)折旧费 2)大修理费 3)经常修理费 4)安拆费及场外运费 5)人工费 6)燃料动力费 7)养路费及车船使用税	施工机械使用费 = $\sum$(施工机械台班消耗量 × 机械台班单价)

从表7.1中可看出:决定人工费、材料费、机械费高低的因素有两个,即工、料、机"消耗量"和"单价"。按《建设工程工程量清单计价规范》(GB 50500—2008)规定:

招标工程如设标底,标底应根据招标文件中的工程量清单和有关要求、施工现场实际情况、合理的施工方法以及按照省、自治区、直辖市建设行政主管部门制定的有关工程造价计价办法进行编制。

投标报价应根据招标文件中的工程量清单或有关要求、施工现场实际情况及拟定的施工方案或施工组织设计,依据企业定额和市场价格信息,或参照建设行政主管部门发布的社会平均消耗量定额进行编制。

由此看来，清单计价模式下的投标报价，其工、料、机“消耗量”及“单价”的形成，要根据企业自身的施工水平、技术及机械装备力量，管理水平，材料、设备的进货渠道、市场价格信息等确定，和定额计价模式，工、料、机“消耗量”和“单价”按各地区颁布的预算定额执行是完全不同的。

要做好投标报价工作，企业就要逐步建立根据本企业施工技术管理水平制定的企业定额，即供本企业使用的人工、材料、施工机械消耗量标准，以反映企业的个别成本。同时还要收集工程价格信息，包括本地区、其他地区人工价格信息、工程材料价格信息、设备价格信息及工程施工机械租赁价格信息等，把收集的价格信息通过整理、统计、分析，以预测价格变动趋势，力保在报价中把风险因素降到最低。因清单计价是合理低价中标，投标人要想中标，就得通过采取合理施工组织方案、先进的施工技术、科学的管理方式等措施来降低工程成本，达到中标并且获利的目的。

投标人在报价时，有企业定额的情况下，最好使用内部成果报价，以反映企业个别成本。无企业定额的情况下，只有参考现行消耗量定额、预算定额和积累的相关资料才能实现报价。

(2)管理费

管理费指建筑安装企业组织施工生产和经营管理所需费用，其包括的内容见图 7.1。

管理费的计算可用下式表示：

$$管理费 = 取费基数 \times 管理费率(\%) \tag{7.3}$$

其中取费基数可按以下 3 种情况取定：

1)人工费、材料费、机械费合计。

2)人工费和机械费合计。

3)人工费。

管理费率取定应根据本企业管理水平，同时考虑竞争的需要来确定。若无此报价资料时，可以参考各省市建设行政主管部门发布管理费浮动费率执行。

管理费属于工程成本要素中的一部分，为了节约其费用开支，在施工过程中，要注意提高管理人员的综合素质，做到高效精干，提倡一专多能。其中现场管理费的高低在很大程度上取决于管理人员的多少。管理人员的多少，不仅反映了管理水平的高低，影响到管理费的多少，而且还影响临设费用等。为了有效地控制管理费开支，降低管理费标准，增强企业的竞争力，在投标初期就应严格控制管理人员和辅助人员的数量，同时合理确定其他管理费开支项目的水平。

(3)利润

利润指施工企业完成所承包工程获得的盈利。

在工程量清单计价模式下，利润不单独体现，而是被分别计入分部分项工程费、措施项目费和其他项目费当中。其计算式可表示为：

$$利润 = 取费基数 \times 利润率(\%) \tag{7.4}$$

取费基数可以以“人工费”或“人工费、机械费合计”或“人工费、材料费、机械费合计”为基数来取定。

利润是竞争最激烈的项目，投标人在报价时，利润率应根据拟建工程的竞争激烈程度和其他投标单位竞争实力来取定。如某拟建工程竞争单位有五家,其余四家目前处于工程不饱满状态,急于承揽此工程,因此可能采取降低利润方式报价。考虑竞争需要,只有采取低利润报价,才有可能中标。

(4)确定综合单价时应注意的问题

1)清单工程量与施工方案工程量的区别。按照“计价规范”中工程量计算规则所计算的清单工程量,与在施工过程中根据现场实际情况及其他因素所采用的施工方案计算出的工程数量是有所不同的。如土方工程中,清单项目所提供的工程量仅为图示尺寸的工程数量,没有考虑实际施工过程中要增加工作面、放坡部分的数量,投标人报价时,要把增加部分的工程数量折算到综合单价内。

2)清单项目中所包含的工程内容多少。综合单价报价的高低与完成一个分项工程所包含的工程内容有直接的关系。很显然,所包含的工程内容多,则单价高,否则单价就低。如某卫生间地面做法包括垫层、找平层、防水层、面层,若防水项目单独编码列项,则卫生间地面工程中就不能再包括防水项目的内容,否则重复列项,影响报价的准确性。在“定额计价”中,楼地面工程中的垫层、找平层、面层都是单独编码列项的,而“计价规范”中,这三项工程内容就合并为一项,即楼地面面层。注意确定综合单价时,不要漏项。

另外,“计价规范”附录中“工程内容”栏所列的工程内容,没有区别不同设计逐一列出,就某一个具体工程项目而言,确定综合单价时,附录中所列工程内容仅供参考,投标人在报价时,一要注意招标文件中分部分项工程量清单相应栏中的提示,二要结合承包单位所采用的施工方案,来确定完成清单项目所要完成的工程内容。

3)考虑风险因素所增加的费用。风险是无处不在而且随时可能发生的,风险是指活动或事件发生的潜在可能性和导致的不良后果。工程项目风险是指工程项目在设计、采购、施工及竣工验收等各阶段、各环节可能遭遇的风险。

在“定额计价”模式下,施工企业一般是在不考虑风险的情况下,承包建设工程项目的;“清单计价”模式下,要求企业在进行工程计价时,充分考虑工程项目风险的因素。

对于承包商来讲,投标报价时,要考虑的风险一般有:政治风险(如战争与内乱等)、经济风险(如物价上涨、税收增加等)、技术风险(如地质地基条件、设备资料供应、运输问题等)、公共关系等方面的风险(与业主的关系、与工程师的关系等)及管理方面的风险。

对于具体工程项目来讲,还要面临如下风险:决策错误风险(如信息取舍失误或信息失真风险)、缔约和履约风险(包括如不平等的合同条款或存在对承包人不利的缺陷、施工管理技术不熟悉、资源和组织管理不当等)、责任风险(如违约等)。

由于承包商在工程承包过程中承担了巨大的风险,所以在投标报价中,要善于分析风险因素,正确估计风险的大小,认真研究风险防范措施,以确定风险因素所增加的费用。

4)分部分项工程量清单综合单价内,不得包括招标人自行采购材料的价款。

2.措施项目费

措施项目费是指为完成工程项目施工,发生于该工程施工前和施工过程中非工程实体项目的费用,即为保证工程顺利进行,按照国家现行有关建设工程施工及验收规范、规程要求,必须配套完成的工程内容所需的费用。

(1)措施项目费的构成

费用构成见表6.2。

(2)措施项目费的计算

在措施费的构成当中,一部分属于定额计价模式下所采用的预算定额中的项目,如施工排水、降水等;一部分属于定额计价模式下费用项目组成中其他直接费或现场经费项目,如夜间施工费、二次搬运费、安全文明施工费等。

投标人在计算各项措施费时,应根据拟建工程的施工方案或施工组织设计,参照计价规范的综合单价组成确定。对于属于定额计价方法下费用项目组成中的其他直接费或现场经费项目,也可按照在"取费基数"基础上乘以"费率"的方法来确定。

取费基数及费率应根据企业所累积的报价资料确定,在无报价资料时,也可按各地区、各部门制定的基数及参考费率取定。

投标人在报价时需注意:招标人在措施项目清单中提出的措施项目,是根据一般情况确定的,没有考虑不同投标人的"个性",因此,在投标报价时,可以根据所确定的施工方案的具体情况,增加措施项目内容,并进行报价。

3.其他项目费

其他项目费为预估费用,包括暂列金额、暂估价、材料暂估单价、专业工程暂估价;计日工和总承包服务费。

(1)暂列金额

暂列金额是招标人在工程量清单中暂定并包括在合同价款中的一笔款项。

暂列金额列入合同价格不等于就属于承包人所有了,即使是总价包干合同,也不等于列入合同价格的所有金额就属于承包人,是否属于承包人应得金额取决于具体的合同约定,只有按照合同约定程序实际发生后,才能成为承包人的应得金额,纳入合同结算价款中。扣除实际发生金额后的暂列金额余额仍属于发包人所有。设立暂列金额并不能保证合同结算价格价格就不会再出现超过合同价格的情况,是否超出合同价格完全取决于工程量清单编制人暂列金额预测的准确性,以及工程建设过程是否出现了其他事先未预测以的事件。

(2)暂估价

暂估价是指招标阶段直至签订合同协议时,招标人在招标文件中提供的用于支付必然发生但暂时不能确定价格的材料以及专业工程的金额。暂估价包括材料暂估单价和专业工程暂估价。

(3)计日工

计日工是为解决现场发生的零星工作的计价而设立的,其为额外工作和变更的计价提供了一个方便快捷的途径。计日工适用的所谓零星工作一般是指合同约定之外的或者因变更而产生的、工程量清单中没有相应项目的额外工作,尤其是那些时间不允许事先商定价格的额外工作。计日工以完成零星工作所消耗的人工工时、材料数量、机械台班进行计量,并按照计日工表中填报的适用项目的单价进行计价支付。

从理论上讲,由于计日工往往是用于一些突发性的额外工作,缺少计划性,承包人在调动施工生产资源方面难免不影响已以计划好的工作,生产资源的使用效率也有一定的降低,客观上造成超出常规的额外投入。另外,其他项目清单中计日工往往是一个暂定的数量,其无法纳入有效的竞争。所以合理的计日工单价水平一定是要高于工程量清单的价格水平的。为获得合理的计日工单价,发包人在其他项目清单中对计日工一定要给出暂定数量,并需要根据经验尽可能估算一个较接近实际的数量。

(4)总承包服务费

总承包服务费是为了解决招标人在法律、法规允许的条件下进行专业工程发包,以及自行供应材料、设备,并需要总承包人对发包的专业工程提供协调和配合服务,对供应的材料、设备提供收、发和保管服务以及进行施工现场管理时发生,并向总承包人支付的费用。招标人应预计该项费用并按投标人投标报价向投标人支付该项费用。

4.规费

规费是指政府和有关权力部门规定必须缴纳的费用(简称规费)。

(1)规费内容

规费内容包括以下内容。

1)工程排污费。

2)工程定额测定费。

3)社会保障费(包括养老保险费、失业保险费、医疗保险费)。

4)住房公积金。

5)危险作业意外伤害保险费。

(2)规费计算

规费计算可按下列公式计算:

$$规费 = 取费基数 \times 规费费率(\%) \tag{7.5}$$

其中,取费基数根据具体情况可分别按"人工费或人工费、材料费合计或人工费、材料费、机械费合计"计算;规费费率一般以当地政府或有关部门制定的费率标准执行,规费的计算,一般按国家及有关部门规定的计算公式及费率标准计算。

5.税金

税金是指国家税法规定的应计入建筑安装工程造价内的营业税、城市建设维护税及教育费附加等。税金可按下列公式计算:

$$税金 = 取费基数 \times 税率(\%) \tag{7.6}$$

税金的计算,一般按国家及有关部门规定的计算公式及税率标准计算。

在"清单计价"模式下,除规费费率及税率按国家或有关造价部门规定的标准计算外,其他费率及工、料、机消耗量都应根据企业自身实力确定,以反映企业的个别成本。

企业要想在激烈的市场竞争中立于不败之地,在施工过程中,就要统筹考虑,精心选择施工方案,合理确定人工、材料、施工机械等要素的投入与配置,优化组合、合理控制现场费用和施工技术措施费用,以达到降低工程成本的目的。

7.2　土(石)方工程清单项目及计算方法

1.土方工程

工程量清单项目设置及工程量计算规则,应按表 7.2 的规定执行。

表 7.2　土方工程(010101)

<table>
<tr><th>项目编码</th><th>项目名称</th><th>项目特征</th><th>计量单位</th><th>工程量计算规则</th><th>工程内容</th></tr>
<tr><td>010101001</td><td>平整场地</td><td>1)土壤类别
2)弃土运距
3)取土运距</td><td>m^2</td><td>按设计图示尺寸以建筑物首层面积计算</td><td>1)土方挖填
2)场地找平
3)运输</td></tr>
<tr><td>010101002</td><td>挖土方</td><td>1)土壤类别
2)挖土平均厚度
3)弃土运距</td><td rowspan="2">m^3</td><td>按设计图示尺寸体积计算</td><td rowspan="2">1)排地表水
2)土方开挖
3)挡土板支拆
4)截桩头
5)基底钎探
6)运输</td></tr>
<tr><td>010101003</td><td>挖基础土方</td><td>1)土壤类别
2)基础类别
3)垫层底宽、底面积
4)挖土深度
5)弃土运距</td><td>按设计图示尺寸以基础垫层底面积乘以挖土深度计算</td></tr>
<tr><td>010101004</td><td>冻土开挖</td><td>1)冻土厚度
2)弃土运距</td><td>m^2</td><td>按设计图示尺寸开挖面积乘以厚度以体积计算</td><td>1)打眼、装药、爆破
2)开挖
3)清理
4)运输</td></tr>
<tr><td>010101005</td><td>挖淤泥、流砂</td><td>1)挖掘深度
2)弃淤泥、流砂距离</td><td>m^2</td><td>按设计图示位置、界限以体积计算</td><td>1)挖淤泥、流砂
2)弃淤泥、流砂</td></tr>
<tr><td>010101006</td><td>管沟土方</td><td>1)土壤类别
2)管外径
3)挖沟平均深度
4)弃土运距
5)回填要求</td><td>m</td><td>按设计图示以管道中心线长度计算</td><td>1)排地表水
2)土方开挖
3)挡土板支拆
4)运输
5)回填</td></tr>
</table>

2.石方工程

工程量清单项目设置及工程量计算规则,应按表 7.3 的规定执行。

表 7.3 石方工程(010102)

项目编码	项目名称	项目特征	计量单位	工程量计算规则	工程内容
010102001	预裂爆破	1)岩石类别 2)单孔深度 3)单孔装药量 4)炸药品种、规格 5)雷管品种、规格	m	按设计图示以钻孔总长度计算	1)打眼、装药、放炮 2)处理渗水、积水 3)安全防护、警卫
010102002	石方开挖	1)岩石类别 2)开凿深度 3)弃碴运距 4)光面爆破要求 5)基底摊座要求 6)爆破石块直径要求	m^3	按设计图示尺寸以体积计算	1)打眼、装药、放炮 2)处理渗水、积水 3)解小 4)岩石开凿 5)摊座 6)清理 7)运输 8)安全防护、警卫
010102003	管沟石方	1)岩石类别 2)管外径 3)开凿深度 4)弃碴运距 5)基底摊座要求 6)爆破石块直径要求	m	按设计图示以管道中心线长度计算	1)石方开凿、爆破 2)处理渗水、积水 3)解小 4)摊座 5)清理、运输、回填 6)安全防护、警卫

3.土石方运输与回填

工程量清单项目设置及工程量计算规则,应按表 7.4 的规定执行。

表 7.4 土石方回填(编码:010103)

项目编码	项目名称	项目特征	计量单位	工程量计算规则	工程内容
010103001	土(石)方回填	1)土质要求 2)密实度要求 3)粒径要求 4)夯填(碾实) 5)松填 6)运输距离	m^3	按设计图示尺寸体积计算 注:1)场地回填:回填面积乘以平均回填厚度 2)室内回填:主墙间净面积乘以回填厚度 3)基础回填:挖方体积减去设计室外地坪以下埋设的基础体积(包括基础垫层及其他构筑物)	1)挖土(石)方 2)装卸、运输 3)回填 4)分层碾压、夯实

7.3 桩与地基基础工程清单项目及计算方法

1.混凝土桩

工程量清单项目设置及工程量计算规则,应按表7.5的规定执行。

表7.5 混凝土桩(编码:010201)

项目编码	项目名称	项目特征	计量单位	工程量计算规则	工程内容
010201001	预制钢筋混凝土桩	1)土壤级别 2)单桩长度、根数 3)桩截面 4)板桩面积 5)管桩填充材料种类 6)桩倾斜度 7)混凝土强度等级 8)防护材料种类	m/根	按设计图示尺寸以桩长(包括桩尖)或根数计算	1)桩制作、运输 2)打桩、试验桩、斜桩 3)送桩 4)管桩填充材料、刷防护材料 5)清理、运输
010201002	接桩	1)桩截面 2)接头长度 3)接桩材料	个/m	按设计图示规定以接头数量(板桩按接头长度)计算	1)桩制作、运输 2)接桩、材料运输
010201003	混凝土灌筑桩	1)土壤级别 2)单桩长度、根数 3)桩截面 4)成孔方法 5)混凝土强度等级	m/根	按设计图示尺寸以桩长(包括桩尖)或根数计算	1)成孔、固壁 2)混凝土制作、运输、灌筑、振捣、养护 3)泥浆池及沟槽砌筑、拆除 4)泥浆制作、运输 5)清理、运输

2.其他桩

工程量清单项目设置及工程量计算规则,应按表7.6的规定执行。

表7.6 其他桩(编码:010202)

项目编码	项目名称	项目特征	计量单位	工程量计算规则	工程内容
010202001	砂石灌筑桩	1)土壤级别 2)桩长 3)桩截面 4)成孔方法 5)砂石级配	m	按设计图示尺寸以桩长(包括桩尖)计算	1)成孔 2)砂石运输 3)填充 4)振实
010202002	灰土挤密桩	1)土壤级别 2)桩长 3)桩截面 4)成孔方法 5)灰土级别			1)成孔 2)灰土拌和、运输 3)填充 4)夯实

续表 7.6

项目编码	项目名称	项目特征	计量单位	工程量计算规则	工程内容
010202003	旋喷桩	1)桩长 2)桩截面 3)水泥强度等级	m	按设计图示尺寸以桩长(包括桩尖)计算	1)成孔 2)水泥浆制作、运输 3)水泥浆旋喷
010202004	喷粉桩	1)桩长 2)桩截面 3)粉体种类 4)水泥强度等级 5)石灰粉要求			1)成孔 2)粉体运输 3)喷粉固化

3.地基与边坡处理

工程量清单项目设置及工程量计算规则,应按表 7.7 的规定执行。

表 7.7　地基与边坡处理(编码:010203)

项目编码	项目名称	项目特征	计量单位	工程量计算规则	工程内容
010203001	地下连续墙	1)墙体厚度 2)成槽深度 3)混凝土强度等级	m^3	按设计图示墙中心线长乘以厚度乘以槽深以体积计算	1)挖土成槽、余土运输 2)导墙制作、安装 3)锁口管吊拔 4)浇筑混凝土连续墙 5)材料运输
010203002	振冲灌筑碎石	1)振冲深度 2)成孔直径 3)碎石级配	m^3	按设计图砂孔深乘以孔截面积以体积计算	1)成孔 2)碎石运输 3)灌筑、振实
010203003	地基强夯	1)夯击能量 2)夯击遍数 3)地耐力要求 4)夯填材料种类	m^2	按设计图示尺寸以面积计算	1)铺夯填材料 2)强夯 3)夯填材料运输
010203004	锚杆支护	1)锚孔直径 2)锚孔平均深度 3)锚固方法、浆液种类 4)支护厚度、材料种类 5)混凝土强度等级 6)砂浆强度等级	m^2	按设计图示尺寸以支护面积计算	1)钻孔 2)浆液制作、运输、压浆 3)张拉锚固 4)混凝土制作、运输、喷射、养护 5)砂浆制作、运输、喷射、养护
010203005	土钉支护	1)支护厚度、材料种类 2)混凝土强度等级 3)砂浆强度等级			1)钉土钉 2)挂网 3)混凝土制作、运输、喷射、养护 4)砂浆制作、运输、喷射、养护

4.其他相关问题

其他相关问题应按下列规定处理。

1)土壤级别按表 7.8 确定。

表 7.8　土质鉴别表

内　　容		土壤级别	
		一级土	二级土
砂夹层	砂层连续厚度	< 1 m	> 1 m
	砂层中卵石含量	—	< 15%
物理性能	压缩系数	> 0.02	< 0.02
	孔隙比	> 0.7	< 0.7
力学性能	静力触探值	< 50	> 50
	动力触探系数	< 12	> 12
每米纯沉桩时间平均值		< 2 min	> 2 min
说　　明		桩经外力作用较易沉入的土,土壤中夹有较薄的砂层	桩经外力作用较难沉入的土,土壤中夹有不超过 3 m 的连续厚度砂层

2)混凝土灌注桩的钢筋笼、地下连续墙的钢筋网制作、安装,应按 7.5 节混凝土及钢筋混凝土工程清单项目及计算方法中相关项目编码列项。

7.4　砌筑工程清单项目及计算方法

1.砖基础

工程量清单项目设置及工程量计算规则,应按表 7.9 的规定执行。

表 7.9　砖基础(编码:010301)

项目编码	项目名称	项目特征	计量单位	工程量计算规则	工程内容
010301001	砖基础	1)砖品种、规格、强度等级 2)基础类型 3)基础深度 4)砂浆强度等级	m^3	按设计图示尺寸以体积计算。包括附墙垛基础宽出部分体积,扣除地梁(圈梁)、构造柱所占体积,不扣除基础大放脚 T 形接头处的重叠部分及嵌入基础内的钢筋、铁件、管道、基础砂浆防潮层和单个面积 0.3 m^2 以内的孔洞所占体积,靠墙暖气沟的挑檐不增加 基础长度:外墙按中心线,内墙按净长线计算	1)砂浆制作、运输 2)砌砖 3)防潮层铺设 4)材料运输

2.砖砌体

工程量清单项目设置及工程量计算规则,应按表 7.10 的规定执行。

表 7.10　砖砌体(编码:010302)

项目编码	项目名称	项目特征	计量单位	工程量计算规则	工程内容
010302001	实心砖墙	1)砖品种、规格、强度等级 2)墙体类型 3)墙体厚度 4)墙体高度 5)勾缝要求 6)砂浆强度等级、配合比	m^3	按设计图示尺寸以体积计算。扣除门窗洞口、过人洞、空圈、嵌入墙内的钢筋混凝土柱、梁、圈梁、挑梁、过梁及凹进墙内的壁龛、管槽、暖气槽、消火栓箱所占体积。不扣除梁头、板头、檩头、垫木、木楞头、沿缘木、木砖、门窗走头、砖墙内加固钢筋、木筋、铁件、钢管及单个面积 0.3 m^2 以内的孔洞所占体积。凸出墙面的腰线、挑檐、压顶、窗台线、虎头砖、门窗套的体积亦不增加。凸出墙面的砖垛并入墙体体积内计算 1.墙长度 外墙按中心线,内墙按净长计算。 2.墙高度 (1)外墙:斜(坡)屋面无檐口天棚者算至屋面板底;有屋架且室内外均有天棚者算至屋架下弦底另加 200 mm;无天棚者算至屋架下弦底另加 300 mm,出檐宽度超过 600 mm 时按实砌高度计算;平屋面算至钢筋混凝土板底。 (2)内墙:位于屋架下弦者,算至屋架下弦底;无屋架者算至天棚底另加 100 mm。 有钢筋混凝土楼板隔层者算至楼板顶;有框架梁时算至梁底。 (3)女儿墙:从屋面板上表面算至女儿墙顶面(如有混凝土压顶时算至压顶下表面)。 (4)内、外山墙:按其平均高度计算。 3.围墙 高度算至压顶上表面(如有混凝土压顶时算至压顶下表面),围墙柱并入围墙体积内	1)砂浆制作、运输 2)砌砖 3)勾缝 4)砖压顶砌筑 5)材料运输

续表 7.10

项目编码	项目名称	项目特征	计量单位	工程量计算规则	工程内容
010301002	空斗墙	1)砖品种、规格、强度等级 2)墙体类型 3)墙体厚度 4)勾缝要求 5)砂浆强度等级、配合比	m^3	按设计图示尺寸以空斗墙外形体积计算。墙角、内外墙交接处、门窗洞口立边、窗台砖、屋檐处的实砌部分体积并入空斗墙体积内	1)砂浆制作、运输 2)砌砖 3)装填充料 4)勾缝 5)材料运输
010302003	空花墙	1)砖品种、规格、强度等级 2)墙体类型 3)墙体厚度 4)勾缝要求 5)砂浆强度等级	m^2	按设计图示尺寸以空花部分外形体积计算,不扣除空洞部分体积	同上
010302004	填充墙	1)砖品种、规格、强度等级 2)墙体厚度 3)填充材料种类 4)勾缝要求 5)砂浆强度等级	m^3	按设计图示尺寸以填充墙外形体积计算	同上
010302005	实心砖柱	1)砖品种、规格、强度等级 2)柱类型 3)柱截面 4)柱高 5)勾缝要求 6)砂浆强度等级、配合比	m^3	按设计图示尺寸以体积计算。扣除混凝土及钢筋混凝土梁垫、梁头、板头所占体积	1)砂浆制作、运输 2)砌砖 3)勾缝 4)材料运输
010302006	零星砌砖	1)零星砌砖名称、部位 2)勾缝要求 3)砂浆强度等级、配合比	m^3(m^2、m、个)	同上	同上

3.砖构筑物

工程量清单项目设置及工程量计算规则,应按表 7.11 的规定执行。

表7.11 砖构筑物(编码:010303)

项目编码	项目名称	项目特征	计量单位	工程量计算规则	工程内容
010303001	砖烟囱、水塔	1)筒身高度 2)砖品种、规格、强度等级 3)耐火砖品种、规格 4)耐火泥品种 5)隔热材料种类 6)勾缝要求 7)砂浆强度等级、配合比	m^3	按设计图示筒壁平均中心线周长乘以厚度乘以高度以体积计算。扣除各种孔洞、钢筋混凝土圈梁、过梁等的体积	1)砂浆制作、运输 2)砌砖 3)涂隔热层 4)装填充料 5)砌内衬 6)勾缝 7)材料运输
010303002	砖烟道	1)烟道截面形状、长度 2)砖品种、规格、强度等级 3)耐火砖品种规格 4)耐火泥品种 5)勾缝要求 6)砂浆强度等级、配合比	m^3	按图示尺寸以体积计算	1)砂浆制作、运输 2)砌砖 3)涂隔热层 4)装填充料 5)砌内衬 6)勾缝 7)材料运输
010303003	砖窨井、检查井	1)井截面 2)垫层材料种类、厚度 3)底板厚度 4)勾缝要求 5)混凝土强度等级 6)砂浆强度等级、配合比 7)防潮层材料种类	座	按设计图示数量计算	1)土方挖运 2)砂浆制作、运输 3)铺设垫层 4)底板混凝土制作、运输、浇筑、振捣、养护 5)砌砖 6)勾缝 7)井池底、壁抹灰 8)抹防潮层 9)回填 10)材料运输
010303004	砖水池、化粪池	1)池截面 2)垫层材料种类、厚度 3)底板厚度 4)勾缝要求 5)混凝土强度等级 6)砂浆强度等级、配合比	座		

4.砌块砌体

工程量清单项目设置及工程量计算规则,应按表 7.12 的规定执行。

表 7.12　砌块砌体(编码:010304)

项目编码	项目名称	项目特征	计量单位	工程量计算规则	工程内容
010304001	空心墙、砌块墙	1)墙体类型 2)墙体厚度 3)空心砖、砌块品种、规格、强度等级 4)勾缝要求 5)砂浆强度等级、配合比	m^3	按设计图示尺寸以体积计算。扣除门窗洞口、过人洞、空圈、嵌入墙内的钢筋混凝土柱、梁、圈梁、挑梁、过梁及凹进墙内的壁龛、管槽、暖气槽、消火栓箱所占体积,不扣除梁头、板头、檩头、垫木、木楞头、沿缘木、木砖、门窗走头、砖墙内加固钢筋、木筋、铁件、钢管及单个面积 0.3 m^2 以内的孔洞所占体积,凸出墙面的腰线、挑檐、压顶、窗台线、虎头砖、门窗套的体积不增加,凸出墙面的砖垛并入墙体体积内 1.墙长度 外墙按中心线,内墙按净长计算 2.墙高度 (1)外墙:斜(坡)屋面无檐口天棚者算至屋面板底;有屋架且室内外均有天棚者算至屋架下弦底另加 200 mm;无天棚者算至屋架下弦底另加 300 mm,出檐宽度超过 600 mm 时按实砌高度计算;平屋面算至钢筋混凝土板底。 (2)内墙:位于屋架下弦者,算至屋架下弦底;无屋架者算至天棚底另加 100 mm;有钢筋混凝土楼板隔层者算至楼板顶;有框架梁时算至梁底。 (3)女儿墙:从屋面板上表面算至女儿墙顶面(如有压顶时算至压顶下表面)。 (4)内、外山墙:按其平均高度计算。 3.围墙 高度算至压顶上表面(如有混凝土压顶时算至压顶下表面),围墙柱并入围墙体积内	1)砂浆制作、运输 2)砌砖、砌块 3)勾缝 4)材料运输

续表7.12

项目编码	项目名称	项目特征	计量单位	工程量计算规则	工程内容
010304002	空心柱、砌块柱	1)柱高度 2)柱截面 3)空心砖、砌块品种、规格、强度等级 4)勾缝要求 5)砂浆强度等级、配合比	m^3	按设计图示尺寸以体积计算。扣除混凝土及钢筋混凝土梁垫、梁头、板头所占体积	

5.石砌体

工程量清单项目设置及工程量计算规则,应按表7.13的规定执行。

表7.13 石砌体(编码:010305)

项目编码	项目名称	项目特征	计量单位	工程量计算规则	工程内容
010305001	石基础	1)石料种类、规格 2)基础深度 3)基础类型 4)砂浆强度等级、配合比	m^3	按设计图示尺寸以体积计算。包括附墙垛基础宽出部分体积,不扣除基础砂浆防潮层及单个面积0.3 m^2以内的孔洞所占体积,靠墙暖气沟的挑檐不增加体积。基础长度:外墙按中心线,内墙按净长计算	1)砂浆制作、运输 2)砌石 3)防潮层铺设 4)材料运输
010305002	石勒脚	1)石料种类、规格 2)石表面加工要求 3)勾缝要求 4)砂浆强度等级、配合比	m^3	按设计图示尺寸以体积计算。扣除单0.3 m^2以外的孔洞所占的体积	1)砂浆制作、运输 2)砌石 3)石表面加工 4)勾缝 5)材料运输

续表 7.13

项目编码	项目名称	项目特征	计量单位	工程量计算规则	工程内容
010305003	石墙	1)石料种类、规格 2)墙厚 3)石表面加工要求 4)勾缝要求 5)砂浆强度等级、配合比	m^3	按设计图示尺寸以体积计算。扣除门窗洞口、过人洞、空圈、嵌入墙内的钢筋混凝土柱、梁、圈梁、挑梁、过梁及凹进墙内的壁龛、管槽、暖气槽、消火栓箱所占体积，不扣除梁头、板头、檩头、垫木、木楞头、沿缘木、木砖、门窗走头、砖墙内加固钢筋、木筋、铁件、钢管及单个面积 0.3 m^2 以内的孔洞所占体积，凸出墙面的腰线、挑檐、压顶、窗台线、虎头砖、门窗套不增加体积，凸出墙面的砖垛并入墙体体积内 1.墙长度 外墙按中心线，内墙按净长计算 2.墙高度 (1)外墙：斜（坡）屋面无檐口天棚者算至屋面板底；有屋架且室内外均有天棚者算至屋架下弦底另加 200 mm；无天棚者算至屋架下弦底另加 300 mm，出檐宽度超过 600 mm 时按实砌高度计算；平屋面算至钢筋混凝土板底。 (2)内墙：位于屋架下弦者，算至屋架下弦底；无屋架者算至天棚底另加 100 mm；有钢筋混凝土楼板隔层者算至楼板顶；有框架梁时算至梁底。 (3)女儿墙：从屋面板上表面算至女儿墙顶面（如有压顶时算至压顶下表面）。 (4)内、外山墙：按其平均高度计算。 3.围墙 高度算至压顶上表面（如有混凝土压顶时算至压顶下表面），围墙柱、砖压顶并入围墙体积内	

续表 7.13

项目编码	项目名称	项目特征	计量单位	工程量计算规则	工程内容
010305004	石挡土墙	1)石料种类、规格 2)墙厚 3)石表面加工要求 4)勾缝要求 5)砂浆强度等级、配合比	m^3	按设计图示尺寸以体积计算	1)砂浆制作、运输 2)砌石 3)压顶抹灰 4)勾缝 5)材料运输
010305005	石柱	1)石料种类、规格 2)柱截面 3)石表面加工要求 4)勾缝要求 5)砂浆强度等级、配合比			1)砂浆制作、运输 2)砌石 3)石表面加工 4)勾缝 5)材料运输
010305006	石栏杆	1)石料种类、规格 2)柱截面 3)石表面加工要求 4)勾缝要求 5)砂浆强度等级、配合比	m	按设计图示以长度计算	1)砂浆制作、运输 2)砌石 3)石表面加工 4)勾缝 5)材料运输
010305007	石护坡	1)垫层材料种类、厚度 2)石料种类、规格 3)护坡厚度、高度 4)石表面加工要求 5)勾缝要求 6)砂浆强度等级、配合比	m^3	按设计图示尺寸以体积计算	1)砂浆制作、运输 2)砌石 3)石表面加工 4)勾缝 5)材料运输
010305008	石台阶				
010305009	石坡道	1)垫层材料种类、厚度 2)石料种类、规格 3)护坡厚度、高度 4)石表面加工要求 5)勾缝要求 6)砂浆强度等级、配合比	m^2	按设计图示尺寸以水平投影面积计算	1)铺设垫层 2)石料加工 3)砂浆制作、运输 4)砌石 5)石表面加工 6)勾缝 7)材料运输

续表 7.13

项目编码	项目名称	项目特征	计量单位	工程量计算规则	工程内容
010305010	石地沟、石明沟	1)沟截面尺寸 2)垫层种类、厚度 3)石料种类、规格 4)石表面加工要求 5)勾缝要求 6)砂浆强度等级、配合比	m	按设计图示以中心线长度计算	1)土石挖运 2)砂浆制作、运输 3)铺设垫层 4)砌石 5)石表面加工 6)勾缝 7)回填 8)材料运输

6.砖散水、地坪、地沟

工程量清单项目设置及工程量计算规则,应按表 7.14 的规定执行。

表 7.14　砖散水、地坪、地沟(编码:010306)

项目编码	项目名称	项目特征	计量单位	工程量计算规则	工程内容
010306001	砖散水、地坪	1)垫层材料种类、厚度 2)散水、地坪厚度 3)面层种类、厚度 4)砂浆强度等级、配合比	m^2	按设计图示尺寸以面积计算	1)地基找平、夯实 2)铺设垫层 3)砌砖散水、地坪 4)抹砂浆面层
010306002	砖地沟、明沟	1)沟截面尺寸 2)垫层材料种类、厚度 3)混凝土强度等级 4)砂浆强度等级、配合比	m	按设计图示以中心线长度计算	1)挖运土石 2)铺设垫层 3)底板混凝土制作、运输、浇筑、振捣、养护 4)砌砖 5)勾缝、抹灰 6)材料运输

7.其他相关问题

其他相关问题应按下列规定处理。

1)基础垫层包括在基础项目内。

2)标准砖尺寸应为 240 mm × 115 mm × 53 mm。标准砖墙厚度应按表 7.15 计算。

表7.15　标准墙计算厚度表

砖数(厚度)	计算厚度/mm
1/4	53
1/2	115
3/4	180
1	240
$1\frac{1}{2}$	365
2	490
$2\frac{1}{2}$	615
3	740

3)砖基础与砖墙(身)划分应以设计室内地坪为界(有地下室的按地下室室内设计地坪为界),以下基础,以上为墙(柱)身。基础与墙身使用不同材料,位于设计室内地坪±300 mm以内时以不同材料为界超过±300 mm,应以设计室内地坪为界。砖围墙应以设计室外地坪为界,以下为基础,以上为墙身。

4)框架外表面的镶贴砖部分,应单独按表7.10中零星砌砖项目编码列项。

5)附墙烟囱、通风道、垃圾道,应按设计图示尺寸以体积(扣除孔洞所占体积)计算,并入所依附墙体体积内。当设计规定孔洞内需抹灰时,应按墙、柱面工程中相关项目编码列项。

6)空斗墙的窗间墙、窗台下、楼板下等的实砌部分,应按表7.10中零星砌砖项目编码列项。

7)台阶、台阶挡墙、梯带、锅台、炉灶、蹲台、池槽、池槽腿、花台、花池、楼梯栏板、阳台栏板、地垄墙、屋隔热板下的砖墩、0.3 m^2 以内孔洞填塞等,应按零星砌砖项目编码列项。砖砌锅台与炉灶可按外形尺寸以个算,砖砌台阶可按水平投影面积以平方米计算,小便槽、地垄墙可按长度计算,其他工程量按立方米计算。

8)砖烟囱应按设计室外地坪为界,以下为基础,以上为筒身。

9)砖烟囱体积可按下式分段计算:

$$V = \sum H \times C \times \pi D \tag{7.1}$$

式中　V—— 筒身体积;

H—— 每段筒身直高度;

C—— 每段筒壁厚度;

D—— 每段筒壁平均直径。

10)砖烟道与炉体的划分应按第一道闸门为界。

11)水塔基础与塔身划分应以砖砌体的扩大部分顶面为界,以上为塔身,以下为基础。

12)石基础、石勒脚、石墙身的划分:基础与勒脚应以设计室外地坪为界,勒脚与墙身应以设计室地坪为界。石围墙内外地坪标高不同时,应以较低地坪标高为界,以下为基础;内外标高之差为挡土时,挡土墙以上为墙身。

13)石梯带工程量应计算在石台阶工程量内。

14)石梯膀应按表 7.13 石挡土墙项目编码列项。

15)砌体内加筋的制作、安装,应按 7.5 节相关项目编码列项。

7.5 混凝土及钢筋混凝土工程清单项目及计算方法

1.现浇混凝土基础

工程量清单项目设置及工程量计算规则,应按表 7.16 的规定执行。

表 7.16 现浇混凝土基础(编码:010401)

项目编码	项目名称	项目特征	计量单位	工程量计算规则	工程内容
010401001	带形基础	1)混凝土强度等级 2)混凝土拌和料要求 3)砂浆强度等级	m^3	按设计图示尺寸以体积计算。不扣除构件内钢筋、预埋铁件和伸入承台基础的桩头所占体积	1)混凝土制作、运输、浇筑、振捣、养护 2)地脚螺栓二次灌浆
010401002	独立基础				
010401003	满堂基础				
010401004	设备基础				
010401005	桩承台基础				
010401006	垫层				

2.现浇混凝土柱

工程量清单项目设置及工程量计算规则,应按表 7.17 的规定执行。

表 7.17 现浇混凝土柱(编码:010402)

项目编码	项目名称	项目特征	计量单位	工程量计算规则	工程内容
010402001	矩形柱	1)柱高度 2)柱截面尺寸 3)混凝土强度等级 4)混凝土拌和料要求	m^3	按设计图示尺寸以体积计算。不扣除构件内钢筋、预埋铁件所占体积 柱高: 1)有梁板的柱高,应自柱基上表面(或楼板上表面)至上一层楼板上表面之间的高度计算 2)无梁板的柱高,应自柱基上表面(或楼板上表面)至柱帽下表面之间的高度计算 3)框架柱的柱高,应自柱基上表面至柱顶高度计算 4)构造柱按全高计算,嵌接墙体部分并入柱身体积 5)依附柱上的牛腿和升板的柱帽,并入柱身体积计算	混凝土制作、运输、浇筑、振捣、养护
010402002	异形柱	1)柱高度 2)柱截面尺寸 3)混凝土强度等级 4)混凝土拌和料要求			

3.现浇混凝土梁

工程量清单项目设置及工程量计算规则,应按表 7.18 的规定执行。

表 7.18　现浇混凝土梁(编码:010403)

项目编码	项目名称	项目特征	计量单位	工程量计算规则	工程内容
010403001	基础梁	1)梁底标高 2)梁截面 3)混凝土强度等级 4)混凝土拌和料要求	m^3	按设计图示尺寸以体积计算。不扣除构件内钢筋、预埋铁件所占体积,伸入墙内的梁头、梁垫并入梁体积内 梁长: 1)梁与柱连接时,梁长算至柱侧面 2)主梁与次梁连接时,次梁长算至主梁侧面	混凝土制作、运输、浇筑、振捣、养护
010403002	矩形梁				
010403003	异形梁				
010403004	圈梁				
010403005	过梁				
010403006	弧形、拱形梁				

4.现浇混凝土墙

工程量清单项目设置及工程量计算规则,应按表 7.19 的规定执行。

表 7.19　现浇混凝土墙(编码:010404)

项目编码	项目名称	项目特征	计量单位	工程量计算规则	工程内容
010404001	直形墙	1)墙类型 2)墙厚度 3)混凝土强度等级 4)混凝土拌和料要求	m^3	按设计图示尺寸以体积计算。不扣除构件内钢筋、预埋铁件所占体积,扣除门窗洞口及单个面积 0.3 m^2 以外的孔洞所占体积,墙垛及突出墙面部分并入墙体体积内计算	混凝土制作、运输、浇筑、振捣、养护
010404002	弧形墙				

5.现浇混凝土板

工程量清单项目设置及工程量计算规则,应按表 7.20 的规定执行。

表 7.20 现浇混凝土板(编码:010405)

项目编码	项目名称	项目特征	计量单位	工程量计算规则	工程内容
010405001	有梁板	1)板底标高 2)板厚度 3)混凝土强度等级 4)混凝土拌和料要求	m^3	按设计图示尺寸以体积计算。不扣除构件内钢筋、预埋铁件及单个面积 0.3 m^2 以内的孔洞所占体积。有梁板(包括主、次梁与板)按梁、板体积之和计算,无梁板按板和柱帽体积之和计算,各类板伸入墙内的板头并入板体积内计算,薄壳板的肋、基梁并入薄壳体积内计算	混凝土制作、运输、浇筑、振捣、养护
010405002	无梁板				
010405003	平板				
010405004	拱板				
010405005	薄壳板				
010405006	栏板				
010405007	天沟、挑檐板	1)混凝土强度等级 2)混凝土拌和料要求	m^3	按设计图示尺寸以体积计算	混凝土制作、运输、浇筑、振捣、养护
010405008	雨篷、阳台板			按设计图示尺寸以墙外部分体积计算。包括伸出墙外的牛腿和雨篷反挑檐的体积	
010405009	其他板			按设计图示尺寸以体积计算	

6.现浇混凝土楼梯

工程量清单项目设置及工程量计算规则,应按表 7.21 的规定执行。

表 7.21 现浇混凝土楼梯(编码:010406)

项目编码	项目名称	项目特征	计量单位	工程量计算规则	工程内容
010406001	直形楼梯	1)混凝土强度等级 2)混凝土拌和料要求	m^2	按设计图示尺寸以水平投影面积计算。不扣除宽度小于 500 mm 的楼梯井,伸入墙内部分不计算	混凝土制作、运输、浇筑、振捣、养护
010406002	弧形楼梯				

7.现浇混凝土其他构件

工程量清单项目设置及工程量计算规则,应按表 7.22 的规定执行。

表7.22 现浇混凝土其他构件(编码:010407)

项目编码	项目名称	项目特征	计量单位	工程量计算规则	工程内容
010407001	其他构件	1)构件的类型 2)构件规格 3)混凝土强度等级 4)混凝土拌和料要求	m^3、(m^2、m)	按设计图示尺寸以体积计算。不扣除构件内钢筋、预埋铁件所占体积	混凝土制作、运输、浇筑、振捣、养护
010407002	散水、坡道	1)垫层材料种类、厚度 2)面层厚度 3)混凝土强度等级 4)混凝土拌和料要求 5)填塞材料种类	m^2	按设计图示尺寸以面积计算。不扣除单个0.3 m^2以内的孔洞所占面积	1)地基夯实 2)铺设垫层 3)混凝土制作、运输、浇筑、振捣、养护 4)变形缝填塞
010407003	电缆沟、地沟	1)沟截面 2)垫层材料种类、厚度 3)混凝土强度等级 4)混凝土拌和料要求 5)防护材料种类	m	按设计图示以中心线长度计算	1)挖运土石 2)铺设垫层 3)混凝土制作、运输、浇筑、振捣、养护 4)刷防护材料

8.后浇带

工程量清单项目设置及工程量计算规则,应按表7.23的规定执行。

表7.23 后浇带(编码:010408)

项目编码	项目名称	项目特征	计量单位	工程量计算规则	工程内容
010408001	后浇带	1)部位 2)混凝土强度等级 3)混凝土拌和料要求	m^3	按设计图示尺寸以体积计算	混凝土制作、运输、浇筑、振捣、养护

9.预制混凝土柱

工程量清单项目设置及工程量计算规则,应按表7.24的规定执行。

表 7.24 预制混凝土柱(编码:010409)

项目编码	项目名称	项目特征	计量单位	工程量计算规则	工程内容
010409001	矩形柱	1)柱类型 2)单件体积 3)安装高度 4)混凝土强度等级 5)砂浆强度等级	m^3 (根)	1)按设计图示尺寸以体积计算。不扣除构件内钢筋、预埋铁件所占体积 2)按设计图示尺寸以"数量"计算	1)混凝土制作、运输、浇筑、振捣、养护 2)构件制作、运输 3)构件安装 4)砂浆制作、运输 5)接头灌缝、养护
010409002	异形柱				

10.预制混凝土梁

工程量清单项目设置及工程量计算规则,应按表 7.25 的规定执行。

表 7.25 预制混凝土梁(编码:010410)

项目编码	项目名称	项目特征	计量单位	工程量计算规则	工程内容
010410001	矩形梁	1)单件体积 2)安装高度 3)混凝土强度等级 4)砂浆强度等级	m^3 (根)	按设计图示尺寸以体积计算。不扣除构件内钢筋、预埋铁件所占体积	1)混凝土制作、运输、浇筑、振捣、养护 2)构件制作、运输 3)构件安装 4)砂浆制作、运输 5)接头灌缝、养护
010410002	异形梁				
010410003	过梁				
010410004	拱形梁				
010410005	鱼腹式吊车梁				
010410006	风道梁				

11.预制混凝土屋架

工程量清单项目设置及工程量计算规则,应按表 7.26 的规定执行。

表 7.26 预制混凝土屋架(编码:010411)

项目编码	项目名称	项目特征	计量单位	工程量计算规则	工程内容
010411001	折线型屋架	1)单件体积 2)安装高度 3)混凝土强度等级 4)砂浆强度等级	m^3 (榀)	按设计图示尺寸以体积计算。不扣除构件内钢筋、预埋铁件所占体积	1)混凝土制作、运输、浇筑、振捣、养护 2)构件制作、运输 3)构件安装 4)砂浆制作、运输 5)接头灌缝、养护
010411002	组合屋架				
010411003	薄腹屋架				
010411004	门式刚架屋架				
010411005	天窗架屋架				

12.预制混凝土板

工程量清单项目设置及工程量计算规则,应按表 7.27 的规定执行。

表 7.27　预制混凝土板(编码:010412)

项目编码	项目名称	项目特征	计量单位	工程量计算规则	工程内容
010412001	平板	1)构件尺寸 2)安装高度 3)混凝土强度等级 4)砂浆强度等级	m^3 (块)	按设计图示尺寸以体积计算。不扣除构件内钢筋、预埋铁件及单个尺寸300 mm×300 mm 以内的孔洞所占体积,扣除空心板空洞体积	1)混凝土制作、运输、浇筑、振捣、养护 2)构件制作、运输 3)构件安装 4)升板提升 5)砂浆制作、运输 6)接头灌缝、养护
010412002	空心板				
010412003	槽形板				
010412004	网架板				
010412005	折线板				
010412006	带肋板				
010412007	大型板				
010412008	沟盖板、井盖板、井圈	1)构件尺寸 2)安装高度 3)混凝土强度等级 4)砂浆强度等级	m^3 (块、套)	按设计图示尺寸以体积计算。不扣除构件内钢筋、预埋铁件所占体积	1)混凝土制作、运输、浇筑、振捣、养护 2)构件制作、运输 3)构件安装 4)砂浆制作、运输 5)接头灌缝、养护

13.预制混凝土楼梯

工程量清单项目设置及工程量计算规则,应按表 7.28 的规定执行。

表 7.28　预制混凝土楼梯(编码:010413)

项目编码	项目名称	项目特征	计量单位	工程量计算规则	工程内容
010413001	楼梯	1)楼梯类型 2)单件体积 3)混凝土强度等级 4)砂浆强度等级	m^3	按设计图示尺寸以体积计算。不扣除构件内钢筋、预埋铁件所占体积,扣除空心踏步板空洞体积	1)混凝土制作、运输、浇筑、振捣、养护 2)构件制作、运输 3)构件安装 4)砂浆制作、运输 5)接头灌缝、养护

14.其他预制构件

工程量清单项目设置及工程量计算规则,应按表 7.29 的规定执行。

表 7.29 其他预制构件(编码:010414)

项目编码	项目名称	项目特征	计量单位	工程量计算规则	工程内容
010414001	烟道、垃圾道、通风道	1)构件类型 2)单件体积 3)安装高度 4)混凝土强度等级 5)砂浆强度等级	m^3	按设计图示尺寸以体积计算。不扣除构件内钢筋、预埋铁件及单个尺寸300 mm×300 mm以内的孔洞所占体积,扣除烟道、垃圾道、通风道的孔洞所占体积	1)混凝土制作、运输、浇筑、振捣、养护 2)(水磨石)构件制作、运输 3)构件安装 4)砂浆制作、运输 5)接头灌缝、养护 6)酸洗、打蜡
010414002	其他构件	1)构件的类型 2)单件体积 3)水磨石面层厚度 4)安装高度 5)混凝土强度等级 6)水泥石子浆配合比 7)石子品种、规格、颜色 8)酸洗、打蜡要求	m^3	按设计图示尺寸以体积计算。不扣除构件内钢筋、预埋铁件及单个尺寸300 mm×300 mm以内的孔洞所占体积,扣除烟道、垃圾道、通风道的孔洞所占体积	1)混凝土制作、运输、浇筑、振捣、养护 2)(水磨石)构件制作、运输 3)构件安装 4)砂浆制作、运输 5)接头灌缝、养护 6)酸洗、打蜡
010414003	水磨石构件	1)构件的类型 2)单件体积 3)水磨石面层厚度 4)安装高度 5)混凝土强度等级 6)水泥石子浆配合比 7)石子品种、规格、颜色 8)酸洗、打蜡要求			

15.混凝土构筑物

工程量清单项目设置及工程量计算规则,应按表 7.30 的规定执行。

表 7.30 混凝土构筑物(编码:010415)

项目编码	项目名称	项目特征	计量单位	工程量计算规则	工程内容
010415001	贮水(油)池	1)池类型 2)池规格 3)混凝土强度等级 4)混凝土拌和料要求	m^3	按设计图示尺寸以体积计算。不扣除构件内钢筋、预埋铁件及单个面积 0.3 m^2 以内的孔洞所占体积	混凝土制作、运输、浇筑、振捣、养护
010415002	贮仓	1)类型、高度 2)混凝土强度等级 3)混凝土拌和料要求			
010415003	水塔	1)类型 2)支筒高度、水箱容积 3)倒圆锥形罐壳厚度、直径 4)混凝土强度等级 5)混凝土拌和料要求 6)砂浆强度等级			1)混凝土制作、运输、浇筑、振捣、养护 2)预制倒圆锥形罐壳、组装、提升、就位 3)砂浆制作、运输 4)接头灌缝、养护
010415004	烟囱	1)高度 2)混凝土强度等级 3)混凝土拌和料要求			混凝土制作、运输、浇筑、振捣、养护

16.钢筋工程

工程量清单项目设置及工程量计算规则,应按表 7.31 的规定执行。

表 7.31 钢筋工程(编码:010416)

项目编码	项目名称	项目特征	计量单位	工程量计算规则	工程内容
010416001	现浇混凝土钢筋	钢筋种类、规格	t	按设计图示钢筋(网)长度(面积)乘以单位理论质量计算	1)钢筋(网、笼)制作、运输 2)钢筋(网、笼)安装
010416002	预制构件钢筋				
040416003	钢筋网片				
010416004	钢筋笼				
010416005	先张法预应力钢筋	1)钢筋种类、规格 2)锚具种类	t	按设计图示钢筋长度乘以单位理论质量计算	1)钢筋制作、运输 2)钢筋张拉

续表 7.31

项目编码	项目名称	项目特征	计量单位	工程量计算规则	工程内容
010416006	后张法预应力钢筋	1)钢筋种类、规格 2)钢丝束种类、规格 3)钢绞线种类、规格 4)锚具种类 5)砂浆强度等级	t	按设计图示钢筋(丝束、绞线)长度乘以单位理论质量计算 1)低合金钢筋两端均采用螺杆锚具时,钢筋长度按孔道长度减0.35 m计算,螺杆另行计算 2)低合金钢筋一端采用镦头插片、另一端采用螺杆锚具时,钢筋长度按孔道长度计算,螺杆另行计算 3)低合金钢筋一端采用镦头插片、另一端采用帮条锚具时,钢筋长度按孔道长度增加0.15 m计算;两端均采用帮条锚具时,钢筋长度按孔道长度增加0.3 m计算 4)低合金钢筋采用后张混凝土自锚时,钢筋长度按孔道长度增加0.35 m计算 5)低合金钢筋(钢铰线)采用JM、XM、QM型锚具,孔道长度在20 m以内时,钢筋长度按孔道长度增加1 m计算;孔道长度20 m以外时,钢筋(钢铰线)长度按孔道长度增加1.8 m计算 6)碳素钢丝采用锥形锚具,孔道长度在20 m以内时,钢丝束长度按孔道长度增加1 m计算;孔道长在20 m以上时,钢丝束长度按孔道长度增加1.8 m计算 7)碳素钢丝束采用镦头锚具时,钢丝束长度按孔道长度增加0.35 m计算	1)钢筋、钢丝束、钢绞线制作、运输 2)钢筋、钢丝束、钢绞线安装 3)预埋管孔道铺设 4)锚具安装 5)砂浆制作、运输 6)孔道压浆、养护
010416007	预应力钢丝				
010416008	预应力钢绞线				

17.螺栓、铁件

工程量清单项目设置及工程量计算规则,应按表 7.32 的规定执行。

表 7.32　螺栓、铁件(编码:010417)

项目编码	项目名称	项目特征	计量单位	工程量计算规则	工程内容
010417001	螺栓	1)钢材种类、规格 2)螺栓长度 3)铁件尺寸	t	按设计图示尺寸以质量计算	1)螺栓(铁件)制作、运输 2)螺栓(铁件)安装
010417002	预埋铁件				

18.其他相关问题

其他相关问题应按下列规定处理。

(1)混凝土垫层包括在基础项目内。

(2)有肋带形基础、无肋带形基础应分别编码(第五级编码)列项,并注明肋高。

(3)箱式满堂基础,可按表 7.16、表 7.17、表 7.18、表 7.19、表 7.20 中满堂基础、柱、梁、墙、板分别编码列项;也可利用表 7.17 的第五级编码分别列项。

(4)框架式设备基础,可按表 7.16、表 7.17、表 7.18、表 7.19、表 7.20 中设备基础、柱、梁、墙、板分别编码列项;也可利用表 7.16 的第五级编码分别列项。

(5)构造柱应按表 7.17 中矩形柱项目编码列项。

(6)现浇挑檐、天沟板、雨篷、阳台与板(包括屋面板、楼板)连接时,以外墙外边线为分界线;与圈梁(包括其他梁)连接时,以梁外边线为分界线。外边线以外为挑檐、天沟、雨篷或阳台。

(7)整体楼梯(包括直形楼梯、弧形楼梯)水平投影面积包括休息平台、平台梁、斜梁和楼梯的连接梁。当整体楼梯与现浇楼板无梯梁连接时,以楼梯的最后一个踏步边缘加 300 mm 为界。

(8)现浇混凝土小型池槽、压顶、扶手、垫块、台阶、门框等,应按表 7.22 中其他构件项目编码列项。其中扶手、压顶(包括伸入墙内的长度)应按延长米计算,台阶应按水平投影面积计算。

(9)三角形屋架应按表 7.27 中折线型屋架项目编码列项。

(10)不带肋的预制遮阳板、雨篷板、挑檐板、栏板等,应按表 7.28 中平板项目编码列项。

(11)预制 F 形板、双 T 形板、单肋板和带反挑檐的雨篷板、挑檐板、遮阳板等,应按表 7.28 中带肋板项目编码列项。

(12)预制大型墙板、大型楼板、大型屋面板等,应按表 7.28 中大型板项目编码列项。

(13)预制钢筋混凝土楼梯,可按斜梁、踏步分别编码(第五级编码)列项。

(14)预制钢筋混凝土小型池槽、压顶、扶手、垫块、隔热板、花格等,应按表 7.30 中其他构件项目编码列项。

(15)贮水(油)池的池底、池壁、池盖可分别编码(第五级编码)列项。有壁基梁的,应以壁基梁底为界,以上为池壁、以下为池底;无壁基梁的,锥形坡底应算至其上口,池壁下部的八字靴脚应并入池底体积内。无梁池盖的柱高应从池底上表面算至池盖下表面，柱帽和柱座应并在柱体积内。肋形池盖应包括主、次梁体积；球形池盖应以池壁顶面为界，边侧梁应并入球形池盖体积内。

(16)贮仓立壁和贮仓漏斗可分别编码(第五级编码)列项，应以相互交点水平线为界，壁上圈梁应并入漏斗体积内。

(17)滑模筒仓按表7.30中贮仓项目编码列项。

(18)水塔基础、塔身、水箱可分别编码(第五级编码)列项。筒式塔身应以筒座上表面或基础底板上表面为界；柱式(框架式)塔身应以柱脚与基础底板或梁顶为界，与基础板连接的梁应并入基础体积内。塔身与水箱应以箱底相连接的圈梁下表面为界，以上为水箱，以下为塔身。依附于塔身的过梁、雨篷、挑檐等，应并入塔身体积内；柱式塔身应不分柱、梁合并计算。依附于水箱壁的柱、梁，应并入水箱壁体积内。

(19)现浇构件中固定位置的支撑钢筋、双层钢筋用的“铁马”、伸出构件的锚固钢筋、预制构件的吊钩等，应并入钢筋工程量内。

7.6 厂库房大门、特种门、木结构工程清单项目及计算方法

1.厂库房大门、特种门

工程量清单项目设置及工程量计算规则，应按表7.33的规定执行。

表7.33 厂库房大门、特种门(编码:010501)

项目编码	项目名称	项目特征	计量单位	工程量计算规则	工程内容
010501001	木板大门	1)开启方式 2)有框、无框 3)含门扇数 4)材料品种、规格 5)五金种类、规格 6)防护材料种类 7)油漆品种、刷漆遍数	樘/m^2	按设计图示数量或设计图示洞口尺寸以面积计算	1)门(骨架)制作、运输 2)门、五金配件安装 3)刷防护材料、油漆
010501002	钢木大门				
010501003	全钢板大门				
010501004	特种门				
010501005	围墙铁丝门				

2.木屋架

工程量清单项目设置及工程量计算规则，应按表7.34的规定执行。

表7.34 木屋架(编码:010502)

项目编码	项目名称	项目特征	计量单位	工程量计算规则	工程内容
010502001	木屋架	1)跨度 2)安装高度 3)材料品种、规格 4)刨光要求 5)防护材料种类 6)油漆品种、刷漆遍数	榀	按设计图示数量计算	1)制作、运输 2)安装 3)刷防护材料、油漆
010502002	钢木屋架				

3.木构件

工程量清单项目设置及工程量计算规则,应按表7.35的规定执行。

表7.35 木构件(编码:010503)

项目编码	项目名称	项目特征	计量单位	工程量计算规则	工程内容
010503001	木柱	1)构件高度、长度 2)构件截面 3)木材种类 4)刨光要求 5)防护材料种类 6)油漆品种、刷漆遍数	m^3	按设计图示尺寸以体积计算	1)制作 2)运输 3)安装 4)刷防护材料、油漆
010503002	木梁				
010503003	木楼梯	1)木材种类 2)刨光要求 3)防护材料种类 4)油漆品种、刷漆遍数	m^2	按设计图示尺寸以水平投影面积计算。不扣除宽度小于300 mm的楼梯井,不计算伸入墙内部分	
010503004	其他木构件	1)构件名称 2)构件截面 3)木材种类 4)刨光要求 5)防护材料种类 6)油漆品种、刷漆遍数	m^3(m)	按设计图示尺寸以体积或长度计算	

4.其他相关问题

其他相关问题应按下列规定处理。

(1)冷藏门、冷冻间门、保温门、变电室门、隔音门、防射线门、人防门、金库门等,应按表7.33中特种门项目编码列项。

(2)屋架的跨度应以上、下弦中心线两交点之间的距离计算。

(3)带气楼的屋架和马尾、折角以及正交部分的半屋架,应按相关屋架项目编码列项。

(4)木楼梯的栏杆(栏板)、扶手,应按装饰装修工程量清单项目及计算规则扶手、栏杆、栏板装饰中相关项目编码列项。

7.7 金属结构工程清单项目及计算方法

1.钢屋架、钢网架

工程量清单项目设置及工程量计算规则,应按表7.36的规定执行。

表7.36 钢屋架、钢网架(编码:010601)

项目编码	项目名称	项目特征	计量单位	工程量计算规则	工程内容
010601001	钢屋架	1)钢材品种、规格 2)单榀屋架的重量 3)屋架跨度、安装高度 4)探伤要求 5)油漆品种、刷漆遍数	t(榀)	按设计图示尺寸以质量计算。不扣除孔眼、切边、切肢的质量,焊条、铆钉、螺栓等不另增加质量,不规则或多边形钢板以其外接矩形面积乘以厚度乘以单位理论质量计算	1)制作 2)运输 3)拼装 4)安装 5)探伤 6)刷油漆
010601002	钢网架	1)钢材品种、规格 2)网架节点形式、连接方式 3)网架跨度、安装高度 4)探伤要求 5)油漆品种、刷漆遍数			

2.钢托架、钢桁架

工程量清单项目设置及工程量计算规则,应按表7.37的规定执行。

表7.37 钢托架、钢桁架(编码:010602)

项目编码	项目名称	项目特征	计量单位	工程量计算规则	工程内容
010602001	钢托架	1)钢材品种、规格 2)单榀重量 3)安装高度 4)探伤要求 5)油漆品种、刷漆遍数	t	按设计图示尺寸以质量计算。不扣除孔眼、切边、切肢的质量,焊条、铆钉、螺栓等不另增加质量,不规则或多边形钢板,以其外接矩形面积乘以厚度乘以单位理论质量计算	1)制作 2)运输 3)拼装 4)安装 5)探伤 6)刷油漆
010602002	钢桁架				

3.钢柱

工程量清单项目设置及工程量计算规则,应按表 7.38 的规定执行。

表 7.38　钢柱(编码:010603)

项目编码	项目名称	项目特征	计量单位	工程量计算规则	工程内容
010603001	实腹柱	1)钢材品种、规格 2)单根柱重量 3)探伤要求 4)油漆品种、刷漆遍数	t	按设计图示尺寸以质量计算。不扣除孔眼、切边、切肢的质量,焊条、铆钉、螺栓等不另增加质量,不规则或多边形钢板,以其外接矩形面积乘以厚度乘以单位理论质量计算,依附在钢柱上的牛腿及悬臂梁等并入钢柱工程量内	1)制作 2)运输 3)拼装 4)安装 5)探伤 6)刷油漆
010603002	空腹柱				
010603003	钢管柱	1)钢材品种、规格 2)单根柱重量 3)探伤要求 4)油漆种类、刷漆遍数	t	按设计图示尺寸以质量计算。不扣除孔眼、切边、切肢的质量,焊条、铆钉、螺栓等不另增加质量,不规则或多边形钢板,以其外接矩形面积乘以厚度乘以单位理论质量计算,钢管柱上的节点板、加强环、内衬管、牛腿等并入钢管柱工程量内	1)制作 2)运输 3)安装 4)探伤 5)刷油漆

4.钢梁

工程量清单项目设置及工程量计算规则,应按表 7.39 的规定执行。

表 7.39　钢梁(编码:010604)

项目编码	项目名称	项目特征	计量单位	工程量计算规则	工程内容
010604001	钢梁	1)钢材品种、规格 2)单根重量 3)安装高度 4)探伤要求 5)油漆品种、刷漆遍数	t	按设计图示尺寸以质量计算。不扣除孔眼、切边、切肢的质量,焊条、铆钉、螺栓等不另增加质量,不规则或多边形钢板,以其外接矩形面积乘以厚度乘以单位理论质量计算,制动梁、制动板、制动桁架、车档并入钢吊车梁工程量内	1)制作 2)运输 3)安装 4)探伤要求 5)刷油漆
010604002	钢吊车梁				

5.压型钢板楼板、墙板

工程量清单项目设置及工程量计算规则,应按表 7.40 的规定执行。

表 7.40　压型钢板楼板、墙板(编码:010605)

项目编码	项目名称	项目特征	计量单位	工程量计算规则	工程内容
010605001	压型钢板楼板	1)钢材品种、规格 2)压型钢板厚度 3)油漆品种、刷漆遍数	m^2	按设计图示尺寸以铺设水平投影面积计算。不扣除柱、垛及单个 0.3 m^2 以内的孔洞所占面积	1)制作 2)运输 3)安装 4)刷油漆
010605002	压型钢板墙板	1)钢材品种、规格 2)压型钢板厚度、复合板厚度 3)复合板夹芯材料种类、层数、型号、规格		按设计图示尺寸以铺挂面积计算。不扣除单个 0.3 m^2 以内的孔洞所占面积,包角、包边、窗台泛水等不另增加面积	

6.钢构件

工程量清单项目设置及工程量计算规则,应按表 7.41 的规定执行。

表 7.41　钢构件(编码:010606)

项目编码	项目名称	项目特征	计量单位	工程量计算规则	工程内容
010606001	钢支撑	1)钢材品种、规格 2)单式、复式 3)支撑高度 4)探伤要求 5)油漆品种、刷漆遍数	t	按没计图示尺寸以质量计算。不扣除孔眼、切边、切肢的质量,焊条、铆钉、螺栓等不另增加质量,不规则或多边形钢板以其外接矩形面积乘以厚度乘以单位理论质量计算	1)制作 2)运输 3)安装 4)探伤 5)刷油漆
010606002	钢檩条	1)钢材品种、规格 2)型钢式、格构式 3)单根重量 4)安装高度 5)油漆品种、刷漆遍数			
010606003	钢天窗架	1)钢材品种、规格 2)单榀重量 3)安装高度 4)探伤要求 5)油漆品种、刷漆遍数			

续表 7.41

项目编码	项目名称	项目特征	计量单位	工程量计算规则	工程内容
010606004	钢挡风架	1)钢材品种、规格 2)单榀重量 3)探伤要求 4)油漆品种、刷漆遍数	t	按设计图示尺寸以质量计算。不扣除孔眼、切边、切肢的质量,焊条、铆钉、螺栓等不另增加质量,不规则或多边形钢板以其外接矩形面积乘以厚度乘以单位理论质量计算	1)制作 2)运输 3)安装 4)探伤 5)刷油漆
010606005	钢墙台				
010606006	钢平台	1)钢材品种、规格 2)油漆品种、刷漆遍数			
010606007	钢走道				
010606008	钢梯	1)钢材品种、规格 2)钢梯形式 3)油漆品种、刷漆遍数			
010606009	钢栏杆	1)钢材品种、规格 2)油漆品种、刷漆遍数			
010606010	钢漏斗	1)钢材品种、规格 2)方形、圆形 3)安装高度 4)探伤要求 5)油漆品种、刷漆遍数	t	按设计图示尺寸以重量计算。不扣除孔眼、切边、切肢的质量,焊条、铆钉、螺栓等不另增加质量,不规则或多边形钢板以其外接矩形面积乘以厚度乘以单位理论质量计算,依附漏斗的型钢并入漏斗工程量内	同上
010606011	钢支架	1)钢材品种、规格 2)单件重量 3)油漆品种、刷漆遍数	t	按设计图示尺寸以质量计算。不扣除孔眼、切边、切肢的质量,焊条、铆钉、螺栓等不另增加质量,不规则或多边形钢板以其外接矩形面积乘以厚度乘以单位理论质量计算	1)制作 2)运输 3)安装 4)探伤 5)刷油漆
010606012	零星钢构件	1)钢材品种、规格 2)构件名称 3)油漆品种、刷漆遍数	t	按设计图示尺寸以质量计算。不扣除孔眼、切边、切肢的质量,焊条、铆钉、螺栓等不另增加质量,不规则或多边形钢板以其外接矩形面积乘以厚度乘以单位理论质量计算	

7.金属网

工程量清单项目设置及工程量计算规则,应按表 7.42 的规定执行。

表 7.42 金属网(编码:010607)

项目编码	项目名称	项目特征	计量单位	工程量计算规则	工程内容
010607001	金属网	1)材料品种、规格 2)边框及立柱型钢品种、规格 3)油漆品种、刷漆遍数	m^2	按设计图示尺寸以面积计算	1)制作 2)运输 3)安装 4)刷油漆

8.其他相关问题

其他相关问题应按下列规定处理。

1)型钢混凝土柱、梁浇筑混凝土和压型钢板楼板上浇筑钢筋混凝土,混凝土和钢筋应按 7.5 节中相关项目编码列项。

2)钢墙架项目包括墙架柱、墙架梁和连接杆件。

3)加工铁件等小型构件,应按表 7.41 中零星钢构件项目编码列项。

7.8 屋面及防水工程清单项目及计算方法

1.瓦、型材屋面

工程量清单项目设置及工程量计算规则,应按表 7.43 的规定执行。

表 7.43 瓦、型材屋面(编码:010701)

项目编码	项目名称	项目特征	计量单位	工程量计算规则	工程内容
010701001	瓦屋面	1)瓦品种、规格、品牌、颜色 2)防水材料种类 3)基层材料种类 4)檩条种类、截面 5)防护材料种类	m^2	按设计图示尺寸以斜面积计算。不扣除房上烟囱、风帽底座、风道、小气窗、斜沟等所占面积,小气窗的出檐部分不增加面积	1)檩条、椽子安装 2)基层铺设 3)铺防水层 4)安顺水条和挂瓦条 5)安瓦 6)刷防护材料
010701002	型材屋面	1)型材品种、规格、品牌、颜色 2)骨架材料品种、规格 3)接缝、嵌缝材料种类			1)骨架制作、运输、安装 2)屋面型材安装 3)接缝、嵌缝

续表 7.43

项目编码	项目名称	项目特征	计量单位	工程量计算规则	工程内容
010701003	膜结构屋面	1)膜布品种、规格、颜色 2)支柱(网架)钢材品种、规格 3)钢丝绳品种、规格 4)油漆品种、刷漆遍数	m^2	按设计图示尺寸以需要覆盖的水平面积计算	1)膜布热压胶接 2)支柱(网架)制作、安装 3)膜布安装 4)穿钢丝绳、锚头锚固 5)刷油漆

2.屋面防水

工程量清单项目设置及工程量计算规则,应按表 7.44 的规定执行。

表 7.44　屋面防水(编码:010702)

项目编码	项目名称	项目特征	计量单位	工程量计算规则	工程内容
010702001	屋面卷材防水	1)卷材品种、规格 2)防水层做法 3)嵌缝材料种类 4)防护材料种类	m^2	按设计图示尺寸以面积计算 1)斜屋顶(不包括平屋顶找坡)按斜面积计算,平屋顶按水平投影面积计算 2)不扣除房上烟囱、风帽底座、风道、屋面小气窗和斜沟所占面积 3)屋面的女儿墙、伸缩缝和天窗等处的弯起部分,并入屋面工程量内	1)基层处理 2)抹找平层 3)刷底油 4)铺油毡卷材、接缝、嵌缝 5)铺保护层
010702002	屋面涂膜防水	1)防水膜品种 2)涂膜厚度、遍数、增强材料种类 3)嵌缝材料种类 4)防护材料种类			1)基层处理 2)抹找平层 3)涂防水膜 4)铺保护层
010702003	屋面刚性防水	1)防水层厚度 2)嵌缝材料种类 3)混凝土强度等级	m^2	按设计图示尺寸以面积计算。不扣除房上烟囱、风帽底座、风道等所占面积	1)基层处理 2)混凝土制作、运输、铺筑、养护
010702004	屋面排水管	1)排水管品种、规格、品牌、颜色 2)接缝、嵌缝材料种类 3)油漆品种、刷漆遍数	m	按设计图示尺寸以长度计算。如设计未标注尺寸,以檐口至设计室外散水上表面垂直距离计算	1)排水管及配件安装、固定 2)雨水斗、雨水箅子安装 3)接缝、嵌缝
010702005	屋面天沟、沿沟	1)材料品种 2)砂浆配合比 3)宽度、坡度 4)接缝、嵌缝材料种类 5)防护材料种类	m^2	按设计图示尺寸以面积计算。铁皮和卷材天沟按展开面积计算	1)砂浆制作、运输 2)砂浆找坡、养护 3)天沟材料铺设 4)天沟配件安装 5)接缝、嵌缝 6)刷防护材料

3.墙、地面防水、防潮

工程量清单项目设置及工程量计算规则,应按表 7.45 的规定执行。

表 7.45　墙、地面防水、防潮(编码:010703)

项目编码	项目名称	项目特征	计量单位	工程量计算规则	工程内容
010703001	卷材防水	1)卷材、涂膜品种 2)涂膜厚度、遍数、增强材料种类 3)防水部位 4)防水做法 5)接缝、嵌缝材料种类 6)防护材料种类	m^2	按设计图示尺寸以面积计算 1)地面防水:按主墙间净空面积计算,扣除凸出地面的构筑物、设备基础等所占面积,不扣除间壁墙及单个 0.3 m^2 以内的柱、垛、烟囱和孔洞所占面积 2)墙基防水:外墙按中心线,内墙按净长乘以宽度计算	1)基层处理 2)抹找平层 3)刷粘结剂 4)铺防水卷材 5)铺保护层 6)接缝、嵌缝
010703002	涂膜防水				1)基层处理 2)抹找平层 3)刷基层处理剂 4)铺涂膜防水层 5)铺保护层
010703003	砂浆防水(潮)	1)防水(潮)部位 2)防水(潮)厚度、层数 3)砂浆配合比 4)外加剂材料种类			1)基层处理 2)挂钢丝网片 3)设置分格缝 4)砂浆制作、运输、摊铺、养护
010703004	变形缝	1)变形缝部位 2)嵌缝材料种类 3)止水带材料种类 4)盖板材料 5)防护材料种类	m	按设计图示以长度计算	1)清缝 2)填塞防水材料 3)止水带安装 4)盖板制作 5)刷防护材料

4.其他相关问题

其他相关问题应按下列规定处理。

1)小青瓦、水泥平瓦、琉璃瓦等,应按表 7.43 中瓦屋面项目编码列项。

2)压型钢板、阳光板、玻璃钢等,应按表 7.43 中型材屋面编码列项。

7.9　防腐、隔热、保温工程清单项目及计算方法

1.防腐面层

工程量清单项目设置及工程量计算规则,应按表 7.46 的规定执行。

表 7.46　防腐面层(编码:010801)

项目编码	项目名称	项目特征	计量单位	工程量计算规则	工程内容
010801001	防腐混凝土面层	1)防腐部位 2)面层厚度 3)砂浆、混凝土、胶泥种类	m^2	按设计图示尺寸以面积计算 1)平面防腐:扣除凸地面的构筑物、设备基础等所占面积 2)立面防腐:砖垛等突出部分按展开面积并入墙面积内	1)基层清理 2)基层刷稀胶泥 3)砂浆制作、运输、摊铺、养护 4)混凝土制作、运输、摊铺、养护
010801002	防腐砂浆面层				
010801003	防腐胶泥面层				1)基层清理 2)胶泥调制、摊铺
010801004	玻璃钢防腐面层	1)防腐部位 2)玻璃钢种类 3)贴布层数 4)面层材料品种			1)基层清理 2)刷底漆、刮腻子 3)胶浆配制、涂刷 4)粘布、涂刷面层
010801005	聚氯乙烯板面层	1)防腐部位 2)面层材料品种 3)粘结材料种类	m^2	按设计图示尺寸以面积计算 1)平面防腐:扣除凸地面的构筑物、设备基础等所占面积 2)立面防腐:砖垛等突出部分按展开面积并入墙面积内 3)踢脚板防腐:扣除门洞所占面积并相应增加门洞侧壁面积	1)基层清理 2)配料、涂胶 3)聚氯乙烯板铺设 4)铺贴踢脚板
010801006	块料防腐面层	1)防腐部位 2)块料品种、规格 3)粘结材料种类 4)勾缝材料种类			1)基层清理 2)砌块料 3)胶泥调制、勾缝

2.其他防腐

工程量清单项目设置及工程量计算规则,应按表 7.47 的规定执行。

表 7.47　其他防腐(编码:010802)

项目编码	项目名称	项目特征	计量单位	工程量计算规则	工程内容
010802001	隔离层	1)隔离层部位 2)隔离层材料品种 3)隔离层做法 4)粘贴材料种类	m^2	按设计图示尺寸以面积计算 1)平面防腐:扣除凸地面的构筑物、设备基础等所占面积 2)立面防腐:砖垛等突出部分按展开面积并入墙面积内	1)基层清理、刷油 2)煮沥青 3)胶泥调制 4)隔离层铺设

续表 7.47

项目编码	项目名称	项目特征	计量单位	工程量计算规则	工程内容
010802002	砌筑沥青浸渍砖	1)砌筑部位 2)浸渍砖规格 3)浸渍砖砌法(平砌、立砌)	m^3	按设计图示尺寸以体积计算	1)基层清理 2)胶泥调制 3)浸渍砖铺砌
010802003	防腐涂料	1)涂刷部位 2)基层材料类型 3)涂料品种、刷涂遍数	m^2	按设计图示尺寸以面积计算 1)平面防腐:扣除凸地面的构筑物、设备基础等所占面积 2)立面防腐:砖垛等突出部分按展开面积并入墙面积内	1)基层清理 2)刷涂料

3.隔热、保温

工程量清单项目设置及工程量计算规则,应按表 7.48 的规定执行。

表 7.48　隔热、保温(编码:010803)

项目编码	项目名称	项目特征	计量单位	工程量计算规则	工程内容
010803001	保温隔热屋面	1)保温隔热部位 2)保温隔热方式(内保温、外保温、夹心保温) 3)踢脚线、勒脚线保温做法 4)保温隔热面层材料品种、规格、性能 5)保温隔热材料品种、规格及厚度 6)隔气层厚度 7)粘结材料种类 8)防护材料种类	m^2	按设计图示尺寸以面积计算。不扣除柱、垛所占面积	1)基层清理 2)铺粘保温层 3)刷防护材料
010803002	保温隔热天棚				1)基层清理 2)底层抹灰 3)粘贴龙骨 4)填贴保温材料 5)粘贴面层 6)嵌缝 7)刷防护材料
010803003	保温隔热墙			按设计图示尺寸以面积计算。扣除门窗洞口所占面积;门窗洞口侧壁需做保温时,并入保温墙体工程量内	
010803004	保温柱			按设计图示以保温层中心线展开长度乘以保温层高度计算	
010803005	隔热楼地面			按设计图示尺寸以面积计算。不扣除柱、垛所占面积	1)基层清理 2)铺设粘贴材料 3)铺贴保温层 4)刷防护材料

4.其他相关问题

其他相关问题应按下列规定处理

(1)保温隔热墙的装饰面层,应按装饰装修工程工程量清单项目及计算规则中相关项目编码列项。

(2)柱帽保温隔热应并入天棚保温隔热工程量内。

(3)池槽保温隔热,池壁、池底应分别编码列项,池壁应并入墙面保温隔热工程量内,池底应并入地面保温隔热工程量内。

7.10　工程量清单计价实例

【示例7.1】　土壤类别为二类土,基础为现浇混凝土独立柱基础,垫层宽度1.5 m,挖土深度2.3 m,其施工方案如图7.2(a)、(b)所示。编制其工程量清单计价表。

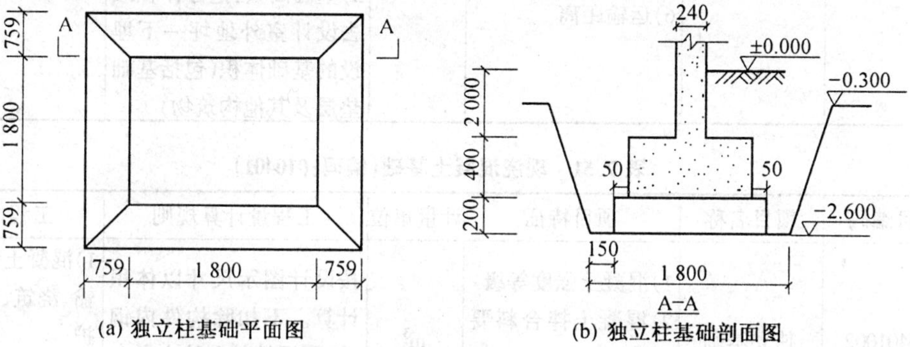

图7.2　独立柱基础结构示意图

【解】　1.清单工程量计算规则

表7.49　土方工程(编码:010101)

项目编码	项目名称	项目特征	计量单位	工程量计算规则	工程内容
010101003	挖基础土方	1)土壤类别 2)基础类型 3)垫层底宽、底面积 4)挖土深度 5)弃土运距	m^3	按设计图示尺寸以基础垫层底面积乘以挖土深度计算	1)排地表水 2)土方开挖 3)挡土板支拆 4)截桩头 5)基底钎探 6)运输

表 7.50　土石方回填(编码:010103)

项目编码	项目名称	项目特征	计量单位	工程量计算规则	工程内容
010103001	土(石)方回填	1)土质要求 2)密实度要求 3)粒径要求 4)夯填(碾压) 5)松填 6)运输距离	m^3	按设计图示尺寸以体积计算。 注: 1)场地回填:回填面积乘以平均回填厚度 2)室内回填:主墙间净面积乘以回填厚度 3)基础回填:挖方体积减去设计室外地坪一下埋设的基础体积(包括基础垫层及其他构筑物)	1)挖土(石)方 2)装卸、运输 3)回填 4)分层碾压、夯实

表 7.51　现浇混凝土基础(编码:010401)

项目编码	项目名称	项目特征	计量单位	工程量计算规则	工程内容
010401002	独立基础	1)混凝土强度等级 2)混凝土拌合料要求 3)砂浆强度等级	m^3	按设计图示尺寸以体积计算。不扣除构件内钢筋、预埋铁件和伸入承台基础的桩头所占体积	1)混凝土制作、运输、浇筑、振捣、养护 2)地脚螺栓二次灌浆

2.分部分项工程量清单与计价表

(1)业主根据基础施工图计算

土方挖方量为:$1.5\times1.5\times2.3=5.175$ (m^3)

垫层及基础为:$1.5\times1.5\times0.2+(1.5-0.05\times2)\times(1.5-0.05\times2)\times0.4+0.24\times0.24\times2=0.45+0.784+0.115=1.349$(m^3)

其中独立基础为:$(1.5-0.05\times2)\times(1.5-0.05\times2)\times0.4+0.24\times0.24\times2=0.784+0.115=0.899$($m^3$)

基础回填土:$5.175-1.349+0.24\times0.24\times0.3=3.843$($m^3$)

弃土:$5.175-3.843=1.332$(m^3)

(2)投标人根据基础施工图及施工方案计算

1)挖基础土方。

工程量$=(1.8+0.33\times2.3)\times(1.8+0.33\times2.3)\times2.3+\frac{1}{3}\times(0.33\times2.3)^2\times2.3=15.06+0.44=15.5$($m^3$)

① 人工挖基坑。

人工费:$13.21\times15.5=204.76$(元)

材料费:无

机械费:无

② 余土外运，工程量为 1.332 m^3，运距 4 km。

人工费：$3 \times 1.332 = 4.00$(元)

材料费：无

机械费：$17.37 \times 1.332 = 23.14$(元)

③ 综合。

直接费合计：直接费 = $\sum$人工费 + $\sum$材料费 + $\sum$机械费 = 231.9(元)(下同)

管理费：$231.9 \times 34\% = 78.85$(元)

利润费：$231.9 \times 8\% = 18.55$(元)

总计：$231.9 + 78.85 + 18.55 = 329.3$(元)

综合单价：$329.3 \div 5.175 = 63.63$(元/m^3)

2)独立基础。

① C15 独立基础垫层，工程量为 0.45 m^3。

人工费：$24.14 \times 0.45 = 10.86$(元)

材料费：$176.34 \times 0.45 = 79.35$(元)

机械费：$13.47 \times 0.45 = 6.06$(元)

② C25 独立基础。

人工费：$30.72 \times 0.899 = 27.629$(元)

材料费：$204.7 \times 0.899 = 184.03$(元)

机械费：$13.47 \times 0.899 = 12.11$(元)

③ 综合。

直接费用合计：320.03(元)

管理费：$320.03 \times 34\% = 108.81$(元)

利润：$320.03 \times 8\% = 25.60$(元)

总计：$320.03 + 108.81 + 25.60 = 454.44$(元)

综合单价：$454.44 \div 0.899 = 505.49$(元/$m^3$)

3)土石方回填。

$V = 15.5 - 1.332 = 14.168(m^3)$

① 回填土、夯填。

人工费：$6.10 \times 14.168 = 86.42$(元)

材料费：无

机械费：$0.72 \times 14.168 = 10.20$(元)

② 综合。

直接费合计：96.62 元

管理费用：$96.62 \times 34\% = 32.85$(元)

利润：$96.62 \times 8\% = 7.73$(元)

总计：$96.62 + 32.85 + 7.73 = 137.2$(元)

综合单价：$137 \div 3.843 = 35.70$(元/m^3)

表 7.52 分部分项工程量清单与计价表

工程名称：××工程

序号	项目编号	项目名称	项目特征描述	计算单位	工程数量	金额/元		
						综合单价	合价	其中：直接费
1	010101003001	挖基础土方	土壤类别：二类土 垫层宽度：1.5 m 挖土深度：2.3 m 弃土运距 4 km	m^3	5.175	63.63	329.30	231.90
2	010401002001	独立基础	垫层：C15 混凝土 200 mm 厚	m^3	0.899	505.49	454.44	320.03
3	010103001001	土(石)方回填	土壤类别：二类土 密实度：95% 人工夯填	m^3	3.843	35.70	137.20	96.62
			本页小计				920.94	648.55
			合　计				920.94	648.55

3. 工程量清单综合单价分析表

填制工程量清单综合单价表：见表 7.53、表 7.54 和表 7.55。

表 7.53 工程量清单综合单价分析表

工程名称：××工程

项目编号	010101003001	项目名称	挖基础土方	计量单位	m^3

清单综合单价组成明细										
定额编号	工程内容	单位	数量	单价/(元·m^{-3})			合价/(元·m^{-3})			
				人工费	材料费	机械费	人工费	材料费	机械费	管理费和利润
1-3	人工挖基坑	m^3	2.99	13.21	0.00	0.00	39.50	0.00	0.00	16.59
1-15	余土外运	m^3	0.257	3.00	0.00	17.37	0.77	0.00	4.45	2.19
人工单价				小计			40.40	0.00	4.45	18.78
42 元/工日				未计价材料费						
清单项目综合单价							63.63			

材料费明细	主要材料名称、规格、型号	单位	数量	单价/元	合价/元	暂估单价/元	暂估合价/元
	其他材料费			—		—	
	材料费小计			—		—	

表 7.54 工程量清单综合单价分析表

项目编号		010401002001			项目名称	独立基础	计量单位			m^3
清单综合单价组成明细										
定额编号	工程内容	单位	数量	单价/(元·m^{-3})			合价/(元·m^{-3})			
				人工费	材料费	机械费	人工费	材料费	机械费	管理费和利润
5-2	独立基础垫层,C15	m^3	0.501	24.14	176.34	13.47	12.09	88.34	6.74	45.01
5-8	C25 独立基础	m^3	1.000	30.72	204.70	13.47	30.72	204.70	13.47	104.53
人工单价				小计			42.81	293.04	20.21	149.54
42 元/日				未计价材料费						
清单项目综合单价							505.60			
材料费明细	主要材料名称、规格、型号				单位	数量	单价/元	合价/元	暂估单价/元	暂估合价/元
	其他材料费						—		—	
	材料费小计						—		—	

表 7.55 工程量清单综合单价分析表

项目编号		010103001001			项目名称		土(石)方回填		计量单位	
清单综合单价组成明细										
定额编号	工程内容	单位	数量	单价/(元·m^{-3})			合价/(元·m^{-3})			
				人工费	材料费	机械费	人工费	材料费	机械费	管理费和利润
1-7	回填土夯填	m^3	3.687	6.10	0.00	0.72	22.49	0.00	2.65	10.56
人工单价				小计			22.49	0.00	2.65	10.56
42 元/日				未计价材料费						
清单项目综合单价							35.70			
材料费明细	主要材料名称、规格、型号				单位	数量	单价/元	合价/元	暂估单价/元	暂估合价/元
	其他材料费						—		—	
	材料费小计						—		—	

【示例 7.2】 某工程墙面的剖面图如图 7.3 所示，砖墙厚 240 mm，红机砖砌筑，M5 水泥砂浆，圈梁沿外墙附设断面为 240 mm×180 mm，M－1 为 1.2 m×2.4 m；M－2 为 0.9 m×2.0 m；C－1 为 1.5 m×1.8 m。

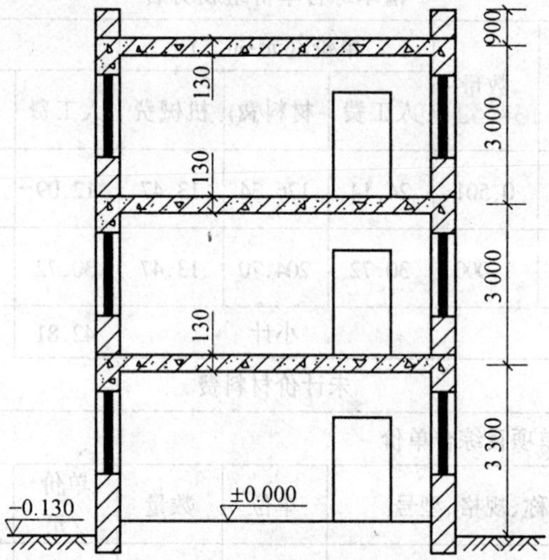

图 7.3　某工程墙面剖面图

【解】 1.清单工程量计算规则

表 7.56　砖砌体(编码:010302)

项目编码	项目名称	项目特征	计量单位	工程量计算规则	工程内容
010302001	实心砖墙	1)砖品种、规格、强度等级 2)墙体类型 3)墙体厚度 4)墙体高度 5)勾缝要求 6)砂浆强度等级、配合比	m^3	按设计图示尺寸以体积计算	1)砂浆制作、运输 2)砌砖 3)勾缝 4)砖压顶砌筑 5)材料运输

2.分部分项工程量清单与计价表

(1)业主根据施工图计算

外墙中心线长度:33.20 m　　内墙净长线长度:11.12 m

外墙体积:66.118 m^3　　内墙体积:21.40 m^3

(2)投标人计算

1)实心砖外墙工程量:68.190 m^3

① 砌筑实心砖外墙。

人工费:45.75×69.190＝3 119.69(元)

材料费:128.24×68.190＝8 744.69(元)

机械费:4.47×68.190=304.81(元)

② 综合。

直接费用合计:12 169.19 元

管理费:12 169.19×34%=4 137.52(元)

利润:12 169.19×8%=973.54(元)

总计:12 169.19+4 137.52+973.54=17 280.25(元)

综合单价:17 280.25÷66.118=261.35(元/m^3)

2)实心砖内墙工程量:21.308 m^3

① 砌筑实心砖内墙。

人工费:41.97×21.308=894.297(元)

材料费:128.20×21.308=2 731.686(元)

机械费:4.42×21.308=94.182(元)

② 综合。

直接费用合计:3 720.165 元

管理费:3 720.165×34%=1 264.856(元)

利润:3 720.165×8%=297.613(元)

总计:3 720.165+1 264.856+297.613=5 282.634(元)

综合单价:5 282.634÷21.40=246.85(元/m^3)

(3)分部分项工程量清单与计价表

填制分部分项工程量清单与计价表,见表 7.57。

表 7.57　分部分项工程量清单与计价表

工程名称:××工程

序号	项目编号	项目名称	项目特征描述	计量单位	数量	金额/元	
						综合单价	合价
1	010302001001	实心砖墙	1)砖品种:红机砖 2)规格:240 mm×115 mm×53 mm 3)强度等级:MU10 4)墙体类型:外墙 5)厚度:240 mm 6)高度:10.07 m 7)砂浆强度等级:M7.5	m^3	66.118	261.35	17 280.25

续表 7.57

序号	项目编号	项目名称	项目特征描述	计量单位	数量	金额/元	
						综合单价	合价
2	010302001002	实心砖墙	1)砖品种:红机砖 2)规格:240 mm×115 mm×53 mm 3)强度等级:MU10 4)墙体类型:内墙 5)厚度:240 mm 6)高度:9.14 m 7)砂浆强度等级:M7.5	m^3	21.40	246.85	5 282.634
			本页小计				22 562.884
			合　　计				22 562.884

3.工程量清单综合单价分析表

填制工程量清单综合分析表:见表 7.58 和表 7.59。

表 7.58　工程量清单综合单价分析表

工程名称:××工程

项目编号		010103001001		项目名称	实心砖墙	计量单位			m^3	
清单综合单价组成明细										
定额编号	工程内容	单位	数量	单价/(元·m^{-3})			合价/(元·m^{-3})			
				人工费	材料费	机械费	人工费	材料费	机械费	管理费和利润
4-2	砌筑实心砖外墙	m^3	1.031	45.75	128.24	4.47	47.16	132.31	4.60	77.30
人工单价				小计			47.16	132.31	4.60	77.30
40 元/日				未计价材料费						
清单项目综合单价							261.35			
材料费明细	主要材料名称、规格、型号				单位	数量	单价/元	合价/元	暂估单价/元	暂估合价/元
	其他材料费						—		—	
	材料费小计						—		—	

表7.59 工程量清单综合单价分析表

工程名称：××工程

项目编号		010103001002		项目名称	实心砖墙		计量单位		m³	
清单综合单价组成明细										
定额编号	工程内容	单位	数量	单价/(元·m⁻³)			合价/(元·m⁻³)			
				人工费	材料费	机械费	人工费	材料费	机械费	管理费和利润
4-3	砌筑实心砖内墙	m³	0.996	41.97	128.20	4.42	41.78	127.67	4.40	73.00
人工单价			小计				41.78	127.67	4.40	73.00
40元/日			未计价材料费							
清单项目综合单价							246.85			
材料费明细	主要材料名称、规格、型号				单位	数量	单价/元	合价/元	暂估单价/元	暂估合价/元
	其他材料费						—		—	
	材料费小计						—		—	

参 考 文 献

[1] 国家标准.GB50500—2008 建筑工程工程量清单计价规范[S].北京:中国计划出版社,2008.

[2] 国家标准.GB/T50353—2005 建筑工程建筑面积计算规范[S].北京:中国计划出版社,2005.

[3] 建设部.GJD101—1995 全国统一建筑工程基础定额(土建·上、下册)[S].北京:中国计划出版社,2002.

[4] 建设部.GJDGZ101—1995 全国统一建筑工程预算工程量计算规则[S].北京:中国计划出版社,2002.

[5] 建设部标准定额研究所.《建筑工程工程量清单计价规范》宣贯辅导教材[M].北京:中国计划出版社,2008.

[6] 李希伦主编.建筑工程工程量清单计价编制实用手册[M].北京:中国计划出版社,2003.

[7] 孙震.建筑工程概预算与工程量清单计价[M].北京:人民交通出版社,2003.

[8] 孙加保.建筑工程预算与工程量清单计价[M].哈尔滨:黑龙江科学技术出版社,2003.

[9] 郭婧娟.建筑工程定额及概预算[M].2 版.北京:清华大学出版社,2004.

[10] 钱仑润.建筑工程定额与预算[M].南京:东南大学出版社,2003.